U0290036

全国高等院校土木与建筑专业十二五创新规划教材

土木工程概论

俞家欢　于　群　主　编

清华大学出版社
北　京

内 容 简 介

本书内容新颖充实、结构清晰、图文并茂，展示了土木工程发展的历史进程及前景，并结合国内外土木工程的具体案例展现了我国土木工程在世界上的地位与作用，以及土木工程涉及的相关学科和对从事土木工程的相关人员的知识与实践要求。

本书共分 16 章，包括绪论、土木工程材料、土木工程设计理论、工程测量、房屋建筑工程、道路工程、铁道工程、桥梁工程、地下工程、机场工程、水利工程、给水排水工程、港口码头工程、防震与减灾工程、土木工程施工与管理和先进技术的应用。本书尽可能从学科入门的角度全面清晰地介绍了土木工程包含的主要内容。

本书可以作为高等院校道路与铁道工程、工程管理、工程造价以及下属的岩土工程、结构工程、市政工程、供热、供燃气、通风及空调工程、防震减灾工程和桥梁与隧道工程等专业的教材与教学参考书。

图书在版编目(CIP)数据

土木工程概论/俞家欢，于群主编. --北京：清华大学出版社，2016 (2025.1 重印)
(全国高等院校土木与建筑专业十二五创新规划教材)
ISBN 978-7-302-42887-9

Ⅰ. ①土… Ⅱ. ①俞… ②于… Ⅲ. ①土木工程—高等学校—教材 Ⅳ. ①TU

中国版本图书馆 CIP 数据核字(2016)第 030568 号

责任编辑： 桑任松
装帧设计： 刘孝琼
责任校对： 周剑云
责任印制： 丛怀宇
出版发行： 清华大学出版社
网　　址： https://www.tup.com.cn, https://www.wqxuetang.com
地　　址： 北京清华大学学研大厦 A 座　　**邮　　编：** 100084
社 总 机： 010- 83470000　　**邮　　购：** 010-62786544
投稿与读者服务： 010-62776969, c-service@tup.tsinghua.edu.cn
质量反馈： 010-62772015, zhiliang@tup.tsinghua.edu.cn
课件下载： https://www.tup.com.cn, 010-62791865
印 装 者： 三河市龙大印装有限公司
经　　销： 全国新华书店
开　　本： 185mm×260mm　　**印　　张：** 19.5　　**字　　数：** 471 千字
版　　次： 2016 年 3 月第 1 版　　**印　　次：** 2025 年 1 月第 6 次印刷
定　　价： 49.00 元

产品编号：066962-02

前言

本书是面向高等院校学生介绍土木工程总体概况的教材，以土木工程专业教材编委会的教学大纲为基本依据，结合目前教学改革的具体情况以及21世纪高等学校教材编委会提出的具体建议编写而成。其目的是使学生系统、全面地掌握土木工程的基本概念、理论、知识和方法，为学生以后深入学习、研究土木工程学以及从事土木工程实际工作奠定基础。

土木工程是个系统工程，涉及方方面面的知识和技术，是运用多种工程技术进行勘测、设计、施工的成果。随着社会科学技术和管理水平的发展，土木工程是技术、经济、艺术统一的历史见证，其社会性、系统性、实践性与综合性均很强。编者在充分吸取国内外近年来土木工程学的研究成果和参考学校实践经验的基础上，根据理论结合实践、系统性与先进性并重、循序渐进、力求符合教学规律的原则编写本书。在内容上，从中国土木工程的实际出发，系统地阐述了直接或间接为人类生活、生产、军事、科研服务的各种工程设施，如房屋、道路、铁路、管道、隧道、桥梁、运河、堤坝、港口、电站、飞机场、海洋平台、给水排水以及防护工程等。本书注重教学与研究、理论与实践、创新与传承的结合，以及学科之间的交叉与融合，也注重拓展学生的视野与思路，激励学生的创新精神。

对于土木工程专业的学生，后续专业课程的内容可能与本书某些章节重复，建议授课时结合学生实际理解能力灵活掌握。

本书由沈阳建筑大学俞家欢、沈阳大学于群担任主编，沈阳建筑大学于玲、王景利、金路担任副主编，具体编写情况安排如下：第7、11、14、16章由俞家欢编写，第1、2、3、12、13、15章由于群编写，第6、8章由于玲编写，第4章由王景利编写，第5章由金路编写，第9章由于谨编写，第10章由孟宪宏编写；全书由俞家欢汇总定稿。为便于学生自学、复习及思考，本书章末均附有思考题。

由于水平有限，书中难免存在不当与错误之处，恳请使用本书的教师、学生与其他读者给予批评指正。

编　者

目　录

Contents 目录

第1章　绪　　论

【学习重点】

- 土木工程的定义和内涵。
- 土木工程涵盖的范围。
- 土木工程专业的培养要求。
- 土木工程概论课程的基本任务。

【学习目标】

- 掌握土木工程的定义和范围。
- 熟悉土木工程的内涵。
- 熟悉土木工程专业的培养要求。
- 了解土木工程专业的发展历史。

1.1 土木工程的内涵

1.1.1 土木工程的定义

1. 土木工程的定义和理解

土木工程是建造各类工程设施的科学技术的统称。它既指所应用的材料、设备和所进行的勘测、设计、施工、保养维修等技术活动；也指工程建设的对象，即建造在地上或地下、陆上或水中，直接或间接为人类生活、生产、军事、科学研究服务的各种工程设施，例如，房屋、道路、铁路、运输管道、隧道、桥梁、运河、堤坝、港口、电站、飞机场、海洋平台、给水和排水以及防护工程等。

土木工程是一门工程分科，它是指用石材、砖、砂浆、水泥、混凝土、钢材、木材、建筑塑料、合金等建筑材料修建房屋、铁路、道路、隧道、运河、堤坝、港口等工程的生产活动和工程技术。

土木工程也是一门学科，它是指运用数学、物理、化学等基础科学知识，力学、材料等技术科学知识以及土木工程方面的工程技术知识来研究、设计、修建各种建筑物和构筑物的一门学科。

土木工程是开发和吸纳劳动力资源的重要平台，对国民经济具有举足轻重的作用。由于土木工程的投入大，可带动的行业多，其对国民经济的拉动作用是显而易见的。我国改革开放之后，土建行业对国民经济的贡献度达到 1/3，近年来我国固定资产投入约占国民生产总值的 50%，其中绝大多数都与土建行业有关。随着我国城市化进程的不断加速，这一趋势还将呈现增长的势头。

土木工程名称的由来与我国几千年的发展历史有关，中国古代哲学认为，世界是由“金”“木”“水”“火”“土”五大类物质组成的，在几千年漫长的历史过程中，主要是五行中的“土”(包括岩石、砂、泥土、石灰，以及由土烧制而成的砖、瓦、陶、瓷等)和“木”(包括木材、茅草、竹子、藤条、芦苇等植物材料)用于房屋、桥梁、道路、寺庙、宫殿等的建设，因此，古代常将“大兴土木”作为大搞工程项目建设的代名词，并由此演化为现在的土木工程一词。

2. 土木工程的范围

土木工程在英文中为“Civil Engineering”，其直译成中文为“民用工程”，原义是想与军事工程“Military Engineering”相对应，即除了服务于战争的工程设施外，所有用于生活、生产需要的工程设施均为民用工程，即土木工程，后来这个界限也日益模糊。现在已经把军用的战壕、掩体、碉堡、防空洞等工程也归入土木工程的范畴。

土木工程的范围十分广泛，它包括房屋建筑工程(Building Engineering)、道路工程(Road Engineering)、铁道工程(Railway Engineering)、桥梁工程(Bridge Engineering)、隧道及地下工程(Tunnel and Underground Engineering)、飞机场工程(Airport Engineering)、给水排水工程(Water Supply and Wastewater Engineering)、港口工程(Harbor Engineering)等。国际上，运河、水库、大坝、水渠等水利工程(Hydraulic Engineering)也包含在土木工程之中。

1.1.2 土木工程的基本属性

土木工程具有综合性、社会性、实践性以及与技术、经济、艺术上的统一性这四个基本属性。

(1) 综合性：建造一项工程设施一般要经过勘察、设计和施工三个阶段，需要运用工程地质勘查、水文地质勘查、工程测量、土力学、工程力学、工程设计、土木工程材料、设备和工程机械、建筑经济等学科和施工技术、施工组织等领域的知识，还要用到电子计算机和结构测试、试验等技术，因而土木工程是一门范围宽广的综合性学科。

随着人们对工程设施功能要求的不断提高和科学技术的进步，土木工程学科也已经发展成为内涵广泛、门类众多、结构复杂的综合体系，这就要求土木工程综合运用各种物质条件，以满足各种各样的需求。

(2) 社会性：土木工程是伴随着人类社会的发展而发展起来的。土木工程的各种工程设施反映了不同国家和地区在各个历史时期社会、经济、文化、科学、技术发展的水平，是人类社会发展的历史见证之一。

从原始社会简陋的房舍到举世闻名的万里长城、金字塔、故宫，以至于现代社会的高楼大厦、跨海大桥、海底隧道、地下铁路，土木工程无不反映了人类文明的发展程度和生产力水平，许多伟大的工程项目成为某一国家、地区在特定历史时期的标志性成果，土木工程已经成为人类社会文明的重要组成部分。

(3) 实践性：土木工程是具有很强的实践性的学科。在人类社会早期，土木工程是通过在工程实践中不断总结经验、教训而发展起来的。从 17 世纪 30 年代开始，以伽利略和牛顿为先导的近代力学同土木工程实践结合起来，逐渐形成了材料力学、结构力学、流体力学、岩体力学，并成为土木工程的基础理论，这使得土木工程从经验发展成为科学。在土木工程发展的过程中，工程实践常先行于理论。工程灾害和事故显示出未来能预见的新因素，从而触发新理论的研究和发展。至今，不少工程问题的处理仍然在很大程度上依靠实践经验。

(4) 与技术、经济、艺术的统一性：人们对工程设施的需求主要体现在使用功能和审美要求两个方面，符合功能要求的工程设施是一种空间艺术，它通过总体布局、体量、体型、各部分的尺寸比例、线条、色彩、阴影和工程设施与周边环境的协调来表现工程的艺术性，反映出地方风格、民族风格、时代特点和政治、宗教等特点，人们总是期望功能上十分良好、艺术上十分优美的工程。

在实际工程中，人们力求最经济地建造一项工程设施，用以满足使用者的特定需要。工程的经济性首先表现在工程选址、总体规划上，其次表现在设计和施工技术上。工程建设的总投资、经济效益、维修费用等指标都是衡量工程经济性的重要方面，而一项工程的经济性又和各项技术活动密切相关。

1.2 土木工程专业简介

1.2.1 土木工程专业发展沿革

19 世纪下半叶，为了学习和引进西方的科学技术，我国一些有识之士纷纷创办培养科学技术人才的学堂，其中包括培养土木工程人才的学校。1895 年创办的天津北洋学堂是中国最早的一所培养土木工程人才的学校。到 1949 年，中国已有 20 多所公立和私立的高等院校设有土木工程专业，专业内容设置主要是学习英国、美国等国家，实行学年学分制，即需读满四年修够学分方可取得工学学士学位。土木工程没有明确的专业，没有统一的教学计划，更没有教学大纲，各学校开课也不一致，开设的课程很广泛，所使用的教材基本上是英国、美国的教材，内容比较浅。

1952 年我国对院系设置进行了大规模的调整，并学习了苏联的模式，土木工程系科的设置发生了较大的变化，所设立的工业与民用建筑专业专攻房屋建筑，道路工程专业专攻道路，并采用学年学时制，即学习四年(1955 年后普遍改为五年制)并满足一定学时后方可毕业。当时的课程科目多、学时多，很少开设选修课程。“文化大革命”后国家恢复高考，学制改为四年制。由于学科的发展，各学科的内容不断更新、深化和扩大，课程内容也随着不断充实、更新。

由于历史和现实等各方面原因，导致专业划分过细、专业范围过窄，门类之间专业重复设置等问题十分突出。为此，我国在 1982 年、1993 年、1997 年进行了三次专业目录调整，坚持拓宽专业口径、增强适应性原则，专业主要按学科划分，使培养的人才具有较宽广的适应性。工业与民用建筑专业自 1993 年起改为建筑工程专业，紧接着自 1997 年起将建筑工程、交通土建、地下工程等近十个专业合并成为目前的土木工程专业。现在的土木工程专业体现了国家对高校人才培养提出了更高的要求。

1.2.2 土木工程专业人才培养方案

2001 年 11 月，国家高等学校土木工程专业指导委员会提出了土木工程专业本科(四年制)培养方案。该培养方案提出了土木工程专业教育的基本模式和课程框架，反映了现阶段宽口径土木工程专业本科教学的基本要求，是土木工程专业教育的指导性文件。

1. 培养目标

培养适应社会主义现代化建设需要，德智体全面发展，掌握土木工程学科的基本理论和基本知识，获得工程师基本训练并具有创新精神的高级专业人才。

毕业生能从事土木工程的设计、施工与管理工作，具有初步的项目规划和研究开发能力。

2. 业务范围

能在房屋建筑、隧道与地下建筑、公路与城市道路、铁道工程、桥梁、矿山建筑等的设计、施工、管理、咨询、监理、研究、教育、投资和开发部门从事技术或管理工作。

3. 毕业生基本要求

1) 思想道德、文化和心理素质

热爱社会主义祖国，拥护中国共产党的领导，理解马列主义、毛泽东思想和邓小平理论的基本原理。

愿为社会主义现代化建设服务，为人民服务，有为国家富强、民族昌盛而奋斗的志向和责任感。

具有敬业爱岗、艰苦奋斗、热爱劳动、遵纪守法、团结合作的品质。

具有良好的思想品德、社会公德和职业道德。

具有基本的和高尚的科学人文素养和精神，能体现哲理、情趣、品位、人格方面的较高修养。

保持心理健康，努力做到心态平和、情绪稳定、乐观、积极、向上。

2)　知识结构

(1)　人文、社会科学基础知识。

理解马列主义、毛泽东思想、邓小平理论的基本原理，在哲学及方法论、经济学、法律等方面具有必要的知识。

了解社会发展规律和21世纪发展趋势，对文学、艺术、伦理、历史、社会学及公共关系学等进行一定的修习。

掌握一门外语。

(2)　自然科学基础知识。

掌握高等数学和本专业所必需的工程数学，掌握普通物理的基本理论，掌握与本专业有关的化学原理和分析方法。

了解现代物理、化学的基本知识。

了解信息科学、环境科学的基本知识。

了解当代科学技术发展的其他主要方面和应用前景。

掌握一种计算机程序语言。

(3)　学科和专业基础知识。

掌握理论力学、材料力学、结构力学的基本原理和分析方法，掌握工程地质与土力学的基本原理和实验方法，掌握流体力学(主要为水力学)的基本原理和分析方法。

掌握工程材料的基本性能和适用条件，掌握工程测量的基本原理和基本方法，掌握画法几何的基本原理。

掌握工程结构构件的力学性能和计算原理，掌握一般基础的设计原理。

掌握土木工程施工与组织的一般过程，了解项目策划、管理及技术经济分析的基本方法。

(4)　专业知识。

掌握土木工程项目的勘测、规划、选线或选型、构造的基本知识。

掌握土木工程结构的设计方法、CAD和其他软件应用技术。

掌握土木工程基础的设计方法，了解地基处理的基本方法。

掌握土木工程现代施工技术、工程检测与试验的基本方法。

了解土木工程防灾与减灾的基本原理及一般设计方法。

了解本专业的有关法规、规范与规程。

了解本专业的发展动态。

(5)　相邻学科知识。

了解土木工程与可持续发展的关系。

了解建筑与交通的基本知识。

了解给水排水的一般知识，了解供热通风与空调、电气等建筑设备、土木工程机械等的一般知识。

了解土木工程智能化的一般知识。

3) 能力结构

(1) 获取知识的能力。

具有查阅文献或其他资料、获得信息、拓展知识领域、继续学习并提高业务水平的能力。

(2) 运用知识的能力。

具有根据使用要求、地质地形条件、材料与施工的实际情况，经济合理、安全可靠地进行土木工程勘测和设计的能力。

具有解决施工技术问题和编制施工组织设计、组织施工及进行工程项目管理的初步能力。

具有工程经济分析的初步能力。

具有进行工程监测、检测、工程质量可靠性评价的初步能力。

具有一般土木工程项目规划或策划的初步能力。

具有应用计算机进行辅助设计、辅助管理的初步能力。

具有阅读本专业外文书刊、技术资料和听说写译的初步能力。

(3) 创新能力。

具有科学研究的初步能力。

具有科技开发、技术革新的初步能力。

(4) 表达能力和管理、公关能力。

具有文字、图纸、口头表达的能力。

具有与工程项目设计、施工、日常使用等工作相关的组织管理的初步能力。

具有社会活动、人际交往和公关的能力。

4) 身体素质

具有一定的体育和军事基本知识。

掌握科学锻炼身体的基本技能，养成良好的体育锻炼和卫生习惯，受到必要的军事训练，达到国家规定的大学生体育和军事训练合格标准。

形成健全的心理和健康的体魄，能够履行建设祖国和保卫祖国的神圣义务。

1.2.3 专业课程设置与实践教学环节

1. 课程设置

土木工程专业的主干学科为力学和土木工程。

课程结构分为公共基础课、专业基础课和专业课，三者所占的比例一般为公共基础课占 50%、专业基础课占 30%、专业课占 10%，另有 10%的课程各院校可自行安排在上述三部分课程中。

公共基础课包括人文社会科学类课程、自然科学类课程和其他公共课程，如马克思主义哲学原理、毛泽东思想概论、邓小平理论概论、高等数学、物理、物理实验、体育等。

专业基础课构成了土木工程专业共同的专业平台，为学生在校学习专业课程和毕业后在专业的各个领域继续学习提供了坚实的基础。这部分课程包括了工程数学、工程力学、流体力学、结构工程学、岩土工程学的基础理论以及从事土木工程设计、施工、管理所必需的专业基础理论。

专业课的教学目的在于通过具体工程对象的分析，使学生了解一般土木工程项目的设计、施工等基本过程，学会应用由专业基础课程学得的基本理论，较深入地掌握专业技能，建立初步的工程经验，以适应当前国内用人单位对土木工程专业本科人才基本能力的一般要求。

上述各部分课程又可以按课程性质分为必修课、选修课(含限定选修课和任意选修课)。课程总量中，至少应有 10%的课程为选修课程。

2. 实践教学环节

实践教学环节是土木工程教学中非常重要的环节，在现代工程教育中占有十分重要的位置，是培养学生综合运用知识、动手能力和创新精神的关键环节，它的作用和功能是理论教学所不能替代的。

实践教学环节包括计算机应用、实验、实习、课程设计和毕业设计(论文)等类别。总学时一般在 40 周左右。

实验类包括大学物理实验、力学实验、材料实验、土工实验、结构实验等。

实习类包括认识实习、测量实习、地质实习、生产实习、毕业实习等。

课程设计类包括勘测或房屋建筑类课程设计、结构类课程设计、工程基础类课程设计、施工类课程设计等。

毕业设计(论文)是最重要的实践教学环节之一，它对学生的培养主要体现在知识、能力和素质三个方面。

(1) 知识方面：要求能综合应用各学科的理论、知识与技能，分析和解决工程实际问题，并通过学习、研究与实践，使理论深化、知识拓宽、专业技能延伸。

(2) 能力方面：要求能进行资料的调研和加工，能正确运用工具书，掌握有关工程设计程序、方法和技术规范，提高工程设计计算、理论分析、图表绘制、技术文件编写的能力；或具有实验、测试、数据分析等研究技能，有分析与解决问题的能力；有外文翻译和计算机应用的能力。

(3) 素质方面：要求树立正确的设计思想、严肃认真的科学态度和严谨的工作作风，能遵守纪律，善于与他人合作。毕业设计一般不少于 14 周。

1.3　土木工程概论课程的任务

按照高等学校土木工程专业指导委员会提出的土木工程专业培养方案的要求，土木工程概论课程是一门必修专业基础课。

作为为新入学的学生开设的一门课程，土木工程概论主要阐述土木工程的重要性和土木工程学科所含的大致内容，介绍国内外最新技术成就和信息，展望未来。其特点是知识面较宽、启发性较强。

通过土木工程概论课程的学习，学生应当了解土木工程的广阔领域，获得大量的信息及研究动向，从而产生强烈的求知欲，树立起献身土木工程事业的信念。

值得注意的是，作为面向21世纪的未来工程技术人员，同学们应当了解现代工程师应当具备的基本素质，知道如何学好土木工程专业。在华沙世界工程教育会议上，各国学者对“新一代土木工程师的要求是什么”这一问题进行了热烈的讨论。最后排序是，第一要有“技术热情”，然后是能力和素质要求分别排在第二、第三位，而对专业技术的要求仅排在第四位。

思考题

1. 你为什么报考土木工程专业？你对土木工程专业是怎么认识的？
2. 作为未来的土木工程技术人员，你应该具备哪些基本素质、能力和知识？
3. 土木工程的内涵应如何理解？
4. 你毕业后最想从事的工作是什么？对未来还有哪些设想？
5. 如何理解土木工程“实践性很强”这一特点？

第2章　土木工程材料

【学习重点】

- 土木工程材料的种类。
- 土木工程木材、钢材、混凝土、砌体材料、沥青及沥青混合料、建筑功能材料。

【学习目标】

- 掌握土木工程材料的种类及分类方法。
- 熟悉木材、钢材、混凝土、砌体材料、沥青及沥青混合料、建筑功能材料的分类及基本性能特点，了解其应用状况。

2.1 土木工程材料概述

2.1.1 土木工程材料的种类

土木工程材料种类繁多，可按其化学成分性质、用途和性能等进行分类。根据材料的化学成分，土木工程材料可分为无机材料、有机材料、复合材料三大类，如表 2-1 所示。

表 2-1 土木工程材料按化学成分分类

名称		种类
无机材料	金属材料	黑色金属(铁、钢)、有色金属(铝、铜及合金等)及其合金制造的型材、管材、板材和金属制品等
	非金属材料	天然石材(砂、石及各种岩石加工成的石材)、烧土制品(砖、瓦、陶瓷)、玻璃胶凝材料(石灰、石膏、水玻璃、水泥)、混凝土、砂浆、无机涂料、石棉、矿棉、纤维制品和熔岩制品(如铸石)等
有机材料	植物材料	木材、竹材等
	沥青材料	石油沥青、煤沥青及其制品
	高分子材料	塑料、涂料、胶粘剂
复合材料	狭义的复合材料是指有纤维增强塑料(玻璃钢)和层压材料	
	广义的复合材料是指两种或两种以上材料复合组成的材料，如各种水泥砂浆和混凝土也被称作水泥基复合材料，同样还有沥青复合材料、钙塑制品等	

按照材料的用途，土木工程材料可以分为绝热材料、吸声材料、防水材料、灌浆材料，以及越来越受到重视的、正在迅速发展的各种装饰、装修材料等。

根据材料在土木工程中的使用性能或部位，土木工程材料大体上还可以分为两大类，即土木工程结构材料(如钢筋混凝土、预应力钢筋混凝土、沥青混凝土、水泥混凝土、墙体材料、路面基层及底基层材料等)和土木工程功能材料(如吸声材料、耐火材料、排水材料等)。

土木工程结构材料主要是指构成土木工程受力构件和结构所用的材料，如梁、板、柱、基础、框架、墙体、拱圈、沥青混凝土路面、无机结合料稳定基层及底基层和其他受力构件、结构等所用的材料。对这类材料，主要技术性能的要求是强度和耐久性。目前所用的土木工程结构材料主要有砖、石、水泥、水泥混凝土、钢材、钢筋混凝土和预应力钢筋混凝土、沥青和沥青混凝土。在相当长的时期内，钢材、钢筋混凝土及预应力钢筋混凝土仍是我国土木工程中主要的结构材料；沥青、沥青混凝土、水泥混凝土、无机结合料稳定基层及底基层则是我国交通土建工程中主要的路面材料。随着现代土木工程的发展，轻钢结构、铝合金结构、复合材料、合成材料所占的比例将逐渐加大。

土木工程功能材料主要是指担负某些建筑功能的非承重用材料，如防水材料、绝热材料、吸声和隔声材料、采光材料、装饰材料等。这类材料的品种、形式繁多，功能各异，随着国民经济的发展以及人民生活水平的提高，将越来越多地被应用在建筑结构上。一般来讲，土木工程结构物的可靠度与安全度主要由土木工程材料组成的构件和结构体系所决定，而土木工程结构物的使用功能与品质主要决定于土木工程功能材料。此外，对某一种具体材料来说，它可能兼有多种功能。

2.1.2 土木工程材料的重要性

总的来说，在土木工程领域中，土木工程材料的重要性有以下五点。

第一，它是一切土木工程的物质基础。在土木工程中材料用量巨大，材料的费用占工程总造价的 50%，有的高达 70%，土木工程材料对于创造良好的经济效益与社会效益具有十分重要的意义。

第二，材料与建筑结构的设计和施工之间存在着相互促进、相互依存的密切关系。建筑材料的更新是新型结构出现与发展的基础，而新型结构的出现又是新材料出现的驱动力。

第三，土木工程材料的性能对构筑物的功能和使用寿命具有决定性作用。钢材的锈蚀、混凝土的劣化、防水材料的老化问题等均为材料问题，这些材料特性构成了构筑物的整体性能。

第四，建设工程质量在很大程度上取决于材料的质量控制。质量是土木工程建设中追求的第一目标，而工程质量的优劣与所采用材料的质量水平以及使用的合理与否具有直接联系。在材料的选择、生产、储运、使用和检验评定过程中，任何环节的失误，都可能导致土木工程的质量事故。事实上，在国内外土木工程建设中的质量事故，绝大部分都与材料的质量缺损有关。

第五，构筑物的可靠度评价在很大程度上依存于材料的可靠度评价。材料信息参数是构成构件和结构性能的基础。

因此，正确选择和合理使用土木工程材料，对整个土木工程的安全、实用、美观、耐久及造价有着重大意义。

2.2 木　材

2.2.1 木材的分类

木材是一种天然的、非匀质的各向异性材料，具有轻质高强、易于加工(如锯、刨、钻等)、较高的弹性和韧性、能承受冲击和振动作用、导电和导热性能低、木纹美丽、装饰性好等优点；但也具有构造不均匀、各向异性，易吸湿、吸水而产生较大的湿胀、干缩变形，易燃、易腐等缺点。作为一种古老的土木工程材料，由于其具有一些独特的优点，在出现众多新型土木工程材料的今天，木材仍在土木工程中占有重要地位，特别是在装饰领域。

土木工程中的木材按其加工程度和用途可分为原条、原木、锯材、枕木四类，此外还有各类人造板材。人造板材是利用木材或含有一定量的纤维的其他植物做原料，采用一般物理和化学方法加工制成的。与天然木材相比，人造板材板面宽、表面平整光洁，没有节子、虫眼和各向异性等优点，不翘曲、不开裂，经加工处理后还具有防火、防水、防腐、防酸等性能。

2.2.2 木材的主要性质

木材的强度主要有抗压、抗拉、抗剪及抗弯强度，而抗压、抗拉、抗剪强度又有顺纹、横纹之分，顺纹与横纹强度有很大差别。顺纹是指作用力方向与纤维方向平行；横纹是指作用力方向与纤维方向垂直。木材受剪切作用时，由于作用力对于木材纤维方向的不同，可分为顺纹剪切、横纹剪切和横纹切断三种，如图 2-1 所示。影响木材强度的主要因素为含水率(一般含水率高，强度降低)、温度(温度高，强度降低)、荷载作用时间(持续荷载时间长，强度下降)及木材的缺陷(木节、腐朽、裂纹、翘曲、病虫害等)。如图 2-2 所示为含水率对木材强度的影响曲线。

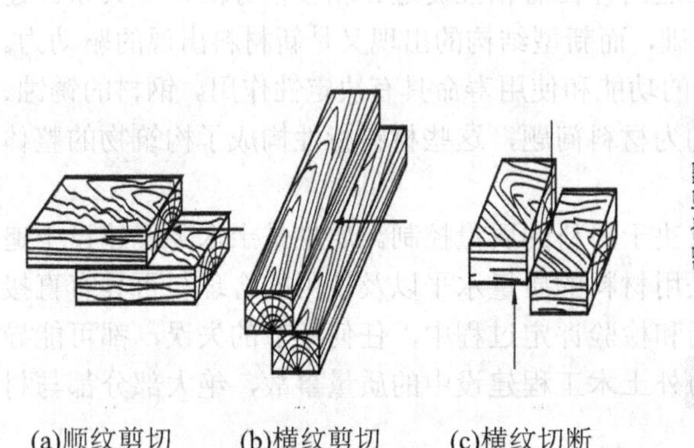

(a)顺纹剪切　(b)横纹剪切　(c)横纹切断

图 2-1　木材的剪切

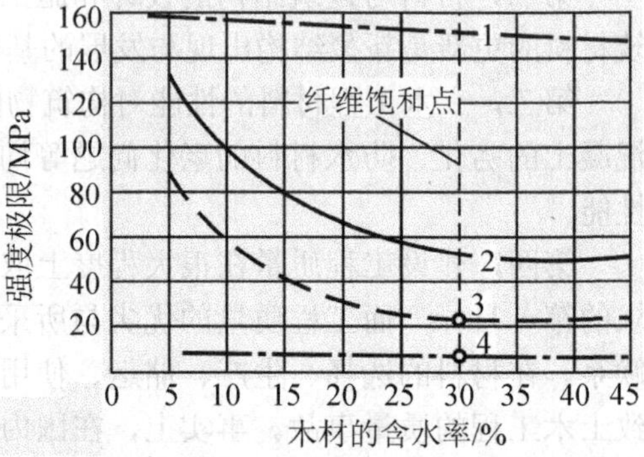

强度极限/MPa
160 140 120 100 80 60 40 20
0 5 10 15 20 25 30 35 40 45
木材的含水率/%
纤维饱和点
1 2 3 4

图 2-2　含水率对木材强度的影响

2.2.3 木材的干燥、防腐与防火

1. 木材的干燥

木材在使用前为防止腐朽、虫蛀，避免发生翘曲、变形和开裂，提高木材强度和耐久性，通常应进行干燥处理。干燥方法有自然干燥和人工干燥两种方法。

2. 木材的防腐

木材具有适合菌类繁殖和昆虫寄生的各种条件。木材的防腐措施通常采用两种方式：一种是创造条件，使木材不适于菌类繁殖和昆虫寄生，最常用的办法是通过通风、排湿和表面涂刷油漆等措施进行处理；另一种是把木材变为有毒物质，使其不能作为真菌和昆虫的养料，通常是把化学防腐剂、防虫剂注入木材内。

3. 木材的防火

木材是易燃物质，木材的防火处理通常是将防火涂料刷于木材表面，也可以把木材放入防火涂料槽内浸渍。

2.3 钢　　材

2.3.1 钢材的分类

钢材是土木工程中应用量最大的金属材料，它被广泛应用于铁路、桥梁、建筑工程等各种工程结构中，在国民经济建设中发挥着重要作用。2008 年北京奥运会主体育场——中国国家体育场“鸟巢”就是一个由巨大的钢网围合而成的大跨度曲线结构，如图 2-3 所示。

图 2-3　中国国家体育场——“鸟巢”

土木工程中需要消耗的大量钢材，从材质上分主要有普通碳素结构钢和低合金结构钢，有时也用到优质碳素结构钢。通常，按照不同的工程结构类型，可将钢材分为两大类：钢结构工程用的钢材，如各种型钢、钢板、钢管等；钢筋混凝土工程用的钢材，如各种钢筋和钢丝。

1. 钢结构工程用的钢材

我国钢结构工程用的钢材主要有普通碳素结构钢和低合金结构钢。

普通碳素结构钢也称碳钢，是含碳量小于 2%的铁碳合金，除含碳外一般还含有少量的硅、锰、硫、磷，其牌号表示方法、化学成分、力学性能、冷弯性能等应符合现行国家标准《碳素结构钢》(GB/T 700—2006)的具体规定。如表 2-2 所示为碳素结构钢的主要技术要求。

随着牌号增大，碳素结构钢含碳量增加，强度和硬度提高，塑性和韧性降低，冷弯性能逐渐变差。Q195、Q215 号钢强度低，塑性和韧性较好，易于冷加工，常用于轧制薄板和盘条，制造钢钉、铆钉、螺栓及铁丝等。Q235 号钢是建筑工程中应用最广泛的钢，属低碳钢，具有较高的强度，良好的塑性、韧性及可焊性，综合性能好，能满足一般钢结构和钢筋混凝土用钢的要求，且成本较低，被大量用作轧制各种型钢、钢板及钢筋。Q215 号钢经冷加工后可代替 Q235 号钢使用。Q275 号钢强度较高，但塑性、韧性较差，可焊性也差，不易焊接和冷弯加工，可用于轧制钢筋、做螺栓配件等，但更多地被用于制作机械零件和工具等。图 2-4 依次为由碳素结构钢轧制而成的 H 型钢、钢管和角钢。

表 2-2 碳素结构钢的主要技术要求

牌号	等级	拉伸性能												冲击试验	
		屈服点σ_s/MPa						抗拉强度σ_b/MPa	断后伸长率δ_s/%					温度/℃	V型冲击功(纵向)/J
		钢材厚度(直径)/mm							钢材厚度(直径)/mm						
		≤16	16～40	40～60	60～100	100～150	150～200		≤40	40～60	60～100	100～150	150～200		
		不小于							不小于						不小于
Q195	—	(195)	(185)	—	—	—	—	315～430	33	—	—	—	—	—	—
Q215	A	215	205	195	185	175	165	335～450	31	30	29	27	26	—	—
	B													+20	27
Q235	A	235	225	215	205	195	185	370～500	26	25	24	22	21	—	—
	B													+20	
	C													0	27
	D													−20	
Q275	A	275	265	255	245	225	215	410～540	22	21	20	18	17	—	—
	B													+20	
	C													0	27
	D													20	

H 型钢

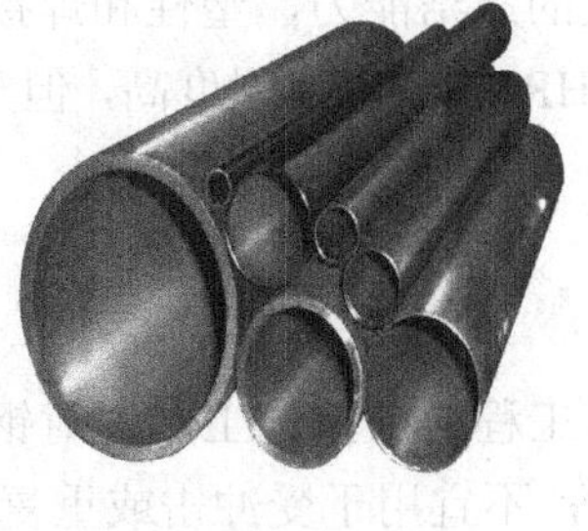
钢管

角钢

图 2-4　常见的由碳素结构钢轧制而成的钢材

普通低合金结构钢一般是在普通碳钢的基础上，添加少量的一种或几种合金元素而成，常用的合金元素有硅、锰、钒、钛、铌、铬、镍及稀土元素。其目的是使钢材的强度、耐腐蚀性、耐磨性、低温冲击韧性等得到显著提高和改善。低合金高强度结构钢的综合性能较为理想，尤其在大跨度、承受动荷载和冲击荷载的情况下，优势明显，与普通碳素钢相比，可节约钢材 20%～30%，但成本并不很高。目前，低合金钢在土木工程中的应用日益广泛，在诸如大跨度桥梁、大型柱网构架、电视塔、大型厅馆中成为主体结构材料。

2. 钢筋混凝土工程用的钢材

钢筋混凝土用的钢材主要是指钢筋，钢筋是土木工程中使用最多的钢材品种之一，其材质包括普通碳素结构钢和普通低合金钢两大类。钢筋按生产工艺性能和用途的不同可分为热轧钢筋、冷加工钢筋、热处理钢筋、碳素结构钢丝、刻痕钢丝和钢绞线等。图 2-5 中(a)(b)分别为热轧钢筋与钢绞线。

(a) 热轧钢筋

(b) 钢绞线

图 2-5　钢筋混凝土工程用的钢材

1)　热轧钢筋

根据《钢筋混凝土用钢第 1 部分：热轧光圆钢筋》(GB 1499.1—2008)及《钢筋混凝土用钢第 2 部分：热轧带肋钢筋》(GB 1499.2—2007)的规定，热轧光圆钢筋的牌号由 HPB 和屈服强度特征值表示，有 HPB235、HPB300 两个牌号；热轧带肋钢筋的牌号由 HRB(或 HRBF)和屈服强度特征值表示，有 HRB335、HRB400、HRB500、HRBF335、HRBF400、HRBF500 6 个牌号。

热轧光圆钢筋的强度较低，但塑性及焊接性能很好，便于各种冷加工，因而被广泛用作普通钢筋混凝土构件的受力筋及各种钢筋混凝土结构的构造筋。HRB335 和 HRB400 带肋钢筋强度较高，与混凝土有较大的黏结能力，塑性和焊接性能也较好，故被广泛用作大中型钢筋混凝土结构的受力钢筋。HRB500 钢筋强度高，但塑性和焊接性能较差，可用作预应力钢筋。

2) 其他常用钢筋

(1) 冷拉钢筋。

为了提高强度以节约钢筋，工程中常按施工规程对钢筋进行冷拉。冷拉后钢筋的强度提高，但塑性、韧性变差，因此，不宜用于受冲击或重复荷载作用的结构。

(2) 冷拔低碳钢丝。

冷拔低碳钢丝是用 6.5～8mm 的碳素结构钢通过拔丝机进行多次强力拉拔而成。冷拔低碳钢丝由于经过反复拉拔强化，强度大大提高，但塑性显著降低，脆性随之增加，已属硬钢类钢筋。

(3) 热处理钢筋。

热处理钢筋是用热轧螺纹钢筋经淬火和回火的调质处理而成的，公称直径有 2mm、6mm、8mm 和 10mm；其强度要求均为屈服点不低于 1325MPa，抗拉强度不低于 1470MPa；伸长率要求均不低于 6%。热处理钢筋目前主要用于预应力钢筋混凝土。

(4) 预应力钢丝和钢绞线。

碳素钢丝、刻痕钢丝和钢绞线是预应力钢筋混凝土专用钢丝，它们由优质碳素结构钢经过冷加工、热处理、冷轧、绞捻等过程制作而成。其特点是强度高、安全可靠、便于施工。

采用各种型钢和钢板制作的钢结构，具有自重小、强度高的特点。而传统的钢筋与混凝土组成的钢筋混凝土结构以及现代钢-混凝土组合结构，虽然自重相对较大，但钢材用量相应降低；同时由于混凝土的保护作用，还可以克服钢材易锈蚀、维护费用高的缺点。

由于各类建筑物、构筑物对在各种复杂条件下的使用功能的要求日益提高，建筑用钢材的发展趋势如下。

(1) 以高效钢材为主体的低合金钢将得到进一步的发展和应用。

(2) 随着冶金工业生产技术的发展，建筑钢材将向具有高强度、耐腐蚀、耐疲劳、易焊接、高韧性或耐磨等综合性能的方向发展。

(3) 各种焊接材料及其工艺将随着低合金钢的发展而不断完善和配套。

2.3.2 钢材的主要性能

钢材的主要性能包括力学性能和工艺性能。力学性能是钢材最重要的使用性能。

1. 钢材的力学性能

钢材的力学性能主要有抗拉性能、冲击韧性、硬度和耐疲劳性能。

1) 抗拉性能

抗拉性能是钢材的重要性能之一。由拉力试验测定的屈服点、抗拉强度和伸长率是钢材抗拉性能的主要技术指标。钢材的抗拉性能可通过低碳钢受拉时的应力-应变曲线阐明，如图 2-6 所示，曲线可划分为弹性阶段(*OA*)、弹塑性阶段(*AB*)、塑性阶段(*BC*)和应变强化阶段(*CD*)，超过 *D* 点后试件将产生颈缩和断裂。

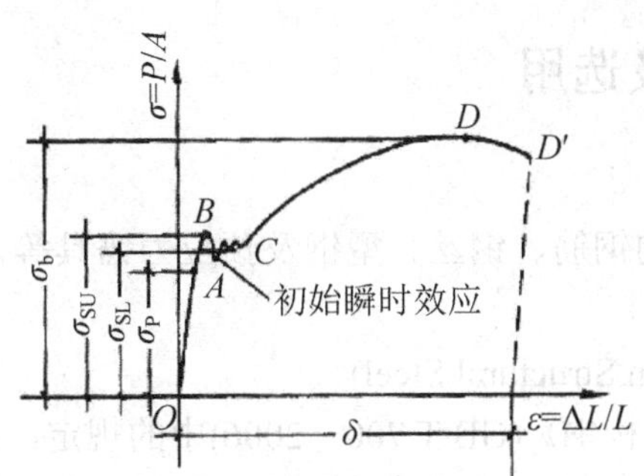

图 2-6　钢材受拉时的应力-应变曲线

2)　冲击韧性

冲击韧性是指钢材抵抗冲击荷载的能力。冲击韧性指标是通过标准试件的弯曲冲击韧性试验确定的。它是将具有规定形状和尺寸并带有 V 形缺口的标准试件，在摆锤式试验机上进行冲击弯曲试验，并以试件冲断时缺口处单位面积上所消耗的功来表示，消耗的功越大，钢材的冲击韧性越好。

3)　硬度

硬度是指金属材料抵抗硬物压入表面局部体积的能力，亦即材料表面抵抗塑性变形的能力。测定钢材硬度的方法有布氏法、洛氏法和维氏法。

4)　耐疲劳性能

钢材在交变荷载反复多次作用下，往往在应力远低于抗拉强度时发生断裂，这种现象称为钢材的疲劳破坏。钢材的疲劳破坏指标用疲劳强度(疲劳极限)来表示，它是指试件在交变应力的作用下，于规定的周期基数内不发生断裂所能承受的最大应力。

2. 钢材的工艺性能

钢材的工艺性能主要有焊接性能、冷弯性能。

1)　焊接性能

焊接是钢结构的主要连接方式。在工业与民用建筑的钢结构中，焊接结构占 90%以上。钢材的可焊性是指钢材是否适应用通常的方法与工艺进行焊接的性能。可焊性好的钢材易于用一般焊接方法和工艺施焊，焊口处不易形成裂纹、气孔、夹渣等缺陷，焊接后钢材的力学性能，特别是强度不低于原有钢材，硬脆倾向小。

2)　冷弯性能

冷弯性能是指钢材在常温下承受弯曲变形的能力，是建筑钢材的重要工艺性能。钢材的冷弯性能指标以试件被弯曲的角度和弯心直径对试件厚度(或直径)的比值来表示。试验时采用的弯曲角度越大，弯心直径对试件厚度(或直径)的比值越小，表示对冷弯性能的要求越高。冷弯检验是：按规定的弯曲角和弯心直径进行试验，试件的弯曲处不发生裂缝、断裂或起层，即认为冷弯性能合格。

2.3.3 钢材的品种及选用

1. 主要钢材品种

在土木工程中，常用的钢筋、钢丝、型钢及预应力锚具等，基本上都是碳素结构钢和低合金高强度结构钢。

1) 碳素结构钢(Carbon Structural Steel)

依据国家标准《碳素结构钢》(GB/T 700－2006)中的规定，碳素结构钢的牌号由代表屈服点的字母 Q、屈服点数值 MPa、质量等级和脱氧程度 4 部分组成。碳素结构钢按屈服点的数值(MPa)分为 195、215、235、255、275 五个等级；按硫、磷杂质的含量由多到少分为 A、B、C、D 四个等级；按脱氧程度不同分为特殊镇静钢(TZ)、镇静钢(Z)、半沸腾钢(b)和沸腾钢(F)。其中表示镇静钢和特殊镇静钢的符号可予以省略。例如，Q235-AF 表示屈服点为 235MPa 的 A 级沸腾钢。

一般而言，碳素结构钢的牌号数值越大，含碳量越高，其强度和硬度也就越高，但塑性和韧性降低。Q235 钢材具有较高的屈服强度和较好的塑性，易于焊接，是土木工程中应用范围最广的碳素钢。

2) 优质碳素结构钢(High-quality Carbon Structural Steel)

与碳素结构钢相比，优质碳素结构钢对于硫和磷等杂质的限制更为严格，其含量均不得超过 0.035%。根据国家标准《优质碳素结构钢技术条件》(GB 699－88)的规定，根据其含锰量不同，优质碳素结构钢可分为普通含锰量(含 Mn<0.8%，共 20 个钢号)和较高含锰量(含 Mn 为 0.7%～1.2%，共 11 个钢号)两组。

由于优质碳素结构钢成本较高，在一般土木工程结构中较少使用，主要应用于重要结构的钢铸件、高强螺栓、预应力高强结构以及预应力钢筋混凝土结构。

3) 低合金高强度结构钢(High Strength Low Alloy Structural Steel)

低合金高强度结构钢是在碳素结构钢的基础上，添加少量的一种或几种合金元素(总含量小于 5%)的一种结构钢。根据国家标准《低合金高强度结构钢》(GB/T 1591－2008)的规定，低合金高强度结构钢共有 5 个牌号。其牌号的表示方法由屈服强度字母 Q、屈服点数值、质量等级(A、B、C、D、E 五级)3 个部分组成。

低合金高强结构钢通常具有比相同含碳量碳素结构钢较高的强度，更适用于高强度结构与大跨度结构，用低合金高强度结构钢代替碳素结构钢可以节约钢材 20%～30%。由于添加了合金元素，提高了钢的屈服强度、抗拉强度、耐磨性、耐腐蚀性及耐低温性等，因此，它是一种综合性能较为理想的建筑钢材。

2. 常用建筑钢材

土木工程建设中常用的建筑钢材主要有钢筋混凝土结构用的钢筋、钢丝，钢结构用的型钢等。

1) 钢筋混凝土用钢材

钢筋混凝土用的钢材主要是指钢筋和钢丝，其材质主要是由碳素结构钢和低合金结构钢轧制而成的。按生产工艺性能和用途的不同，它可分为下列各类。

(1) 热轧钢筋。

热轧钢筋是建筑工程中用量最大的钢材品种之一，主要用于钢筋混凝土结构和预应力钢筋混凝土结构的配筋。热轧钢筋按其轧制外形分为热轧光圆钢筋和热轧带肋钢筋，如图 2-7 所示。其中，光圆钢筋有直条钢筋和盘条钢筋。依据热轧钢筋的屈服强度、抗拉强度、伸长率及冷弯性能等技术指标，可将热轧钢筋划分为 Q215、Q235、R235、HRB335、HRB400 和 HRB500 等不同强度等级的钢筋。根据《钢筋混凝土用热轧光圆钢筋》(GB 13013－1991) 和《钢筋混凝土用热轧带肋钢筋》(GB 1499－1998)，热轧钢筋的力学性能和工艺性能应符合表 2-3 所示的规定。

带肋热轧钢筋的强度较高，塑性及焊接性也较好，广泛用作大中型钢筋混凝土结构的受力钢筋以及预应力钢筋。

图 2-7　热轧带肋钢筋与热轧光圆钢筋

表 2-3　热轧钢筋的性能要求

外　形	强度等级	公称直径/mm	屈服点/MPa	抗拉强度/MPa	伸长率/%	冷弯性能
			不小于			
圆形光面	Q215	6～10	215	375	27	d=0
	Q235	6～10	235	410	23	d=0.5a
	R235	8～20	235	370	25	180°，d=a
圆形带肋	HRB335	6～25 28～40	335	490	16	90°，d=3a 90°，d=4a
	HRB400	6～25 28～50	400	570	14	90°，d=4a 90°，d=5a
	HRB500	6～25 28～50	500	630	12	90°，d=6a 90°，d=7a

注：d—弯心直径；a—钢筋直径。

(2) 冷拉钢筋。

为了提高强度以节约钢筋，工程中常按施工规程对热轧钢筋进行冷拉处理。冷拉钢筋经时效处理后，钢筋的强度提高，但塑性、韧性降低，因此，冷拉钢筋不宜用于受冲击或重复荷载作用的结构。

(3) 冷轧带肋钢筋。

冷轧带肋钢筋采用热轧圆盘条经冷轧而成，表面带有沿长度方向均匀分布的二面或三面的月牙肋。冷轧带肋钢筋是采用冷加工方法强化的典型产品，冷轧后强度明显提高，但塑性降低，屈强比变小。这类钢筋适用于中、小预应力混凝土结构构件和普通钢筋混凝土结构构件。

(4) 预应力混凝土用热处理钢筋。

热处理钢筋是由普通热轧中碳、低合金钢筋经淬火和回火调质处理后的钢筋，通常直径有 6mm、8.2mm、10mm 三种规格。预应力混凝土用热处理钢筋按外形分为有纵肋和无纵肋两种，但都有横肋。热处理钢筋不能用电焊切断，也不能焊接，以免引起强度下降或脆断。它适用于预应力混凝土结构。

(5) 预应力混凝土用钢丝和钢绞线。

预应力混凝土用钢丝是采用优质碳素钢或其他性能相应的钢种，经冷加工及时效处理或热处理而制成的高强度钢丝。若将 2 根、3 根或 7 根圆形断面的钢丝捻成一束，经过消除内应力的热处理后就制成了预应力混凝土用钢绞线。预应力钢丝、钢绞线等均属于冷加工强化及热处理钢材，其抗拉强度远远超过热轧钢筋和冷轧钢筋，并具有较好的柔韧性，应力松弛率低。它适用于大跨度、重负荷的预应力钢筋混凝土结构。

2) 钢结构用钢材

钢结构构件一般应直接选用各种型钢。型钢之间可直接连接或附加连接钢板进行连接。连接方式可铆接、焊接或螺栓连接。其钢材类型主要是型钢和钢板。

(1) 热轧型钢。

热轧型钢主要有角钢、工字钢、槽钢、H 型钢、T 字钢等，如图 2-8 所示。角钢有等边角钢和不等边角钢两种。

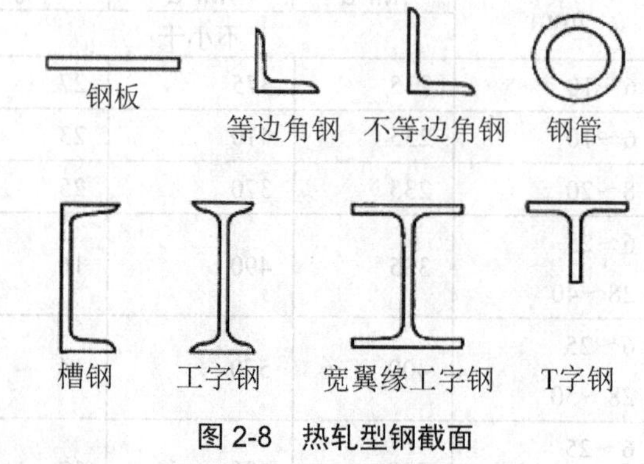

图 2-8 热轧型钢截面

(2) 冷弯薄壁型钢。

冷弯薄壁型钢通常用 2～6mm 薄钢板冷弯或模压而成，有角钢、槽钢等开口薄壁型钢及方形、矩形等空心薄壁型钢。它可用于轻型钢结构。

(3) 钢板和压型钢板。

用光面轧辊轧制而成的扁平钢材称为钢板，按轧制温度不同，可分为冷轧和热轧两种；按厚度不同，热轧钢板可分为厚板(厚度大于 4mm)和薄板(厚度为 0.35～0.4mm)两种，冷轧钢板只有薄板(厚度 0.2～0.4mm)。

薄钢板经冷压或冷轧成波形、双曲形、V 形等形状，称为压型钢板。压型钢板具有轻质高强、抗震性能好、施工快、外形美观等优点。它主要用于楼板、屋面、围护结构等，用途十分广泛。

除此之外，建筑钢材还有钢管。钢管按截面形式的不同，分为圆钢管、方钢管和多边形钢管。钢管可采用无缝钢管和有缝钢管，主要用于桁架、塔桅等钢结构中，以及大跨度、高层、重载的钢管混凝土结构。

2.4 混 凝 土

2.4.1 混凝土的种类

混凝土的种类很多，按胶凝材料、表观密度和施工工艺等不同属性可对其进行划分，如表 2-4 所示。

表 2-4 混凝土的分类

分类原则	混凝土种类
按胶凝材料不同	无机胶凝材料混凝土；有机胶凝材料混凝土；聚合物混凝土
按表观密度不同	重混凝土；普通混凝土；轻混凝土
按使用功能不同	结构用混凝土；道路混凝土；海工混凝土；保温混凝土；水工混凝土；耐热混凝土；耐酸混凝土；防辐射混凝土等
按施工工艺不同	离心混凝土；喷射混凝土；泵送混凝土；振动灌浆混凝土；碾压混凝土；挤压混凝土等
按配筋方式不同	素(即无筋)混凝土；钢筋混凝土；钢丝网水泥；纤维混凝土；预应力钢筋混凝土等
按混凝土拌合物的和易性不同	干硬性混凝土；半干硬性混凝土；塑性混凝土；流动性混凝土；高流动性混凝土；流态混凝土等

2.4.2 普通混凝土

普通混凝土是指以水泥为胶结材料，以砂、石为骨料，加水并掺入适量外加剂和掺和料拌制的混凝土，在实际工程中使用最为普遍。砂、石在混凝土中起骨架作用，水泥和水形成水泥浆，包裹在骨料表面并填充其空隙。在硬化前，水泥浆起润滑作用，赋予拌合物一定的和易性，便于施工。水泥浆硬化后，则将骨料胶结成一个坚实的整体。混凝土的结构，如图 2-9 所示。

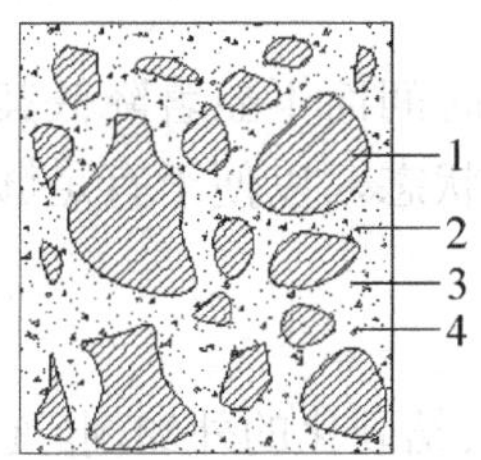

图 2-9 普通混凝土结构组成

1—石子；2—砂；3—水泥浆；4—气孔

1. 普通混凝土的组成材料

1) 水泥

水泥是普通混凝土的胶凝材料，它是混凝土中最重要的组分。配制混凝土所用水泥的品种，应根据工程性质、部位、所处环境及施工条件进行选用。水泥强度等级的选择应与混凝土设计强度等级相适应。其原则是：配制高强度等级的混凝土，选用高强度等级的水泥；配制低强度等级的混凝土，选用低强度等级的水泥。

2) 骨料(集料)

混凝土中骨料占总体积的 70%～80%，所以对混凝土的性能有重要影响。混凝土中所用骨料按粒径大小分为细骨料和粗骨料两种。粒径在 0.15～4.75mm 之间的骨料称为细骨料，包括天然砂和人工砂。粒径大于 4.75mm 的卵石和碎石，称为粗骨料。

3) 混凝土拌合及养护用水

混凝土拌合用水按水源可以分为饮用水、地表水、地下水、海水及经过适当处理或处置后的工业废水。对混凝土拌合及养护用水的质量要求是：不影响混凝土的和易性及凝结硬化，不有损于混凝土强度发展，不降低混凝土耐久性，不加快钢筋锈蚀，不引起预应力钢筋脆断，不污染混凝土表面。

4) 混凝土外加剂

混凝土外加剂是在拌制混凝土的过程中加入的用以改善混凝土性能的物质，其掺量一般不大于水泥质量的 5%(特殊情况除外)。在混凝土中应用外加剂，可以改善混凝土拌合物的和易性，调节其凝结、硬化性能，提高混凝土强度，改善混凝土物理力学性能与耐久性，可以使混凝土获得某些特殊性能，具有投资少、见效快、技术经济效益显著的特点，混凝土外加剂已成为除水泥、砂、石和水以外混凝土必不可少的第五种组成部分。常用的混凝土外加剂品种主要有以下几种。

(1) 减水剂。

减水剂是指在混凝土坍落度基本相同的条件下，能减少混凝土拌合用水量的外加剂。它分为普通减水剂和高效减水剂两类。 混凝土在不同条件下掺入减水剂可产生多种不同的效果。在混凝土中掺加减水剂可提高其流动性、强度和耐久性，节约水泥等。

(2) 早强剂。

早强剂是指能显著加速混凝土早期强度发展且对后期强度无显著影响的外加剂。早强剂可以在常温、低温和负温(不低于-5℃)条件下加速混凝土的硬化过程，多用于冬季施工和抢修工程。

(3) 缓凝剂。

缓凝剂是指能延长混凝土凝结时间而不显著降低其后期强度的外加剂。缓凝剂能使混凝土拌合物在较长时间内保持塑性状态，以便于有足够的时间进行浇筑成型等施工操作，并降低水泥的早期水化热。

(4) 速凝剂。

速凝剂是指能促使混凝土迅速凝结硬化的外加剂。它常用于矿山、隧道、地铁等工程中。

(5) 引气剂。

引气剂是指在混凝土搅拌过程中能引入大量均匀分布且稳定而封闭的微小气泡的外加

剂。掺入引气剂能改善混凝土拌合物和易性，提高混凝土的抗渗性和抗冻性，但降低了混凝土的强度。它可用于抗渗混凝土、抗冻混凝土等。

(6) 防冻剂。

防冻剂是指能使混凝土在负温下正常水化、硬化，并在规定时间内硬化到一定程度，且不会产生冻害的外加剂。

(7) 膨胀剂。

膨胀剂是指能使混凝土产生补偿收缩或微膨胀的外加剂。

(8) 泵送剂。

泵送剂是指能改善混凝土拌合物泵送性能的外加剂。

5) 混凝土矿物掺合料

矿物掺合料是指在配制混凝土时加入的能改变新拌混凝土和硬化混凝土性能的无机矿物细粉，其掺量通常大于水泥质量的 5%。在配制混凝土时加入较大量的矿物掺合料，可改善工作性能，降低温升，增进后期强度，并可改善混凝土的内部结构，提高混凝土的耐久性和抗腐蚀能力。它已成为高性能混凝土不可缺少的第六种组成部分。常用的矿物掺合料有粉煤灰、硅粉、磨细矿渣粉、烧黏土、天然火山灰质材料及磨细自燃煤矸石等，其中粉煤灰的应用最普遍。

2. 普通混凝土的主要技术性质

1) 混凝土拌合物的和易性

和易性(Workability)是指新拌混凝土在搅拌、运输、浇筑、捣实等施工作业中易于流动变形，并能保持其组成均匀稳定的性能。和易性是一项综合的技术性质，包括流动性、粘聚性和保水性 3 方面。图 2-10 为新拌混凝土工作性能指标测量。

流动性(Liquidity)是指拌合物在本身或外力作用下产生流动，能均匀密实地填满模板的性能。它主要反映拌合物的稠度，常用坍落度作为评定拌合物流动性的指标。

粘聚性(Cohesiveness)是指拌合物在运输及浇筑过程中具有一定的黏性和稳定性，不会产生分层和离析现象，保持整体均匀的能力。

保水性(Water Retention Property)是指拌合物具有一定的保水能力，不致产生严重的泌水现象。

坍落度测量

扩展度测量

图 2-10　新拌混凝土工作性能指标测量

2) 混凝土的强度

混凝土的强度包括抗压强度、抗拉强度、抗弯强度、抗剪强度等。混凝土的抗压强度最大、抗拉强度最小，抗拉强度仅为抗压强度的1/10～1/20。土木工程中的混凝土主要作用是承受压力。混凝土强度等级根据混凝土立方体抗压强度标准值划分不同的强度等级。《混凝土结构设计规范》(GB 50010－2002)将混凝土划分为14个强度等级，即C15、C20、C25、C30、C35、C40、C45、C50、C55、C60、C65、C70、C75、C80。其中C表示混凝土，数字表示混凝土立方体抗压强度标准值。

3) 混凝土的变形

混凝土在硬化和使用过程中，由于受物理、化学及力学等因素的影响，会产生各种变形，这些变形直接影响混凝土的强度和耐久性。混凝土的变形包括非荷载作用下的变形和荷载作用下的变形。非荷载作用下的变形分为混凝土的化学收缩、干湿变形、温度变形；荷载作用下的变形分为短期荷载作用下的变形及长期荷载作用下的变形(徐变)。

4) 混凝土的耐久性

耐久性是指混凝土抵抗环境介质作用并长期保持其良好的使用性能和外观完整性并维持混凝土结构的安全、正常使用的能力。混凝土的耐久性包括抗渗、抗冻、抗侵蚀、抗碳化、抗碱-集料反应及阻止混凝土中钢筋锈蚀的能力等性能。混凝土的耐久性是混凝土可持续发展面临的一个严重问题。

2.4.3 其他种类的混凝土

1. 轻混凝土(Light-Weight Concrete)

1) 轻骨料混凝土

用轻粗骨料、轻砂(或普通砂)、水泥和水配制而成的混凝土，其干表观密度不大于1950kg/m^{3}的称为轻骨料混凝土。由于轻骨料混凝土表观密度小，隔热性能改善，可使结构尺寸减小，增加使用面积，降低基础工程费用和材料运输费用，综合效益良好。它适用于高层和多层建筑、软土地基、大跨度结构、抗震结构、要求节能的建筑和旧建筑的加层等。

2) 多孔混凝土

多孔混凝土是一种不用集料的轻混凝土，内部充满大量细小封闭的气孔，孔隙率极大，可达混凝土总体积的85%，表观密度一般在300～1200kg/m^3，导热率较小，具有良好的保温隔热功能，可制作屋面板、内外墙板、砌块和保温制品，用于工业与民用建筑和管道保温。多孔混凝土可分为加气混凝土和泡沫混凝土。

3) 大孔混凝土

大孔混凝土是不用细集料(或只用很少细集料)，而是由粗集料、水泥、水拌和配制而成的具有大量孔径较大的孔组成的轻混凝土。它具有导热性低、透水性好等特点，可用作绝热材料和滤水材料，水工建筑中常用作排水暗管、井壁滤管等。

2. 纤维增强混凝土(Fiber Reinforced Concrete)

它是不连续的短纤维无规则地均匀分散于水泥砂浆或水泥混凝土基材中而形成的复合材料，可提高混凝土的抗拉、抗弯、冲击韧性、抗裂、抗疲劳等性能，也能改善混凝土的脆性。随着纤维混凝土技术的提高，纤维增强混凝土在工程中的应用越来越广泛，特别是在强度要求较高的大体积混凝土工程，抗折、抗拉强度及韧性要求高的楼面混凝土、柱、梁等结构混凝土工程及桩用混凝土，重要设备底座，飞机场跑道等应用较多。目前，土木工程中常用的纤维增强混凝土主要有：钢纤维增强混凝土、玻璃纤维增强混凝土、碳纤维增强混凝土、聚丙烯纤维增强混凝土等。近年来，又有很多研究者致力于高抗震纤维增强混凝土的研究，并已取得很大进展。

3. 高性能水泥混凝土(High Performance Concrete，HPC)

高性能水泥混凝土是指多方面均具有较高质量的混凝土，其高质量包括良好的和易性，优良的物理力学性能，可靠的耐久性，在恶劣的使用环境条件下寿命长和匀质性好等。它是在优质原材料的基础上，采用现代混凝土技术，并在严格的质量管理条件下制成的混凝土材料，其配制过程除了要求技术性能较好的水泥、水、集料外，必须掺加适量优质的活性细矿物混合材料及效率更高的化学外加剂。高性能水泥混凝土的应用范围越来越广泛，虽然目前尚未形成完整的 HPC 应用技术规范，但广大科研工作者和工程技术人员经过努力已掌握了 HPC 配制、施工应用方面的经验，并在很多工程中取得了成功。例如，首都国际机场停车楼工程和亚洲大酒店超高层建筑。

我国对高性能水泥混凝土的应用才刚刚开始，随着我国建筑向高层化、大型化、现代化发展，我们应更加重视对它的研究和应用，它必将成为新世纪的重要土木工程材料。

4. 绿色混凝土(Green Concrete)

随着社会物质生产的高速发展，认识资源、环境与材料的关系，开展绿色材料及其相关理论的研究，是历史发展的必然，也是材料科学的进步。在这样的背景条件下，具有环境协调性和自适应特性的绿色混凝土应运而生。

绿色混凝土的环境协调性是指对资源和能源消耗少、对环境污染小和循环再生利用率高。绿色混凝土的自适应性是指具有满意的使用性能，能够改善环境，具有感知、调节和修复等智能特性。

1)　绿色高性能混凝土(Green High Performance Concrete，GHPC)

高性能混凝土的绿色特征主要体现在：更多地节约熟料水泥，减少环境污染；更多地掺加以工业废渣为主的活性细掺料；更大地发挥高性能优势，减少水泥和混凝土用量。因而，将其称为绿色混凝土。

2)　再生集料混凝土

再生集料混凝土是指用废混凝土、废砖块、废砂浆做集料而制成的混凝土。

3)　环保混凝土

环保混凝土是指能够改善、美化环境，对人类和自然的协调发展具有积极作用的混凝土。目前研究和开发的品种主要有透水、排水性混凝土，绿化混凝土和净水混凝土等。

4)　智能混凝土

智能混凝土是以水泥混凝土为载体，并复合可产生某种智能效果的材料所形成的水泥基复合材料。它具有感知、调节和修复功能，是为满足土木工程智能化要求而发展起来的新型材料。它包括：①自感知混凝土，它可以在非破损情况下感知并获得被测结构物全部物理、力学参数，如温度自监控混凝土、损伤自诊断混凝土等；②自调节混凝土，它在外力、温度、电场或磁场等变化下具有产生形状、刚度、湿度或其他机械特性相应的能力，如调湿混凝土等；③自修复混凝土，对材料损伤破坏具有自行愈合和再生功能，如仿生自愈合混凝土等。

绿色混凝土降低混凝土制造、使用过程的环境负荷，保护生态、美化环境，提高居住环境的舒适和安全性，它将是21世纪大力提倡、发展和应用的混凝土。

2.5 砌体材料

2.5.1 石材

天然石材是指从天然岩体中开采出来的，并经加工成块状或板状材料的总称，是最古老的土木工程材料之一。天然石材具有很高的抗压强度、良好的耐磨性和耐久性、资源分布广、蕴藏量丰富、便于就地取材、生产成本低等优点，是古今土木工程中修建城垣、桥梁、房屋、道路及水利工程的主要材料，如北京的汉白玉(一种白色大理岩)是闻名中外的建筑装饰材料，南京的雨花石、福建的寿山石、浙江的青田石均是良好的工艺美术石材，即使那些不被人注意的河沙和卵石也是非常有用的建筑材料。建筑中常用的岩石分类如表2-5所示。

表 2-5　建筑中常用的岩石分类

岩石种类		常用岩石种类	结构构造	特　征	用　途
岩浆岩	火山岩	火山灰、火山砂、浮石等	非晶结构，玻璃质结构，多孔	孔隙率大，具有化学活性	水泥原料；轻混凝土骨料
	浅成岩	安山岩、玄武岩、辉绿岩等	结晶不完全，有玻璃质结构，气孔状	熔点高，抗压强度较高，不易磨损，有孔隙形成	铸石原料；混凝土骨料；路面用石料等
	深成岩	花岗岩、闪长岩、辉长岩等	矿物全部结晶，块状构造较致密	抗压强度高，容重大，孔隙小，吸水小，耐磨	道路；桥墩；基础；石坝；骨料等
沉积岩	机械沉积岩	砂岩、页岩等	石英晶屑，层状构造	一般都具有较多孔隙，强度较低，耐久性差	基础；墙身；人行道；骨料等
	生物沉积岩	石灰岩	粒状结晶，隐晶质，介壳质结构，层状构造		石灰、水泥原料；道路建筑材料；混凝土骨料等
	化学沉积岩	白云岩	细晶结构，粒状构造		一般建筑材料；碎石等
变质岩	接触变质岩	大理岩	致密结晶结构，块状构造		装饰材料；碎石、块石、人行道、石板等
	区域变质岩	片麻岩	等粒或斑晶结构，片麻状或带状构造		
	动力变质岩	糜棱岩	等粒结晶结构，块状构造		

建筑上使用的石材，按加工后的形状分为块状石材、板状石材和散状石材等。

1. 块状石材

1)　毛石

毛石也称片石，是不成形的石料，是采石场由爆破直接获得的形状不规则的石块，处于开采以后的自然状态，如图 2-11 所示。根据平整程度又将其分为乱毛石和平毛石两类。建筑用毛石，一般要求石块中部厚度不小于 150mm，长度为 300～400mm，质量为 20～30kg，强度不宜小于 10MPa，软化系数不应小于 0.75。建筑用毛石常用于砌筑基础、勒脚、墙身、堤坝、挡土墙，也可配制片石混凝土等。

2)　料石

料石是用毛料加工成的具有一定规格，用来砌筑建筑物用的石料，如图 2-12 所示。料石一般由致密均匀的砂岩、石灰岩、花岗岩加工而成。根据表面加工的平整程度分为毛料石、粗料石、半细料石和细料石 4 种；按形状可分为条石、方石及拱石 3 种。一般毛料石、粗料石主要应用于建筑物的基础、勒脚、墙体部位，半细料石和细料石主要用作镶面的材料。

图 2-11　毛石

图 2-12　料石

2. 板状石材

板状石材是用致密的岩石经凿平、锯断、磨光等各种加工方法制作而成的石料(厚度一般为 20mm)，如花岗石、大理石和青石板材等。用于建筑物内外墙面、柱面、地面、栏杆、台阶等处装修用的板状石材也称为饰面石材。

3. 散状石材

建筑工程中的散状石材，主要指碎石、卵石和色石渣 3 种，如图 2-13 所示。碎石、卵石可用作骨料、装饰铺砌材料，其中卵石还可作为园林、庭院等地面的铺砌材料；色石渣由天然大理石或花岗岩等残碎料加工而成，有各种色彩，可作人造大理石、水磨石、水刷石及其他饰面粉刷骨料之用。

(a) 碎石

(b)卵石

(c)色石渣

图 2-13　散状石材

2.5.2　砖

砖俗称砖头，是一种常用的砌筑材料、建筑用的人造小型块材，分为烧结砖(主要指黏土砖)和非烧结砖(灰砂砖、粉煤灰砖等)。黏土砖以黏土(包括页岩、煤矸石等粉料)为主要原料，经泥料处理、成型、干燥和焙烧而成。利用粉煤灰、煤矸石和页岩等为原料烧制的砖，因其颗粒细度不及黏土，故塑性差，制砖时常需掺入一定量的黏土，以增加可塑性。砖按照生产工艺分为烧结砖和非烧结砖；按所用原材料分为黏土砖、页岩砖、煤矸石砖、粉煤灰砖、炉渣砖和灰砂砖等；按有无孔洞分为空心砖、多孔砖和实心砖，分别如图 2-14、图 2-15 和图 2-16 所示。

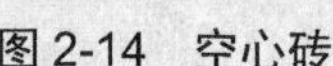

图 2-14　空心砖

图 2-15　多孔砖

图 2-16　实心砖

由于生产传统的黏土砖取土量大、能耗高、砖自重大，施工生产中劳动强度高、工效低，因此有必要对其逐步改革并使用新型材料将其取代。依据《国务院办公厅关于进一步推进墙体材料革新和推广节能建筑的通知》，黏土制品不得用于各直辖市、沿海地区的大中城市和人均占有耕地面积不足 0.8 亩的省的大中城市的新建工程，很多城市和地区开始禁止生产和使用黏土砖。

利用煤矸石和粉煤灰等工业废渣烧砖，不仅可以减少环境污染，节约大片良田，而且可以节省大量的燃料煤，是三废利用、变废为宝的有效途径。近年来国内外都在研制非烧结砖，非烧结砖是利用不适合种田的山泥、废土、砂等，加入少量水泥或石灰做固结剂及微量外加剂和适量水混合搅拌后压制成型。例如日本用土壤、水泥和 EER 液混合搅拌压制成型、自然风干的 EER 非烧结砖；江西省建筑材料工业研究院研制成功的红壤土、石灰非烧结砖；深圳市建筑科学中心研制成功的水泥、石灰、黏土非烧结空心砖等。可见，非烧结砖是一种有发展前途的新型材料。

2.5.3　混凝土砌块

混凝土砌块是利用混凝土、工业废料(炉渣、粉煤灰等)或地方材料制成的人造块材，外形尺寸比砖大，具有设备简单，砌筑速度快的优点，符合了建筑工业化发展中墙体改革的要求。

混凝土砌块按尺寸和质量的大小不同分为小型砌块、中型砌块和大型砌块。砌块系列中主规格高度大于 115mm 而小于 380mm 的称为小型砌块，高度为 380～980mm 的称为中型砌块，高度大于 980mm 的称为大型砌块。使用中以中小型砌块居多。

混凝土砌块按照外观形状可以分为实心砌块和空心砌块。空心砌块有单排方孔、单排圆孔和多排扁孔三种形式，其中多排扁孔对保温较有利。按砌块在组砌中的位置与作用，混凝土砌块可以分为主砌块和各种辅助砌块。

根据材料不同，常用的混凝土砌块有普通混凝土与装饰混凝土小型空心砌块、轻集料混凝土小型空心砌块、粉煤灰小型空心砌块、蒸汽加气混凝土砌块、免蒸加气混凝土砌块(又称环保轻质混凝土砌块)和石膏砌块，吸水率较大的砌块不能用于长期浸水、经常受干湿交替或者冻融循环的建筑部位。

2.6　沥青及沥青混合料

沥青是一种褐色或黑褐色的有机胶凝材料。在建筑、桥梁、公路等工程中有广泛的应用，主要用于生产防水材料和铺筑沥青路面、机场道面等。

2.6.1　沥青材料

沥青材料(Bituminous Material)是由极其复杂的高分子碳氢化合物及其非金属衍生物组成的有机混合物，在常温下呈固体、半固体或液体状态，能溶解于汽油、煤油、二硫化碳、苯等。沥青可以分为地沥青和焦油沥青两大类。其中地沥青又可分为天然沥青和石油沥青，石油沥青在我国土木工程中大量应用。焦油沥青分为煤沥青、木沥青、页岩沥青和泥炭沥青。

1. 石油沥青(Petroleum Asphalt)

石油沥青是石油原油经蒸馏等提炼出各种轻质油(如汽油、柴油等)及润滑油以后的残留物，或再经加工而得的产品。

1)　石油沥青的组分

石油沥青的组分包括沥青质、树脂(沥青脂胶)、油分。石油沥青中还含有蜡，它是石油沥青的有害成分，会降低石油沥青的黏结性和塑性，温度稳定性差。

2)　石油沥青的技术性质

(1)　黏滞性。

黏滞性是反映石油沥青抵抗其本身相对变形的能力，常表现为沥青的软硬程度或稀稠程度。黏滞性的测定根据石油沥青的自然状态不同而不同，对于液体石油沥青常用标准黏度来表征其抵抗流动的能力，标准黏度越大，其黏滞性越强；对黏稠沥青(半固态或固态)，用针入度来表征其抵抗剪切变形的能力，针入度越小，其黏滞性越强。

(2)　塑性。

塑性是指石油沥青在外力作用时产生变形而不破坏，除去外力后，仍保持变形后形状的性质。它是沥青性质的重要指标之一。其塑性用延度表示，延度越大，塑性越好。

(3)　温度敏感性。

温度敏感性是指石油沥青的黏滞性和塑性随温度的变化而变化的性能。为保证沥青的物理力学性能在工程使用中具有良好的稳定性，通常期望它具有在温度升高时不易流淌、温度降低时不硬脆、不开裂的性能。因此，在工程中应尽量采用温度敏感性小的石油沥青。

(4)　黏附性。

黏附性是指石油沥青与其他材料(主要指集料、基层等)的界面黏结性能或抗剥落性能。它直接影响沥青的使用质量和耐久性。

(5)　大气稳定性。

大气稳定性是指石油沥青在热、阳光、氧气和潮湿等因素的长期综合作用下抵抗老化的性能。

(6) 施工安全性。

沥青在施工过程中需要加热，加热到一定温度时，沥青中挥发性的油分蒸气与周围空气形成一定浓度的油气混合物，遇火则易发生闪火，若继续加热，油气混合物浓度增加，混合气体开始燃烧。沥青出现闪火现象时的温度称为闪点，开始燃烧时的温度称为燃点。闪点和燃点是关系沥青在施工中安全性的重要指标。石油沥青在熬制时应严格控制其加热温度，尽可能与火焰隔离。

3) 石油沥青的应用

石油沥青按用途分为建筑石油沥青、道路石油沥青、防水防潮石油沥青和普通石油沥青。在土木工程中使用的沥青主要是建筑石油沥青和道路石油沥青。

(1) 建筑石油沥青。

建筑石油沥青是用于制作建筑防水卷材、防水涂料和沥青嵌缝膏等防水材料的主要原料，其产品主要用于屋面、地下或沟槽防水和防潮，建筑物与管道防腐工程等。

(2) 道路石油沥青。

按交通量划分，道路石油沥青分为重、中、轻交通道路石油沥青。重交通道路石油沥青主要用于高速公路、一级公路路面、机场道面及重要城市道路路面等工程；中、轻交通道路石油沥青主要用于一般的道路路面、车间地面等工程。道路石油沥青还可做密封材料和黏结剂以及沥青涂料等。

2. 改性石油沥青(Modified Petroleum Asphalt)

现代土木工程中使用的沥青应具有一定的物理性质和黏附性。在低温条件下应有弹性和塑性；在高温条件下应有足够的强度和稳定性；在加工和使用条件下应有抗“老化”能力；还应与各种矿料和结构表面有较强的黏附力；应有对变形的适应性和耐疲劳性。单纯的石油沥青难以同时满足这些技术性能的要求，为此，通过在石油沥青中加入天然或人工的有机或无机材料，熔融、分散在沥青中得到的具有良好综合技术性能的石油沥青，才能满足现代土木工程的技术要求。这些经过性能改进的沥青称为改性沥青。所添加的改性材料称为改性剂。常用的改性材料有橡胶、树脂、矿物填料等。

2.6.2 沥青混合料

沥青混合料(Asphalt Mixtures)是由矿料(粗集料、细集料和填料)与沥青拌和而成的混合料，包括沥青混凝土混合料和沥青碎石混合料。沥青混合料是一种黏弹塑性材料，具有优良的物理力学性能(包括抵抗各种荷载的能力、高温稳定性、低温柔韧性、水稳定性等)，具有良好的施工和易性，修筑路面时不需要设置接缝，具有减震吸声的效果，从而获得行车舒适的效果，而且，施工方便、速度快，能及时开放交通，并可再生利用。因此，沥青混合料是高等级道路修筑的一种主要路面材料。

2.7 建筑功能材料

2.7.1 防水材料

防水材料是建筑业及其他有关行业所需要的重要功能材料，是建筑材料工业的一个重要组成部分。随着我国国民经济的快速发展，不仅工业建筑与民用建筑对防水材料提出了多品种高质量的要求，在桥梁、隧道、国防军工、农业水利和交通运输等行业和领域中也都需要高质量的防水密封材料。沥青材料及其制品是土木工程结构中最常用的防水材料，可分为地沥青(包括天然地沥青和石油地沥青)和焦油沥青(包括煤沥青、木沥青、页岩沥青等)。通常，石油加工厂制备的沥青不一定能全面满足如下要求：在低温条件下具有必要的弹性和塑性；在高温条件下具有足够的强度和稳定性；在加工和使用条件下具有抗“老化”能力；与各种矿料和结构表面之间具有较强的黏附力；对构件变形的适应性和耐疲劳性。从而致使沥青防水屋面渗漏现象严重，使用寿命短。为此，常用的橡胶、树脂和矿物填料通过改性后，其综合性能可以得到大大提高，其分类及主要特点如表 2-6 所示。

表 2-6　改性沥青分类

品　种	主要特点
矿物填充料改性沥青	在沥青中加入一定量的矿物填充料，可以提高沥青的黏滞性和耐热性，减小沥青的温度敏感性，同时也可以减少沥青的用量。常用的矿物填充料有粉状和纤维状两类。粉状的有滑石粉、石灰石粉、白云石粉、粉煤灰、硅藻土和云母粉等；纤维状的有石棉绒、石棉粉等。矿物填充料的掺量一般为 20%～40%
树脂改性沥青	用树脂改性石油沥青，可以改善沥青的强度、塑性、耐热性、耐寒性、黏结性和抗老化性等
橡胶改性沥青	沥青与橡胶相溶性较好，改性后的沥青高温变形小，低温时具有一定的塑性。所用的橡胶有天然橡胶、合成橡胶(如氯丁橡胶、丁基橡胶、丁苯橡胶等)和再生橡胶
橡胶和树脂改性沥青	橡胶和树脂用于沥青改性，使沥青同时具有橡胶和树脂的特性，且橡胶和树脂的混溶性较好，故改性效果良好。橡胶和树脂共混改性沥青采用不同的原料品种、配比、制作工艺，可以得到不同性能的产品，主要用于防水卷材、片材、密封材料和涂料等

随着我国新型建筑防水材料的迅速发展，各类防水材料品种日益增多。用于屋面、地下工程及其他工程的防水材料，除常用的沥青类防水材料外，新型防水材料已向高聚合物改性沥青、橡胶、合成高分子防水材料方向发展，并在工程应用中取得了较好的防水效果。新型建筑防水材料的分类及主要特点如表 2-7 所示。

表 2-7　新型建筑防水材料分类

名　称		主要特点
防水卷材	沥青防水卷材	用低软化点的石油沥青浸渍原纸，然后再用高软化点的石油沥青涂盖油纸的两面，再涂或撒粉状(“粉毡”)或片状(“片毡”)隔离材料制成。它具有良好的防水性能，而且资源丰富、价格低廉，其应用在我国占据主导地位
	弹性体改性沥青防水卷材(SBS)	以玻纤毡或聚酯毡为胎基，以 SBS 橡胶改性石油沥青为浸渍涂盖层，两面再覆以隔离材料所制成的建筑防水卷材，简称 SBS 卷材

续表

名　称		主要特点
防水卷材	塑性体改性沥青防水卷材(APP)	以聚酯胎或玻纤胎为胎基，无规聚丙烯(APP)或聚烯烃类聚合物(APAO、APO)做改性剂，两面覆以隔离材料所制成的建筑防水卷材，统称 APP 卷材
	合成高分子防水卷材	以合成橡胶、合成树脂或两者的共混体为基料，加入适量的助剂和填充料等，经特定工序制成。合成高分子防水卷材具有拉伸强度高、断裂伸长率大、抗撕裂强度高、耐热性能好、低温柔性好、耐腐蚀、耐老化以及可以冷施工等一系列优异性能
防水涂料	沥青类防水涂料	将常温下呈无定形流态或半流态的沥青加入某些填料，在溶剂溶解的作用下，涂刷在结构布或混凝土上，通过溶剂的挥发、水分的蒸发或各组分的化学反应，沥青颗粒凝聚成膜，形成均匀、稳定、黏结牢固的防水层，在其表面形成坚韧防水膜的材料
	高聚物改性沥青防水涂料	以沥青为基料，用合成高分子聚合物进行改性，制成的水乳型或溶剂型防水涂料。它在柔韧性、抗裂性、拉伸强度、耐高低温性能、使用寿命等方面比沥青基涂料都有很大改善，具有成膜快、强度高、耐候性和抗裂性好、难燃、无毒等优点。其主要品种有再生橡胶改性沥青防水涂料、水乳型氯丁橡胶沥青防水涂料和 SBS 橡胶沥青防水涂料等
	合成高分子防水涂料	以合成橡胶或合成树脂为主要成膜物质制成的单组分或多组分的防水涂料。它比沥青基及改性沥青基防水涂料具有更好的弹性和塑性、耐久性及耐高低温性能。其主要品种有聚氨酯防水涂料、石油沥青聚氨酯防水涂料、硅橡胶防水涂料和丙烯酸酯防水涂料等

我国目前研制和使用的新型防水材料还包括各种密封膏，如聚氨酯建筑密封膏(用于各种装配式建筑屋面板楼地面、阳台、窗框、卫生间等部位的接缝，施工缝的密封，给水排水管道贮水池等工程的接缝密封，混凝土裂缝的修补)；丙烯酸酯建筑密封膏等(用于混凝土、金属、木材、天然石料、砖、砂浆、玻璃、瓦及水泥石之间的密封防水)。

2.7.2　绝热材料

将不易传热的材料，即对热流有显著阻抗性的材料或材料复合体称为绝热材料，它是保温和隔热材料的总称。绝热保温材料应具有较小的传导热量的能力，主要用于建筑物的墙壁、屋面保温，热力设备及管道的保温，制冷工程的隔热等。传统的绝热材料按其成分分为无机绝热和有机绝热材料两大类，如表 2-8 所示。传统的保温隔热材料是以提高气相空隙率、降低导热系数和传导系数为主。纤维类保温材料在使用环境中要使对流传热和辐射传热升高，必须要有较厚的覆层。型材类无机保温材料在进行拼装施工时，存在接缝多、有损美观、防水性差、使用寿命短等缺陷。

表 2-8　绝热材料的种类

种　类		主要特性
无机绝热材料	石棉及制品	石棉具有绝热、耐火、耐酸碱、耐热、隔声、不腐朽等优点。石棉制品有石棉水泥板、石棉保温板等
	矿渣棉及制品	矿渣棉具有质轻、不燃、防蛀、价廉、耐腐蚀、化学稳定性强、吸声性能好等特点。它不仅是绝热材料，还可作为吸音、防震材料
	岩棉及制品	岩棉及其制品(各种规格的板、毡带)具有质轻、不燃、化学稳定性好、绝热性能好等特点
	膨胀珍珠岩及制品	膨胀珍珠岩具有轻质、绝热、吸音、无毒、不燃烧、无臭味等特点，是一种高效能的绝热材料
有机绝热材料	软木板	软木板耐腐蚀、耐水，只能阴燃不起火焰，并且软木中含有大量微孔，因此质轻，是一种优良的绝热、防震材料
	泡沫塑料	泡沫塑料以各种树脂为基料，加入一定剂量的发泡剂、催化剂、稳定剂等辅助材料经加热发泡制成的一种新型轻质、保温、隔热、吸声、防震材料
	多孔混凝土	多孔混凝土有泡沫混凝土和加气混凝土两种，最高使用温度≤600℃，用于围护结构的保温隔热
	蜂窝板	蜂窝板是由两块较薄的面板，牢固地黏结在一层较厚的蜂窝状芯材两面的板材，亦称蜂窝夹层结构。面板必须用合适的胶粘剂与芯材牢固地黏合在一起，才能显示出蜂窝板的优异特性，即强度重量比大，导热性低和抗震性好等

当今，全球保温隔热材料正朝着高效、节能、薄层、隔热、防水外护一体化方向发展，在发展新型保温隔热材料及符合结构保温节能技术的同时，更强调有针对性地使用绝热保温材料，按标准规范设计及施工，努力提高保温效率及降低成本。20 世纪 90 年代，美国国家航空航天局的科研人员为解决航天飞行器传热控制问题而研发采用了一种新型太空绝热反射瓷层(Therma-Cover)。该材料由一些悬浮于惰性乳胶中的微小陶瓷颗粒构成，具有高反射率、高辐射率、低导热系数、低蓄热系数等热工性能，同时具有卓越的隔热反射功能，如图 2-17 和图 2-18 所示即为喷涂了绝热保温涂料的片材和涂料的喷刷现场。这种新型绝热保温涂料的出现，促使世界各国研究人员开始对薄层隔热保温涂料展开研究。

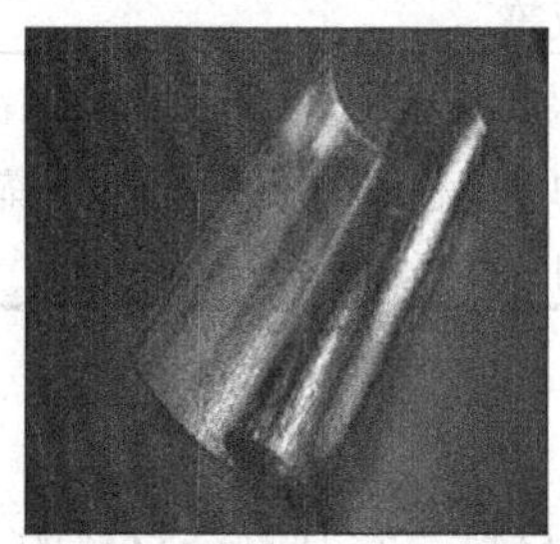

图 2-17　绝热保温涂料片材

图 2-18　涂料喷刷现场

由于绝热保温涂料通过应用陶瓷球形颗粒中空材料在涂层中形成的真空腔体层，构筑有效的热屏障，不仅自身热阻大、导热系数低，而且热反射率高，减少了建筑物对太阳辐射热的吸收，降低被覆表面和内部空间温度，实现了绝热保温由厚层向薄层隔热保温的技术转变，这也是今后绝热保温材料主要的发展方向之一。

2.7.3 吸声隔声材料

随着现代城市的发展，噪声已成为一种严重的环境污染，随着生活水平的提高，人们对建筑物的声环境问题越来越关注和重视。选用适当的材料对建筑物进行吸声和隔声处理，是建筑物噪声控制过程中最常用、最基本的技术措施之一。

材料吸声和材料隔声的区别在于：材料的吸声着眼于声源一侧反射声能的大小，目标是反射声能要小；材料隔声着眼于入射声源另一侧的透射声能的大小，目标是透射声能要小。吸声材料对入射声能的衰减吸收，一般只有十分之几，因此，其吸声能力即吸声系数可以用小数表示，而隔声材料可使透射声能衰减到入射声能的 3/10～4/10 或更小，为方便表达，其隔声量用分贝的计量方法来表示。

吸声材料的基本特征是多孔、疏松、透气。对于多孔材料，由于声波能进入材料内相互连通的孔隙中，受到空气分子的摩擦阻滞，由声能转变为热能。对于纤维材料，由于引起细小纤维的机械振动而转变为热能，从而把声能吸收。对于隔声材料来说，其材料面密度越大越好，尤其是单层匀质的构件，其隔声量的高低完全由其面密度的大小所决定。常用的吸声材料和隔声材料如表 2-9 所示。

表 2-9　吸声材料和隔声材料的分类

分类		种类和特点
吸声材料	无机材料	水泥蛭石板、石膏砂浆(掺水泥玻纤)、水泥膨胀珍珠岩板、水泥砂浆等
	有机材料	软木板、木丝板、穿孔五夹板、三夹板、木质纤维板等
	多孔材料	泡沫玻璃、脲醛泡沫塑料、泡沫水泥、吸声蜂窝板、泡沫塑料等
	纤维材料	矿渣棉、玻璃棉、酚醛玻璃纤维板、工业毛毡等
隔声材料	隔绝空气声 (通过空气传播的声音)	主要服从质量定律，即材料的容积密度越大，质量越大，隔声性越好，因此应选用密实的材料作为隔声材料，如砖、混凝土、钢板等
	隔绝固体声 (通过撞击或振动传播的声音)	最有效的措施是采用不连续的结构处理，即在墙壁和承重梁之间、房屋的框架和墙板之间加弹性衬垫，如毛毡、软木、橡皮等材料或在楼板上加弹性地毯

2.7.4 复合材料

新型复合材料是在传统板材的基础上产生的新一代材料，它是复合材料的一种，也是目前结构材料发展的重点之一。复合材料包括有机材料与无机材料的复合、金属材料与非金属材料的复合以及同类材料之间的复合等，复合材料使得土木工程材料的品种和功能更加多样化，具有广阔的发展前景。纵观多种新兴的复合材料(如高分子复合材料、金属基复合材料、陶瓷基复合材料)的优异性能，人类在材料应用上正在从钢铁时代进入一个复合材料广泛应用的时代。

1. 钢丝网水泥类夹芯复合板材(泰柏板)

泰柏板是以两片钢丝网将聚氨酯、聚苯乙烯、脲醛树脂等泡沫塑料、轻质岩棉或玻璃棉等芯材夹在中间，两片钢丝网间以斜穿过芯材的“之”字形钢丝相互连接，形成稳定的三维桁架结构，然后再用水泥砂浆在两侧抹面，或者进行其他饰面装饰。其结构如图 2-19 所示。

泰柏板充分利用了芯材的保温隔热和轻质的特点，两侧又具有混凝土的性能，具有较高节能，重量轻、强度高、防火、抗震、隔热、隔音、抗风化，耐腐蚀的优良性能，并有组合性强、易于搬运，适用面广、施工简便等特点，是目前取代轻质墙体最理想的材料。

2. 彩钢夹芯板材

彩钢夹芯板材是以硬质泡沫塑料或结构岩棉为芯材，在两侧粘上彩色压型镀锌钢板，其中外露的彩色钢板表面涂以高级彩色塑料涂层，使其具有良好的耐候性和抗腐蚀能力，其结构如图 2-20 所示。

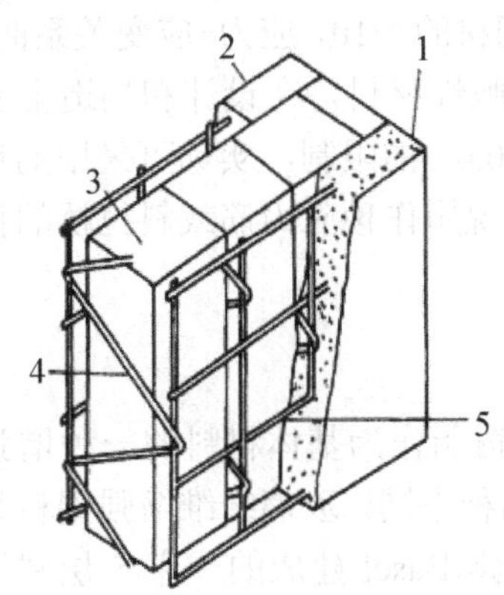

图 2-19　泰柏板结构示意图

1—外侧砂浆层；2—内侧砂浆层(各厚 22mm)；
3—泡沫塑料层；4—连接钢丝；5—钢丝网

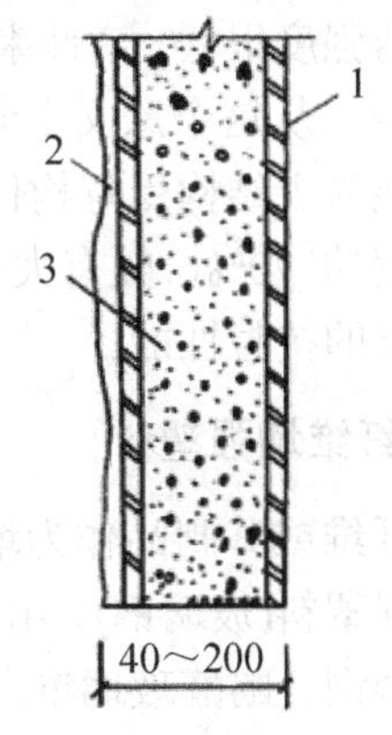

图 2-20　彩钢夹芯板材

1—彩色镀锌钢板；2—涂层；
3—硬质泡沫塑料或结构岩棉

3. 碳纤维材料

碳纤维树脂复合材料(Carbon Fiber Reinforced Polymer/Plastic，CFRP)是一种力学性能优异的新材料，它的比重不到钢的 1/4，抗拉强度一般都在 3500MPa 以上，是钢的 7～9 倍，弹性模量为 23 000～43 000MPa，亦高于钢。因此 CFRP 的比强度，即材料的强度与其密度之比可达到 2000MPa/(g/cm^3)以上，其比模量也比钢高。材料的比强度愈高，则构件自重愈小；比模量愈高，则构件的刚度愈大。

碳纤维成品在土木工程中的应用主要有纤维布、纤维板、棒材、型材、短纤维等，各有不同的使用范围，而当前加固工程中用量最大和最普遍的还是碳纤维布(片)，碳纤维布常

用的规格是 $200g/m^2$ 和 $300g/m^2$，厚度分别是 0.111mm 和 0.167mm；碳纤维复合板厚度一般为 1.2～1.4mm，由 3～4 层碳纤布经过树脂浸渍固化而成。图 2-21 为碳纤维片材。结构加固主要是利用碳纤维的高抗拉性能，广泛用于钢筋混凝土结构的梁、板、柱和构架的节点加固，也很适用于古建筑物或砌体结构的维修加固，恢复和提高结构的承载能力和抗裂性能，国内外成功的应用实例不胜枚举。1995 年日本阪神大地震和 1999 年中国台湾集集大地震之后，碳纤维作为耐震补强材料和技术的地位得到了进一步的发展和确定。图 2-22 为桥梁采用碳纤维加固的现场。

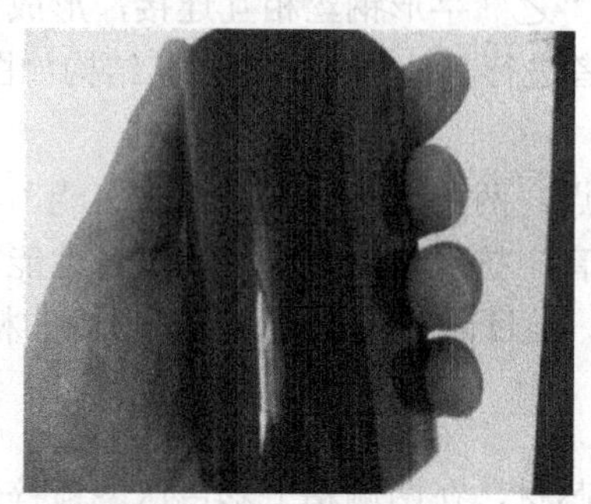

图 2-21　碳纤维片材

图 2-22　桥梁碳纤维加固

碳纤维整体上无疑是一种轻质高强性能优异的新兴建材，但也有其自身的特点或缺点，碳纤维的抗剪强度很低，延伸率小，还不到一般钢材的 1/10，应力-应变关系曲线近乎直线，没有塑性平台。从这个意义上看，碳纤维是一种脆性材料，在设计和构造上应予注意；用于普通钢筋混凝土结构受弯构件中，受极限应变 0.01 的限制，实际可采用的设计强度还不到其极限强度的 70%，颇有大材小用之感，或者说用作预应力筋或斜拉桥的拉索，才能充分发挥碳纤维的抗拉性能。

4. 玻璃纤维增强塑料

以玻璃纤维或其制品作为增强材料，以合成树脂作为基体材料的一种增强塑料，称为玻璃纤维增强塑料(玻璃钢)。由于所使用的树脂品种不同，玻璃纤维增强塑料又有聚酯玻璃钢、环氧玻璃钢、酚醛玻璃钢之称。1999 年在瑞典 Basel 建成的一座 5 层建筑，其框架、门窗及部分室内设施完全由玻璃钢组成，可谓使用复合材料构件的经典，它的成功证明了玻璃钢可以用于中型建筑。

玻璃纤维作为近 50 年来发展迅速的一种复合材料，其产量的 70%都是用来制造玻璃纤维增强塑料。玻璃钢加工容易，不锈不烂，不需油漆，已广泛应用于各种小型汽艇、救生艇、游艇，以及汽车制造业等，节约了大量钢材。玻璃钢还可以制作玻璃钢采光瓦(FRP 采光瓦)，又称透明瓦，是与钢结构配套使用的采光材料，主要由高性能上膜、强化聚酯和玻璃纤维组成，其中上膜起到很好的抗紫外线和抗静电作用。抗紫外线是为了保护 FRP 采光板的聚酯不发黄老化，过早失去透光特性；抗静电是为了保证表面的灰尘容易被雨水冲走或被风吹走，维持清洁美观的表面。由于其稳定的质量、经久耐用的特点，玻璃纤维被广泛使用在工业、商业、民用建筑的屋面和墙面。在 2009 年 9 月举行的第十五届中国国际复合材料工业技术展览会上展示的增强玻璃纤维复合材料桥，长 13.4m、宽 2.3m，桥身重 3.5 吨(含扶手等配件的总重为 6.5 吨)，重量仅为相同尺寸和荷载能力的混凝土桥的 5%、钢桥的 30%，如图 2-23 所示。

图 2-23　增强玻璃纤维的桥梁

思　考　题

1. 土木工程材料按其化学成分、性质、用途和性能，如何分类？
2. 木材的物理性质有哪些？
3. 用于土木工程中常用钢材的类型是如何划分的？
4. 钢材的主要性能有哪些？
5. 普通混凝土由哪些材料组成？各种材料分别起什么作用？
6. 石油沥青有哪几种化学成分？石油沥青的主要技术性质有哪些？

第3章　土木工程设计理论

【学习重点】

- 作用和作用效应的概念。
- 土木工程基本构件的种类及受力特点。
- 工程结构设计的基本概念。

【学习目标】

- 掌握作用和作用效应的基本概念。
- 熟悉作用的分类方法。
- 掌握基本构件的种类及受力特点。
- 了解基本力学的概念。
- 掌握工程结构设计的基本概念。
- 了解工程设计的基本方法。

3.1 作用及作用效应

3.1.1 基本概念

1. 作用的概念

作用是指施加在结构上的集中力或分布力(直接作用，也称为荷载)和引起结构外加变形或约束变形的原因(间接作用，如基础沉降、温度变化、混凝土收缩、焊接等)。

2. 作用效应的概念

作用效应是指由作用引起的结构或结构构件的反应。例如：当有外力作用在结构上时，在结构内产生的内力(如轴力、弯矩、剪力、扭矩等)或结构产生的变形(如挠度、转角、裂缝等)。

3.1.2 作用的种类

1. 按时间不同分类

(1) 永久作用：是指在结构使用年限内，其值不随时间变化，或其变化的量值相对于平均值而言可以忽略不计，或其变化是单调的并能趋于限值的作用，如结构自重、土压力、预加力、基础沉降、焊接、水的浮力、混凝土收缩及徐变作用等。对于直接作用即荷载，也可称为永久荷载。

(2) 可变作用：是指在结构使用年限内，其值随时间变化，且其变化的量值与平均值不可忽略不计的作用，如安装荷载、楼面活荷载、吊车荷载、风荷载、雪荷载、汽车荷载、汽车离心力、汽车制动力、流水压力、冰压力、温度作用等。对于直接作用即荷载，也可称为可变荷载。

(3) 偶然作用：是指在结构使用年限内不一定出现，但一旦出现，其值很大且持续时间很短的作用，如地震作用、爆炸、船舶或漂流物的撞击作用、汽车撞击作用等。对于直接作用即荷载，也可称为偶然荷载。

2. 按空间位置不同分类

(1) 固定作用：是指在结构上具有固定空间分布的作用。当固定作用在结构某一点上的大小和方向确定后，该作用在整个结构上的作用即得以确定，如工业与民用建筑楼面上的固定设备荷载、结构构件自重等。

(2) 自由作用：是指在结构上给定的范围内具有任意空间分布的作用，其出现的位置和量值都可能是随机的，如工业与民用建筑楼面上的人员荷载、吊车荷载等。

3. 按结构反应不同分类

(1) 静态作用：是指不使结构或结构构件产生加速度或产生的加速度很小可以忽略不计的作用，如结构自重、住宅与办公楼的楼面活荷载等。

(2) 动态作用：是指使结构或结构构件产生不可忽略的加速度的作用，如地震作用、吊车荷载、设备振动、作用于高耸结构上的风荷载等。

3.1.3　工程设计中通常考虑的作用

1. 永久荷载

以结构自重为例：结构自重标准值 G_k 应根据结构的设计尺寸和材料的容重标准值确定。对于自重变异较大的材料和构件(如现场制作的保温材料、混凝土薄壁构件等)，自重的标准值应根据对结构的不利状态，取上限值或下限值。材料容重标准值按《建筑结构荷载规范》(GB 50009—2012)确定。如：普通砖(240mm×115mm×53mm)容重为 18 kN/m^3，机制普通砖容重为 19 kN/m^3；水泥砂浆容重为 20kN/m^3；石灰砂浆、混合砂浆容重为 20kN/m^3；素混凝土容重为 22～24kN/m^3；泡沫混凝土容重为 4～6kN/m^3；钢筋混凝土容重为 24～25kN/m^3 等。

结构设计时，可将结构自重转化为平均的楼面永久荷载，如：木结构自重为 1.98～2.48kN/m^2；钢筋混凝土结构自重为 4.95～7.43kN/m^2；钢结构自重为 2.48～3.96kN/m^2；预应力混凝土结构自重为 3.46～5.94kN/m^2。

2. 可变荷载

1)　民用建筑楼面活荷载

民用建筑楼面活荷载是指建筑物中的人群、家具、设施等产生的重力作用，这些荷载的量值随时间发生变化，位置也是可移动的，亦称可变荷载。楼面活荷载按其随时间变异的特点，可分为持久性活荷载和临时性活荷载两部分。持久性活载荷是指楼面上在某个时段内基本保持不变的荷载。例如，住宅内的家具、物品、常住人员等，这些荷载在住户搬迁入住后一般变化不大。临时性活荷载是指楼面上偶尔出现的短期荷载。例如，聚会的人群、装修材料的堆积等。

民用建筑楼面均布活荷载的标准值、组合值系数、频遇值系数和准永久值系数按表 3-1 取用。

表 3-1　部分民用建筑楼面均布活荷载

项次	类　别	标准值 /(kN/m^2)	组合值系数 /ψ_c	频遇值系数 /ψ_f	准永久值系数 /ψ_q
1	(1) 住宅、宿舍、旅馆、办公楼、医院病房、托儿所、幼儿园			0.5	0.4
	(2) 教室、试验室、阅览室、会议室、医院门诊室	2.0	0.7	0.6	0.5
2	食堂、餐厅、一般资料档案室	2.5	0.7	0.6	0.5
3	(1) 商店、展览厅、车站、港口、机场大厅及其旅客等候室	3.5	0.7	0.6	0.5
	(2) 无固定座位的看台	3.5	0.7	0.5	0.3
4	(1) 书库、档案库、贮藏室	5.0	0.9	0.9	0.8
	(2) 密集柜书库	12.0			

续表

项次	类　别	标准值 /(kN/m^2)	组合值系数 /ψ_c	频遇值系数 /ψ_f	准永久值系数 /ψ_q
5	通风机房、电梯机房	7.0	0.9	0.9	0.8
6	厨房： (1) 一般的 (2) 餐厅的	 2.0 4.0	 0.7 0.7	 0.6 0.7	 0.5 0.7
7	浴室、厕所、洗室： (1) 第 1 项中的民用建筑 (2) 其他民用建筑	 2.0 2.5	 0.7 0.7	 0.5 0.6	 0.4 0.5
8	走廊、门厅、楼梯： (1) 宿舍、旅馆、医院病房、托儿所、幼儿园、住宅 (2) 办公楼、教室、餐厅、医院门诊部 (3) 消防疏散楼梯、其他民用建筑	 2.0 2.5 3.5	 0.7 0.7 0.7	 0.5 0.6 0.5	 0.4 0.5 0.3
9	阳台： (1) 一般情况 (2) 当人群有可能密集时	 2.5 3.5	 0.7	 0.6	 0.5

2)　工业建筑楼面活荷载

工业建筑楼面在生产使用或安装检修时，由设备、管道、运输工具及可能拆除的隔墙产生的局部荷载，均应按实际情况考虑，可用等效均布活荷载代替。

工业建筑楼面(包括工作平台)上无设备区域的操作荷载，包括操作人员、一般工具、零星原料和成品的自重，可按均布活荷载考虑，采用 2.0kN/m^2。生产车间的楼面活荷载，可按实际情况采用，但不宜小于 3.5kN/m^2。

3)　屋面活荷载

屋面均布活荷载包括施工检修人员、工具等自重，上人屋面还包括人员临时聚会的荷载。工业及民用房屋的屋面，其水平投影面上屋面均布活荷载标准值、组合值系数、频遇值系数及准永久值系数按表 3-2 取用。

表 3-2　屋面均布活荷载

项　次	类　别	标准值/(kN/m^2)	组合值系数/ ψ_c	频遇值系数/ ψ_f	准永久值系数/ ψ_q
1	不上人的屋面	0.5	0.7	0.5	0
2	上人的屋面	2.0	0.7	0.5	0.4
3	屋顶花园	3.0	0.7	0.6	0.5

设计时注意屋面活荷载不应与雪荷载同时考虑，此外该活荷载是屋面的水平投影面上的荷载。由于我国大多数地区的雪荷载标准值小于屋面均布活荷载标准值，因此在对屋面结构和构件计算时，往往是屋面均布活荷载对设计起控制作用。

4)　屋面积灰荷载

机械、冶金、水泥等行业在生产过程中有大量排灰产生，易于在厂房及其邻近建筑屋面堆积，形成积灰荷载。影响积灰厚度的主要因素有除尘装置的使用、清灰制度的执行、风向和风速、烟囱高度、屋面坡度和屋面挡风板等。在工厂设有一定除尘设施，且能坚持正常清灰的前提下，屋面水平投影面上的积灰荷载应按表 3-3 取用。

表 3-3　屋面积灰荷载

<table>
<tr><th rowspan="3">项次</th><th rowspan="3">类　别</th><th colspan="3">标准值/(kN/m^2)</th><th rowspan="3">组合值系数/ψ_c</th><th rowspan="3">频遇值系数/ψ_f</th><th rowspan="3">准永久值系数/ψ_q</th></tr>
<tr><th rowspan="2">屋面无挡风板</th><th colspan="2">屋面有挡风板</th></tr>
<tr><th>挡风板内</th><th>挡风板外</th></tr>
<tr><td>1</td><td>机械厂铸造车间(冲天炉)</td><td>0.5</td><td>0.75</td><td>0.30</td><td rowspan="8">0.9</td><td rowspan="8">0.9</td><td rowspan="8">0.8</td></tr>
<tr><td>2</td><td>炼钢车间(氧气转炉)</td><td>—</td><td>0.75</td><td>0.30</td></tr>
<tr><td>3</td><td>锰、铬铁合金车间</td><td>0.75</td><td>1.00</td><td>0.30</td></tr>
<tr><td>4</td><td>硅、钨铁合金车间</td><td>0.30</td><td>0.50</td><td>0.30</td></tr>
<tr><td>5</td><td>烧结厂烧结室、一次混合室</td><td>0.50</td><td>1.00</td><td>0.20</td></tr>
<tr><td>6</td><td>烧结厂通廊及其他车间</td><td>0.30</td><td>—</td><td>—</td></tr>
<tr><td>7</td><td>水泥厂有灰源车间(窑房、磨房、联合贮库、烘干房、破碎房)</td><td>1.00</td><td>—</td><td>—</td></tr>
<tr><td>8</td><td>水泥厂无灰源车间(空气压缩机站、机修间、材料库、配电站)</td><td>0.50</td><td>—</td><td>—</td></tr>
</table>

3. 地震作用

1)　概述

地震是指因地球内部缓慢积累的能量突然释放而引起的地球表层的震动。

地震会引起地面破坏，如地面裂缝、错动、塌陷、喷水冒砂等，引起建筑物与构筑物的破坏，如房屋倒塌、桥梁断落、水坝开裂、铁轨变形等；还会引发次生灾害。有时，次生灾害所造成的伤亡和损失比直接灾害还大。

2)　震级

震级是表征地震强弱的量度，通常用字母 M 表示，它与地震所释放的能量有关。但由于人们所能观测到的只是传播到地表的震动，即地震仪记录到的地震波，因此仅能用振幅大小来衡量地震的等级。

按震级大小，可把地震划分为以下几类。

(1)　弱震，震级小于 3 级。如果震源不是很浅，这种地震人们一般不易觉察。

(2) 中震，有感震，震级等于或大于 3 级、小于或等于 4.5 级。这种地震人们能够感觉到，但一般不会造成破坏。

(3) 中强震，震级大于 4.5 级、小于 6 级。它属于可造成破坏的地震，但破坏轻重还与震源深度、震中距等多种因素有关。

(4) 强震，震级等于或大于 6 级。其中震级大于等于 8 级的地震又称为巨大地震。

3) 地震烈度

地震烈度是指某地区地面遭受一次地震影响的强弱程度。地震震级与地震烈度是两个不同的概念。地震烈度是根据地震时人的感觉、器物的反应，建筑物破坏和地表现象等地震造成的后果进行分类的。目前我国和世界上绝大多数国家都采用 12 等级划分。

4) 地震作用的计算方法

地震作用和结构抗震验算是建筑抗震设计的重要环节，是确定所设计的结构满足最低抗震设防安全要求的关键步骤。

由于地震作用的复杂性和地震作用发生的强度的不确定性，以及结构和体形的差异等，地震作用的计算方法是不同的，可分为简化方法和较复杂的精细方法。它包括静力法、定函数理论、反应谱法、时程分析法、非线性静力分析方法等。

3.2 基本构件

工程结构的类型随着建筑材料与工程力学的进展和人们的需要而不断发展，由简单到复杂，但其组成的基本构件按其受力特点仍分为梁、板、柱、墙、拱、杆、壳、索、膜等几大类。这些基本结构构件可以单独作为结构使用，在多数情况下常组合成多种多样的结构使用。

3.2.1 梁

梁是工程结构中的受弯构件，以受弯矩、剪力为主，有时也承受扭矩的作用。梁通常水平设置，但有时也斜向设置以满足不同的使用要求。梁的截面尺寸小于它的跨度，截面高度与跨度之比一般为 1/8～1/16，预应力混凝土梁的高跨比甚至小到 1/30。梁在各类工程结构中都有广泛的应用，例如，房屋建筑中的楼盖(见图 3-1)、屋盖、吊车梁(见图 3-2)、基础梁；各类桥梁的桥面系；各种贮液池的顶盖和海洋平台等。

图 3-1 楼盖构件

图 3-2 吊车梁

梁按截面形式分为矩形梁、T 形梁、工字梁、槽形梁等。按材料分为钢梁、钢筋混凝土梁、预应力混凝土梁、木梁以及钢与混凝土组合梁等。按梁的支承方式分为简支梁(见图 3-3(a))、悬臂梁(见图 3-3(b))、一端简支另一端固定梁(见图 3-3(c))、两端固定梁(见图 3-3(d))、连续梁(见图 3-3(e))等。

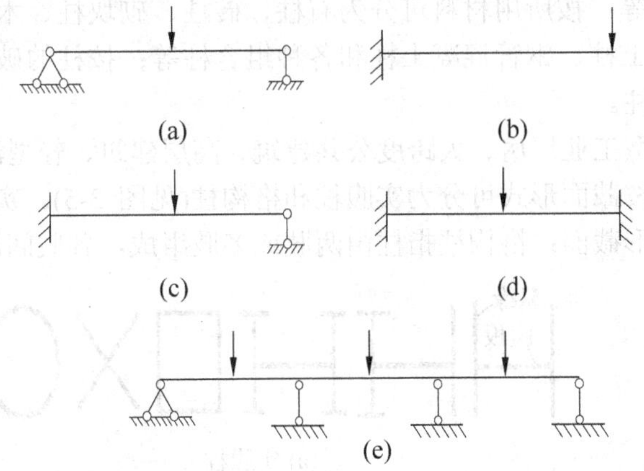

图 3-3　各种支承方式的梁简图

3.2.2　板

板是工程结构中的受弯构件，主要承受弯矩的作用。板通常水平设置，但有时也斜向设置(如楼梯梯段板)。板的平面尺寸较大而厚度相对较小，它通常支承在梁上、墙上、地上或柱上。板在各种工程结构中都有广泛应用，如房屋建筑中的楼板、屋面板、基础底板、桥面板等。

板按平面形式分为方形板、矩形板、槽形板、T 形板、密肋板等，图 3-4 中的板为单向密肋板；按所用材料可分为木板、钢板、钢筋混凝土板、预应力钢筋混凝土板、夹心板等。

图 3-4　单向密肋板

3.2.3　柱

柱是工程结构中的主要承受压力的构件，有时也同时承受弯矩的竖向杆件。当作用在柱上的力作用线通过柱截面的中心时，称为轴心受压构件；当力作用线偏离柱截面的重心或同时作用有轴心压力及弯矩时，称为偏心受压构件，实际工程中大部分柱为偏心受压构件。柱是结构中极为重要的部分，柱的破坏将导致整个结构的损坏与倒塌。柱广泛应用于各种工程结构中的框架、排架、管道支架、设备构架、露天栈桥、操作平台以及桥面、贮仓、楼盖和屋盖的支柱。图 3-4 中的柱为框架柱。

柱按截面形式可分为方柱、圆柱、管柱、矩形柱、工字形柱、H 形柱、L 形柱、十字形柱、双肢柱、格构柱等；按所用材料可分为石柱、砖柱、砌块柱、木柱、钢柱、钢筋混凝土柱、劲性钢筋混凝土柱、钢管混凝土柱和各种组合柱等；按柱的破坏特征或长细比可分为短柱、长柱及中长柱。

钢柱常用于大中型工业厂房、大跨度公共建筑、高层建筑、轻型活动房屋、工作平台、栈桥和支架等。钢柱按截面形式可分为实腹柱和格构柱(见图 3-5)。实腹柱指截面为一个整体，常用截面为工字形截面；格构柱指柱由两肢或多肢组成，各肢间用缀条或缀板连接。

(a) 实腹柱

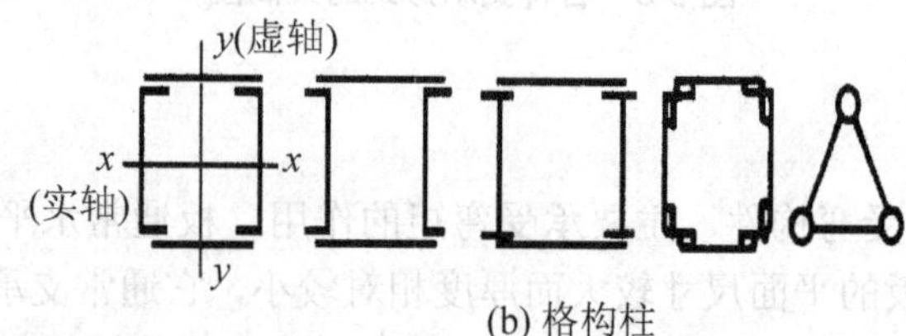

(b) 格构柱

图 3-5　钢柱的截面形式

钢筋混凝土柱是最常见的柱，广泛地应用于各种建筑。钢筋混凝土柱按制造和施工方法可分为现浇柱和预制柱。劲性钢筋混凝土柱是在钢筋混凝土柱的内部配置型钢，与钢筋混凝土协同受力，可减小柱的截面，提高柱的刚度，但用钢量较大。

钢管混凝土柱是用钢管作为外壳，内浇混凝土，是劲性钢筋混凝土柱的另一种形式。

3.2.4　墙

墙是承受平行或垂直于墙面方向荷载的竖向平面构件，其厚度小于墙面尺寸。当承受平行于墙面的荷载时，墙主要承担压力；当承受垂直于墙面的荷载时，墙主要承受弯矩和剪力作用。墙体广泛地应用于房屋建筑结构中，如砌体结构中的砖墙、钢筋混凝土结构中的剪力墙、各种挡土墙等，是重要的承重和围护构件。

墙按采用的材料分为砖墙、石墙、钢筋混凝土墙和各类砌块墙等。按墙体的受力情况分为承重墙和非承重墙。非承重墙只承担自身的重量，主要起到分割空间和围护的作用，又称为隔墙。

3.2.5　拱

拱是工程结构中主要承受轴向压力，有时也承受弯矩而有支座推力的曲线形或折线形的杆形构件。拱结构由拱圈及其支座组成。支座可以做成能承受垂直力、水平推力以及弯矩的支墩，也可以用墙、柱或基础承受垂直力而用拉杆承受水平推力。拱圈主要承受轴向压力，其所承受的弯矩和剪力较相同跨度梁小很多，从而能达到节约材料、提高刚度、跨越较大空间的目的，可作为礼堂、展览厅、体育馆、火车站、飞机库等的大跨屋盖承重结构；同时有利于使用砖、石、混凝土等抗压强度较高、抗拉强度较低的廉价建筑材料。图 3-6 为砖拱结构应用实例。

图 3-6　砖拱结构

拱按采用材料的不同分为土拱、木拱、砖石拱、混凝土拱、钢筋混凝土拱、钢拱等；按采用拱轴的线型的不同分为圆弧拱、抛物线拱、悬链线拱等；按所含铰的数目的不同分为三铰拱、双铰拱和无铰拱；按拱圈截面形式的不同可分为实体拱、箱形拱和桁架拱等。

3.2.6　杆

杆是工程结构中承受轴向压力或拉力的直线形构件，其截面尺寸比长度小得多，多用于组成桁架结构或网架结构，在房屋建筑的屋盖、屋架中应用广泛。

杆所采用的材料主要有木材、钢材、钢筋混凝土等，其截面形式有圆形、方形、L 形、T 形等。杆按其在桁架或网架中的位置不同可分为上弦杆、下弦杆和腹杆。图 3-7 为杆组成的网架结构。

图 3-7　网架结构

3.2.7　壳

壳是具有很好空间传力性能的曲面形构件，能以极小的厚度覆盖大跨度空间，以受压力为主。壳可以做成各种各样的形状，以适应工程造型的需要，因此被广泛应用于大跨度建筑物顶盖、中小跨度屋面板、衬砌结构、压力容器与冷却塔、反应堆安全壳等工程结构中。

工程结构中采用的壳体多由钢筋混凝土或钢材做成，也有用木、石、砖或玻璃做成的。壳体按壳的厚度与最小曲率半径的比值分为薄壳、中厚壳和厚壳。比值小于 1/20 的一般为薄壳，多用于房屋的屋盖；中厚壳和厚壳多用于地下结构及防护结构中。著名的悉尼歌剧院(见图 3-8)就是由预应力 Y 型、T 型钢筋混凝土肋骨拼接的三角瓣壳体结构。

图 3-8　悉尼歌剧院

3.2.8　索

索是由受拉性能良好的线材制成的柔性受拉构件。索以承担拉力为主，其形式有直线形和曲线形，采用的材料一般有钢丝束、钢丝绳、钢绞线、圆钢等，古代也曾有用竹、藤等材料制作索的。索广泛地应用于桥梁结构中的悬索桥、斜拉索桥中，在体育场馆中索膜结构也比较常见。图 3-9 为德国汉堡网球场，此建筑充分发挥了索膜结构重量轻、造型灵活的优点。

图 3-9　德国汉堡网球场

3.2.9　膜

膜是以薄膜材料制成的构件，只能承受拉力。薄膜材料主要有玻璃纤维布、塑料薄膜、

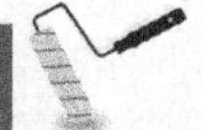

金属编织物等，应用最多的是玻璃纤维布，其表面可用聚四氟乙烯等涂料来增加耐久性和防火性。膜结构质量轻、造型灵活美观，被广泛地应用于体育场馆、火车站、候机大厅、收费站等公共建筑中。图 3-10 为阿联酋迪拜帆船酒店，其建筑高度为 320m，采用双层 PTFE 膜，是世界上最高的膜结构建筑。

图 3-10　迪拜帆船酒店

3.3　基本力学概念

3.3.1　力、力矩和平衡

1. 力

力是物体间的相互作用，其效果是使物体的运动状态发生改变或使物体发生变形。力对物体的作用效果取决于力的大小、方向与作用点，称为力的三要素。

2. 力矩

力矩是指力与力的作用线到固定悬挂点垂直距离的乘积，即图 3-11 中的 $F\times L$，力矩将使物体产生转动效应，工程中一般将力矩称为弯矩，用 M 表示。

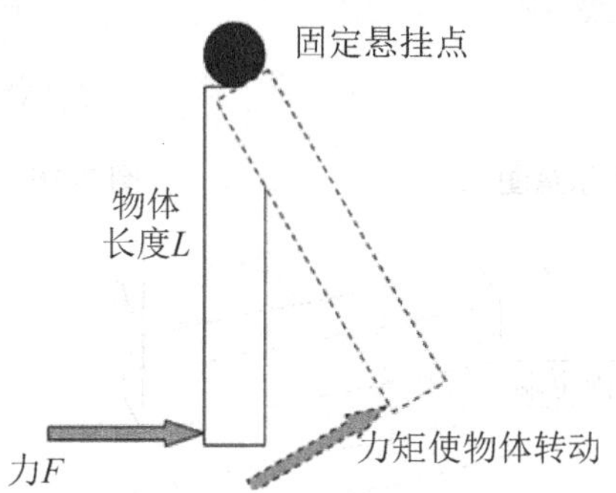

图 3-11　力矩示意图

3. 平衡

平衡状态分为移动平衡和转动平衡。

1) 移动平衡

移动平衡是当物体受到两个大小相等、方向相反且力的作用线在同一直线上的力时，物体处于原有状态，不会发生移动，移动平衡也称为力的平衡。

2) 转动平衡

力矩既可以使物体顺时针转动，也可以使物体逆时针转动，当两个方向转动的效应之和为零时，物体即处于转动平衡状态，转动平衡也称为力矩平衡。

3.3.2 外力、反力和内力

以两端简支在支座上的梁为例(见图 3-12)，若不计梁的自身重量，则梁上物体的重力 G 对梁来说是外力；同时，梁两端支座使梁端部承受力 R，即为反力；如不计梁体自重，则 $R=G/2$。梁在重物作用下将会产生一定的弯曲变形(见图 3-13)，这正是由于梁内存在弯矩的原因，这个弯矩即为内力。

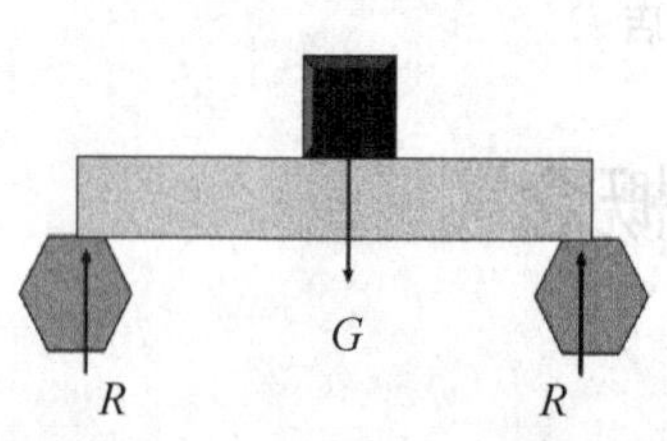

图 3-12 简支梁受力示意图

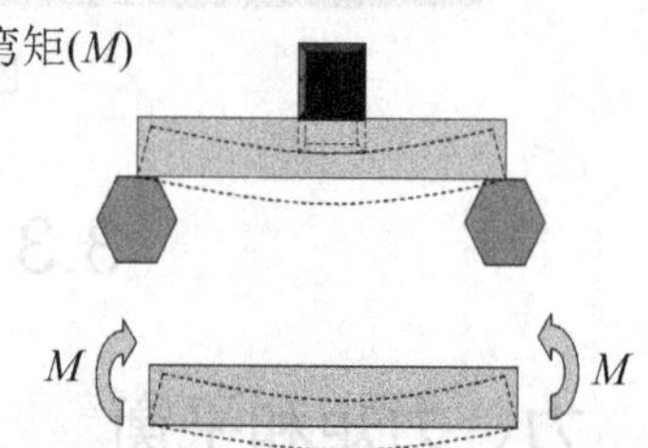

图 3-13 梁受弯示意图

除弯矩之外，内力还包括剪力、拉力、压力、扭矩等。剪力一般用 V 表示，它使物体产生剪切变形(见图 3-14)；拉力一般用$+N$ 表示，压力用$-N$ 表示，它们将使物体伸长或缩短(见图 3-15)；扭矩一般用 M_T 表示，它将使物体产生扭转变形(见图 3-16)。

图 3-14 剪力作用示意图

图 3-15 拉力、压力作用示意图

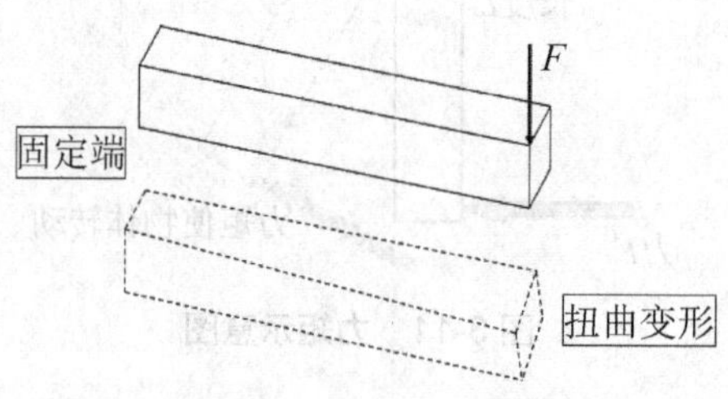

图 3-16 扭矩作用示意图

3.3.3 约束及约束力

当研究物体运动时，可能遇到物体在空间的运动不受限制和受到某些限制两种情况，我们通常把那些对非自由物体的限制称为约束，把要限制物体运动而产生的反力称为约束力。约束力反映了物体之间的实际相互作用。

在实际工程中，构件相互连接是比较复杂的，一般要对实际结构进行适当简化以方便进行计算分析，即分析实际结构，并利用力学、结构知识和工程实践经验，经科学抽象，根据实际受力、变形规律等主要因素，对结构进行合理的简化，这一过程称为力学建模。经简化后可以用于分析计算的模型称为结构的计算简图。在计算简图中，支座和结点是反映构件相互约束情况的重要组成部分。

1. 支座

支座是将结构和基础联系起来的装置。支座对结构的约束力称为支座反力。支座反力总是沿着它所限制的位移方向。结构计算简图中常见的支座形式有以下几种。

(1) 固定铰支座：限制各方向位移，但不限制转动(见图 3-17(a))。

(2) 可动铰支座：限制某些方向位移，但不限制转动(见图 3-17(b))。

(3) 固定支座：限制全部位移(移动和转动)(见图 3-17(c))。

(4) 定向支座：限制某些方向的位移和转动，而允许某一方向产生位移(见图 3-17(d))。

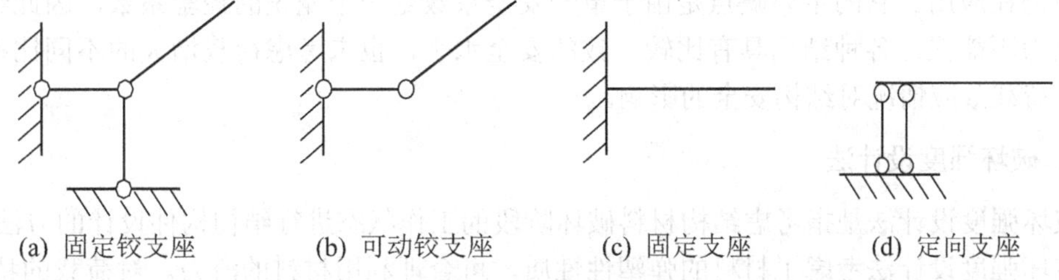

(a) 固定铰支座 (b) 可动铰支座 (c) 固定支座 (d) 定向支座

图 3-17 支座形式

2. 结点

对于由杆件所组成的系统，杆件的汇交点称为结点。由于连接情况不同，结点可分为铰结点、刚结点和组合结点。

(1) 铰结点：各杆件在此点互不分离，但可以相对转动，因此相互间作用的是力(见图 3-18(a))。

(2) 刚结点：各杆件在此点既不能相对移动，也不能相对转动，因此相互间作用除力以外还有力偶(见图 3-18(b))。

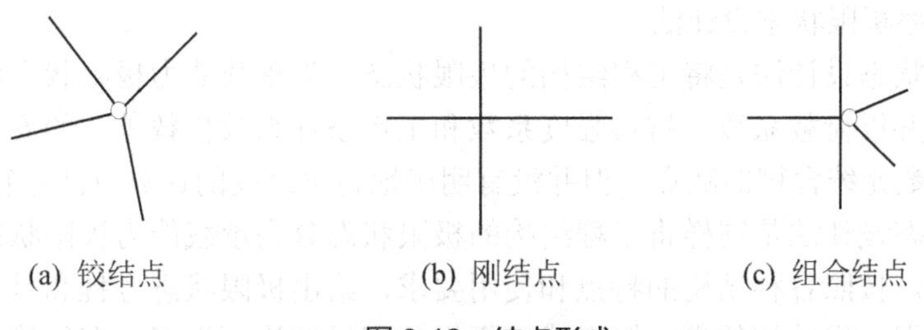

(a) 铰结点 (b) 刚结点 (c) 组合结点

图 3-18 结点形式

(3) 组合结点：各杆件在此点不能相对移动，部分杆件间还不能相对转动，即部分杆件之间属铰结点，部分杆件之间属刚结点(见图 3-18(c))。

3.4 工程结构设计方法简介

3.4.1 工程结构设计方法的种类

工程结构设计理论和方法在发展的过程中，受到数学、力学、材料学等相关学科理论和技术发展水平的约束和影响。总的来看，工程结构设计方法在发展过程中形成了三种成形的设计方法，分别为：容许应力设计法、破坏强度设计法和极限状态设计法。

1. 容许应力设计法

容许应力设计法是指按结构构件在使用荷载作用下截面计算应力不超过材料的容许应力为原则的工程结构设计方法。

容许应力设计法以线性弹性理论为基础，以构件危险截面的某一点或某一局部的计算应力小于或等于材料的容许应力为准则。在应力分布不均匀的情况下，例如受弯构件、受扭构件或静不定结构，用这种设计方法比较保守。

容许应力设计应用简便，是工程结构中的一种传统设计方法，目前在公路、铁路工程设计中仍在应用。它的主要缺点是由于单一安全系数是一个笼统的经验系数，因此给定的容许应力不能保证各种结构具有比较一致的安全水平，也未考虑荷载增大的不同比率或具有异号荷载效应情况对结构安全的影响。

2. 破坏强度设计法

破坏强度设计法是指考虑结构材料破坏阶段的工作状态进行结构构件设计的方法。

破坏强度设计法考虑了材料的弹塑性性质，可合理利用材料的潜力。对荷载的特性(主要荷载、附加荷载或特殊荷载)在一定程度上可通过调整荷载系数来反映。但是它和容许应力设计法一样，取用的单一安全系数是一个笼统的经验系数，并把属于材料截面抗力安全大小的问题也都包括在荷载系数中考虑，故不能直接反映材料强度和几何尺寸变异的特性以及抗力计算的不定性；也不能保证各种结构具有比较一致的安全水平。

3. 极限状态设计法

极限状态设计法是指按结构或构件达到某种预定功能要求的极限状态为原则的工程结构设计方法。它是针对破坏强度设计法的缺点而改进的工程结构设计法，分为半概率极限状态设计法和概率极限状态设计法。

半概率极限状态设计法是将工程结构的极限状态分为承载能力极限状态和正常使用极限状态两大类，并以荷载系数、材料强度系数和工作条件系数代替单一的安全系数。它避免了单一安全系数笼统含糊的缺点，但并没有明确地将可靠度的计算方法进行体现。

概率极限状态设计法是同样将工程结构的极限状态分为承载能力极限状态和正常使用极限状态两大类。按照各种结构的特点和使用要求，给出极限状态方程和具体的限值，作为结构设计的依据。用结构的失效概率或可靠指标度量结构可靠度，在结构极限状态方程和结构可靠度之间以概率理论建立关系。其设计式是用作用或作用效应、材料性能和几何参数的标准值附以各种分项系数，再加上结构重要性系数来表达。与半概率极限状态设计法相比，概率极限状态法进一步明确了结构的功能函数和极限状态方程，并给出了一套计算可靠度指标和推导分项系数的理论和方法，使得设计方法更加科学合理。目前，包括我国在内的世界绝大多数国家均采用概率极限状态设计法。

3.4.2 极限状态设计方法的基本概念

1. 功能要求

房屋、桥梁、道路等工程，设计的目的是使结构具有足够的可靠性，即结构在规定的时间内、规定的条件下，完成预定功能的能力。规定的时间指的是工程结构的设计使用年限。以房屋建筑为例，房屋建筑的设计基准期为50年，根据房屋建筑的使用目的和重要性确定房屋建筑的设计使用年限如表3-4所示，与房屋建筑结构类似，铁路桥涵、公路桥涵和港口工程等均有设计使用年限的规定。

表3-4 房屋建筑结构的设计使用年限

类 别	设计使用年限/年	示 例
1	5	临时性结构
2	25	易于替换的结构构件
3	50	普通房屋和构筑物
4	100	标志性建筑和特别重要的建筑结构

工程结构的预定功能一般是指以下几方面。

(1) 能承受在施工和使用期间可能出现的各种作用。

(2) 保持良好的使用性能。

(3) 具有足够的耐久性能。

(4) 当发生火灾时，在规定的时间内可保持足够的承载力。

(5) 当发生爆炸、撞击、人为错误等偶然事件时，结构能保持必需的整体稳固性，不出现与起因不相称的破坏后果，防止出现结构的连续倒塌。

2. 安全等级

工程结构按照破坏之后不同的影响程度可以分为不同的安全等级，并在设计过程中根据安全等级的不同选取不同的设计方法和设计参数，以达到结构设计的目的。房屋建筑结构的安全等级划分如表3-5所示。

表3-5 房屋建筑结构的安全等级

安全等级	破坏后果	示 例
一级	很严重：对人的生命、经济、社会或环境影响很大	大型公共建筑等
二级	严重：对人的生命、经济、社会或环境影响较大	普通住宅和办公楼等
三级	不严重：对人的生命、经济、社会或环境影响较小	小型的或临时性贮存建筑等

3. 极限状态

工程结构的功能要求，简要地说包括安全、适用和耐久。在评定工程结构是否达到设计要求时一般采用的是极限状态原则。极限状态是与某项功能对应的特定状态，如果整个结构或结构的一部分超过了这一特定状态，即可评定该结构不能满足功能要求。可见，极限状态是区分结构工作状态可靠或失效的标志。

我国的设计规范《工程结构可靠度设计统一标准》(GB 50153—2008)将工程结构的极限状态分为承载能力极限状态和正常使用极限状态。

1) 承载能力极限状态

承载能力极限状态对应于结构或结构构件达到最大承载能力或不适于继续承载的变形。结构或结构构件出现下列状态之一时，应认为超过了承载力极限状态。

(1) 结构构件或连接因超过材料强度而破坏，或因过度变形而不适于继续承载。

(2) 整个结构或其中一部分作为刚体失去平衡。

(3) 结构转变为机动体系。

(4) 结构或结构构件丧失稳定。

(5) 结构因局部破坏而发生连续倒塌。

(6) 地基丧失承载力而破坏。

(7) 结构或结构构件的疲劳破坏。

2) 正常使用极限状态

正常使用极限状态对应于结构或构件达到正常使用或耐久性能的某项规定限值。结构或结构构件出现下列状态之一时，应认为超过了正常使用极限状态。

(1) 影响正常使用或外观的变形(如过大的挠度)。

(2) 影响正常使用或耐久性能的局部损失(如不允许出现裂缝结构的开裂；对允许出现裂缝的构件，其裂缝宽度超过了允许限值)。

(3) 影响正常使用的振动。

(4) 影响正常使用的其他特定状态。

结构设计时应对结构的不同极限状态分别进行计算或验算。当某一极限状态的计算或验算起控制作用时，可仅对该极限状态进行计算或验算。

思 考 题

1. 作用和作用效应的关系是什么？

2. 工程结构中常用的构件有哪些？它们的受力特点是什么？

3. 简述外力、内力、反力之间的关系。

4. 极限状态如何分类？极限状态的判定依据是什么？

第4章 工程测量

【学习重点】

- 工程测量的概念。
- 工程测量学的定义、内容及发展沿革。
- 工程测量学的体系结构。

【学习目标】

- 了解工程测量学的应用研究领域、基本内容。
- 了解工程测量学的发展概况、工程测量学与相邻课程的关系。

4.1 工程测量的概念和测量基准

1. 工程测量的基本概念

我国《测绘法》规定：所谓测绘，是指对自然地理要素或者地表人工设施的形状、大小、空间位置及其属性等进行测定、采集、表述以及对获取的数据、信息、成果进行处理和提供的活动。测量学是测绘学的一个狭义的概念，是研究地球形状、大小和重力场以及确定地面(包括空中、地下和海底)点位的科学。其中研究测量学的理论、技术和方法在各种工程建设中的应用，属于工程测量的内容。工程测量是土木工程、交通工程、测绘工程和土地管理等专业必须掌握的技能。本章主要学习工程测量的基本理论、测量仪器的使用和工程建筑施工放样的基本理论和方法。

2. 测量工作的基准

由于测量工作是以地球为核心进行的，因此必须首先研究地球的形状和大小。目前，我们已经知道，地球的总体形状是一个由不规则的曲面包围的形体，如图 4-1 所示。由于地球表面形态非常复杂，例如，珠穆朗玛峰高出海平面 8844.43m，而马里亚纳海沟则在海平面以下 11 034m，但与 6000 余公里的地球半径相比只能算是极其微小的起伏。就整个地球表面而言，海洋的面积约占 71%，陆地面积约占 29%，可以认为是一个由水面包围的球体。若直接用地球表面形态来作为地球形体来研究不仅非常复杂，也无法进行。

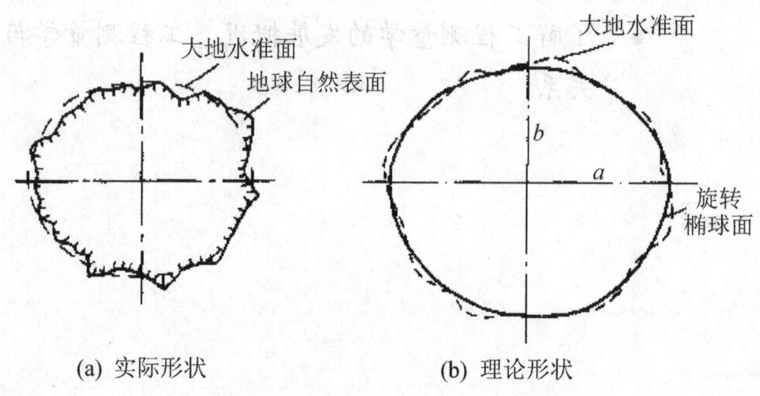

(a) 实际形状　　(b) 理论形状

图 4-1　地球的形状

由于地球的自转，地球上任意一点都受到离心力和地心吸引力的作用，这两个力的合力称为重力。重力的作用线称为铅垂线，处处与重力方向垂直的连续曲面称为水准面。任何自由静止的水面都是水准面，与水准面相切的平面称为水平面。水准面因其高度不同而有无数个，其中与静止的平均海水面相重合并延伸向大陆岛屿且包围整个地球的闭合的水准面称为大地水准面。大地水准面包围的形体称为大地体。大地水准面和铅垂线是测量所依据的基准面和基准线。用大地体表示地球形体是恰当的，但由于地球内部质量分布不均匀，引起铅垂线的方向产生不规则的变化，致使大地水准面是一个高低起伏不规则的复杂的曲面，如图 4-1(a)所示，因此无法在这曲面上进行测量数据处理。为了使用方便，通常用一个非常接近于大地水准面，并可用数学式表示的几何形体，如图 4-1(b)所示，可用地球的椭球面来代替地球的形状，椭球面可作为测量计算工作的基准面，地球椭球是一个椭圆绕其短轴旋转而成的形体，故地球椭球又称为旋转椭球，如图 4-2 所示，旋转椭球体的形状和大小是由其基本元素决定的。椭球的基本元素是：长半轴 a，短半轴 b 和扁率 $\alpha = \dfrac{a-b}{a}$。

我国 1980 年国家大地坐标系采用了 1975 年国际椭球，该椭球的基本元素是：长半轴 a=6 378 140m，短半轴 b=6 356 755m，$\alpha = \dfrac{a-b}{a}$=1/298.257。

根据一定条件，确定参考椭球与大地水准面相对位置的测量工作，称为参考椭球体的定位。在一个国家适当地点选一点 P，过 P 作大地水准面的铅垂线，设其交点为 P'(见图 4-3)，再按以下条件确定参考椭球面。

(1) 使 P'点为参考椭球面的切点，这时大地水准面的铅垂线与该椭球面的法线在 P 点重合。

(2) 使椭球的短轴与地球自转轴平行。

(3) 使椭球面与这个国家范围上的大地水准面的差距尽量缩小。

这样就确定了参考椭球面与大地水准面的相对位置关系，称为椭球的定位。由于椭球的中心和地球质量的中心不重合，因此依此建立起来的坐标系也叫参心坐标系。

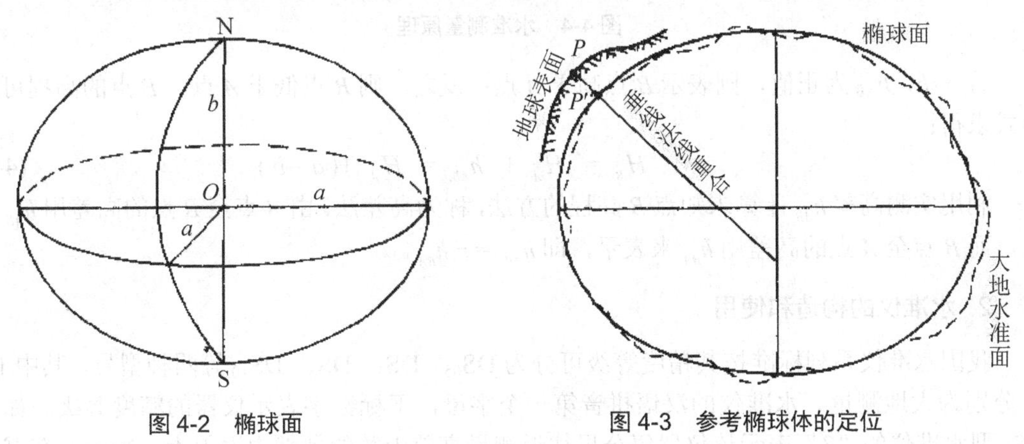

图 4-2 椭球面　　图 4-3 参考椭球体的定位

这里，P 点称为大地原点。我国大地原点位于陕西泾阳县永乐镇，在大地原点上进行了精密天文测量和精密水准测量，获得了大地原点的平面起算数据，以此建立的坐标系称为“1980 年国家大地坐标系”。

由于参考椭球体的扁率很小，当测区不大时，可将地球当作圆球，其半径的近似值为 6371km。

4.2 水 准 测 量

测量地面点高程的工作被称为高程测量。根据人们所使用的测量仪器和施测的方法不同，高程测量又可分为水准测量、三角高程测量、GPS 高程测量等。其中水准测量是精确测定地面点高程的主要方法之一。

1. 水准测量的原理

利用水准仪提供的一条水平视线，借助于带有分划的两根水准尺上的读数，计算出地面上两点之间的高差，并由已知点的高程算出未知点的高程。

如图 4-4 所示，设地面 A 点为已知高程点，其高程为 H_A，称为后视点；B 点为前进方向，高程待测点，称为前视点。两点上竖立水准尺(称为测点)，利用水准仪提供的水平视线，先在 A 尺上进行读数，记为 a，称为后视读数；然后在 B 尺上进行读数，记为 b，称为前视读数。则 A 点至 B 点的高差 h_{AB} 为：

$$h_{AB} = a - b \tag{4-1}$$

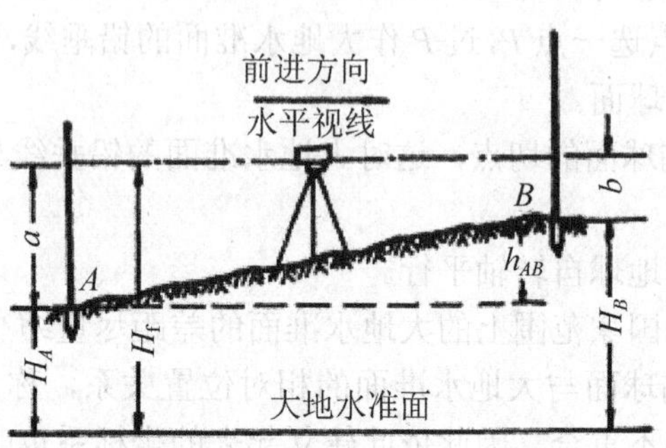

图 4-4　水准测量原理

若 $a>b$，h_{AB} 为正值，则表示 B 点高于 A 点；反之，则 B 点低于 A 点。B 点的高程可按下式求得：

$$H_B = H_A + h_{AB} = H_A + (a - b) \tag{4-2}$$

利用实测高差 h_{AB} 计算未知点 B 高程的方法，称为高差法。由 A 点至 B 点的高差用 h_{AB} 表示，而 B 点至 A 点的高差用 h_{BA} 来表示，即 $h_{AB} = -h_{BA}$。

2. 水准仪的构造和使用

我国水准仪系列标准按其精度等级可分为 DS_{05}、DS_1、DS_3、DS_{10} 等四种型号，其中 D、S 分别为大地测量、水准仪的汉语拼音第一个字母，下标数字表示仪器的精度等级。如：DS_3 型水准仪的“3”表示该仪器每公里往返测量高差中数的偶然中误差为 ±3mm，在书写时可省略字母“D”。DS_{05}、DS_1 型为精密水准仪，常用于国家一、二等水准测量；DS_3、DS_{10} 型为普通水准仪，常用于国家三、四等水准测量或等外水准测量。

1)　DS_3 型微倾式水准仪的构造

工程测量中一般常使用 DS_3 级水准仪，其外形及各部件名称如图 4-5 所示，主要由望远镜、水准器、基座三大部分组成。

(1)　望远镜。

望远镜具有成像和扩大视角的功能，其作用是看清不同远近距离的目标和提供照准目标的视线。

如图 4-6(a)所示，望远镜由物镜、调焦透镜、十字丝分划板、目镜等组成。物镜、调焦透镜、目镜为复合透镜组，分别安装在镜筒的前、中、后三个部位，三者与光轴组成一个等效光学系统。转动调焦螺旋，调焦透镜沿光轴前后移动，改变等效焦距，可以看清远近不同的目标。

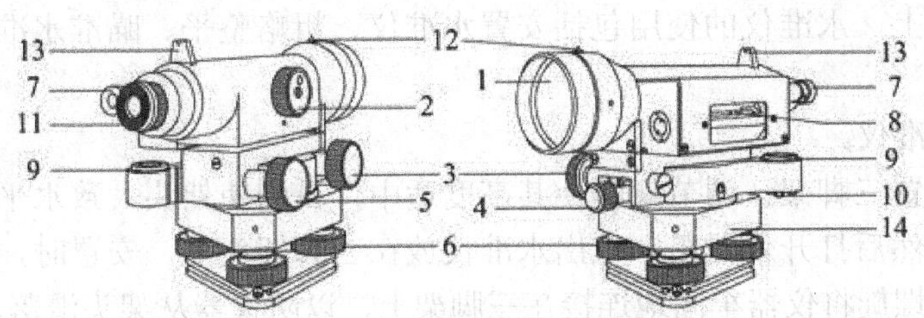

图 4-5 DS_3 型水准仪

1—物镜；2—物镜对光螺旋；3—水平微动螺旋；4—水平制动螺旋；5—微倾螺旋；6—脚螺旋；7—符合气泡观察镜；8—水准管；9—圆水准器；10—圆水准器校正螺丝；11—目镜调焦螺旋；12—准星；13—缺口；14—轴座

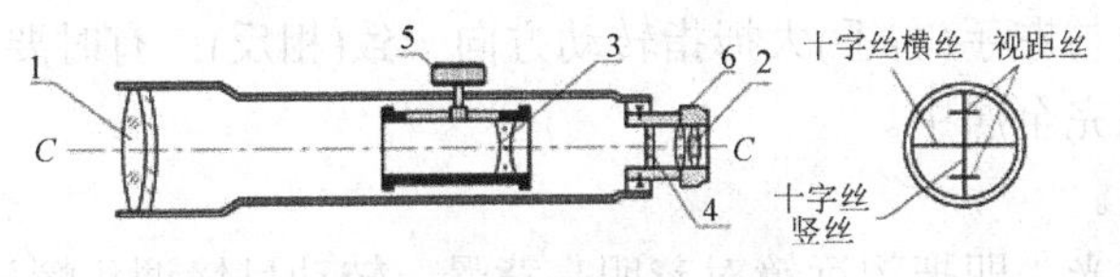

(a) 望远镜的构造　　(b) 十字丝分划板构造

图 4-6 望远镜的构造

1—物镜；2—目镜；3—物镜调焦透镜；4—十字丝分划板；5—物镜调焦螺旋；6—目镜调焦螺旋

十字丝分划板为一平板玻璃，上面刻有相互垂直的细线，称为十字丝。中间一条横线称为中横丝或中丝，上、下对称平行中丝的短线称为上丝和下丝，统称视距丝，用来测量距离。纵向的线称竖丝或纵丝，如图 4-6(b)所示。十字丝分划板压装在分划板环座上，通过校正螺丝套装在目镜筒内，位于目镜与调焦透镜之间。十字丝是照准目标和读数的标志。

物镜光心与十字丝交点的连线，称望远镜视准轴，用 *C-C* 表示，为望远镜照准线。

(2) 水准器。

水准器是用来衡量仪器视准轴 *C-C* 是否水平、仪器旋转轴(又称竖轴)*V-V* 是否铅垂的装置，有管水准器(又称水准管)和圆水准器两种，前者用于精平仪器使视准轴水平，后者用于粗平使竖轴铅垂。

(3) 基座。

基座由轴座、脚螺旋和连接板组成。仪器上部结构通过竖轴插入轴座中，由轴座支承，用三个脚螺旋与连接板连接。整个仪器用中心连接螺旋固定在三脚架上。

(4) 水准尺和尺垫。

水准尺又称标尺，是水准测量的主要工具，在水准测量作业时与水准仪配合使用，缺一不可。水准尺有塔尺、直尺两种。

尺垫由平面为三角形的生铁铸成，如图 4-7 所示，下方有三个尖脚，可以安置在任何不平的硬性地面上或把脚尖踩入土中，使其稳定。尺垫平面上方中央有一突起的半球，供立尺用，安置在转点处，以防止水准尺下沉。

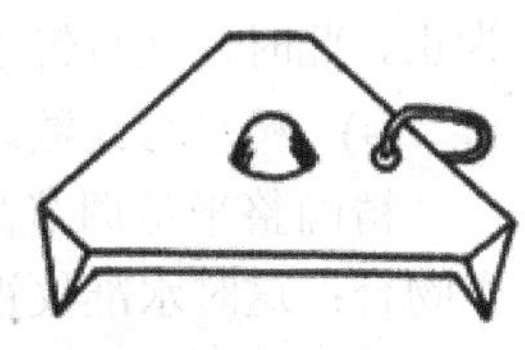

图 4-7 尺垫

2) 水准仪的使用

在一个测站上，水准仪的使用包括安置水准仪、粗略整平、瞄准水准尺、精平与读数四个操作步骤。

(1) 安置水准仪。

在测站上安置三脚架，调节架腿使其高度适中，目测使架头大致水平，检查脚架伸缩螺旋是否拧紧，然后打开仪器箱，取出水准仪放在三脚架头上。安置时，一手扶住仪器，一手用中心连接螺旋将仪器牢固地连接在三脚架上，以防仪器从架头滑落。

(2) 粗略整平。

粗略整平指使用仪器脚螺旋将圆水准器气泡调节到居中位置，借助圆水准器的气泡居中，使仪器竖轴大致铅直，视准轴粗略水平。其具体做法是：先将脚架的两架脚踏实，操纵另一架脚左右、前后缓缓移动，使圆水准气泡基本居中(气泡偏离零点不要太远)，再将此架脚踏实，然后调节脚螺旋使气泡完全居中。调节脚螺旋的方法如图 4-8 所示。在整平过程中，气泡移动的方向与左手(右手)大拇指转动方向一致(相反)；有时要按上述方法反复调整脚螺旋，才能使气泡完全居中。

(3) 瞄准水准尺。

首先进行目镜对光，即把望远镜对着明亮背景，转动目镜调焦螺旋使十字丝成像清晰。再松开制动螺旋，转动望远镜，用望远镜筒上部的准星和照门大致对准水准尺后，拧紧制动螺旋。然后从望远镜内观察目标，调节物镜调焦螺旋，使水准尺成像清晰。最后用微动螺旋转动望远镜，使十字丝竖丝对准水准尺的中间稍偏一点，以便进行读数。

在物镜调焦后，当眼睛在目镜端上下做少量移动时，有时会出现十字丝与目标有相对运动的现象，这种现象称为视差。产生视差的原因是目标通过物镜所成的像没有与十字丝平面重合(见图 4-9)。由于视差的存在会影响观测结果的准确性，所以必须加以消除。

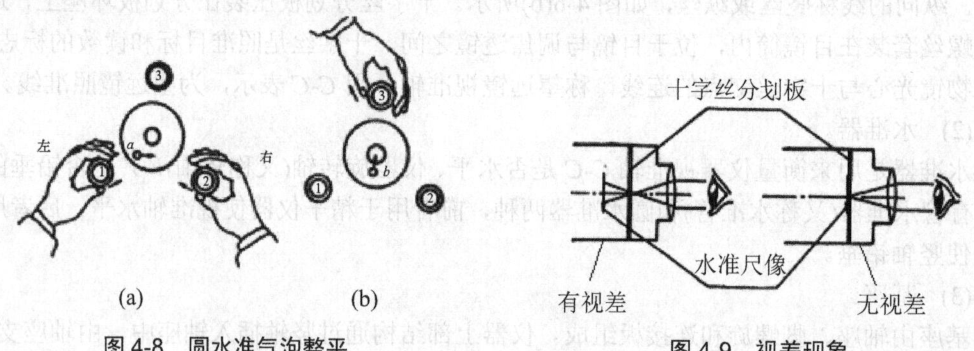

图 4-8 圆水准气泡整平

图 4-9 视差现象

消除视差的方法是仔细地反复进行目镜和物镜调焦，直至眼睛上、下移动，读数不变为止。此时，从目镜端所见到十字丝与目标的像都十分清晰。

(4) 精平与读数。

精确整平是调节微倾螺旋，使目镜左边观察窗内的符合水准器的气泡两个半边影像完全吻合；这时水准仪视准轴处于精确水平位置。

符合水准器气泡居中后，即可读取十字丝中丝截在水准尺上的读数。直接读出米、分米和厘米，估读出毫米(见图 4-10)。现在的水准仪多采用倒像望远镜，因此读数时应从小往大，即从上往下读。也有正像望远镜，读数与此相反。

精确整平与读数虽是两项不同的操作步骤，但在水准测量的实施过程中，却把两项操作视为一体，即精平后再进行读数。读数后还要检查管水准气泡是否完全符合，只有这样，才能取得准确的读数，如图 4-10 所示。

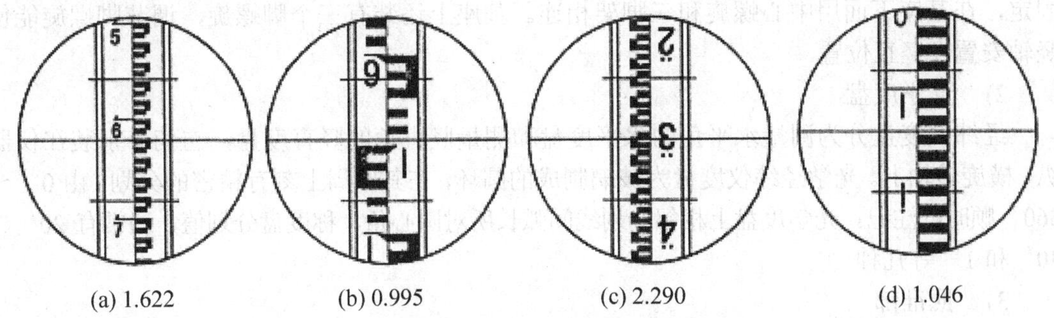

图 4-10　精平后的读数

当改变望远镜的方向进行另一次观测时，管水准气泡可能偏离中央，必须再次调节微倾螺旋，使气泡吻合才能读数。

3. 光学经纬仪的基本构造及使用

光学经纬仪在我国已经系列化、通用化、标准化。经纬仪按精度分为 DJ07、DJ1、DJ2、DJ6 和 DJ30 等级系列。“D”和“J”分别指“大地测量”“经纬仪”两个词的汉语拼音第一个字母。“07”“1”“2”等阿拉伯数字代表该仪器的精度，即一测回方向观测中误差为 0.7s、1s、2s 等。DJ2 以上精度的经纬仪为精密光学经纬仪。DJ6 经纬仪是普通光学经纬仪，其构造如图 4-11 所示。DJ2 型和 DJ6 型经纬仪是工程上常用的经纬仪。

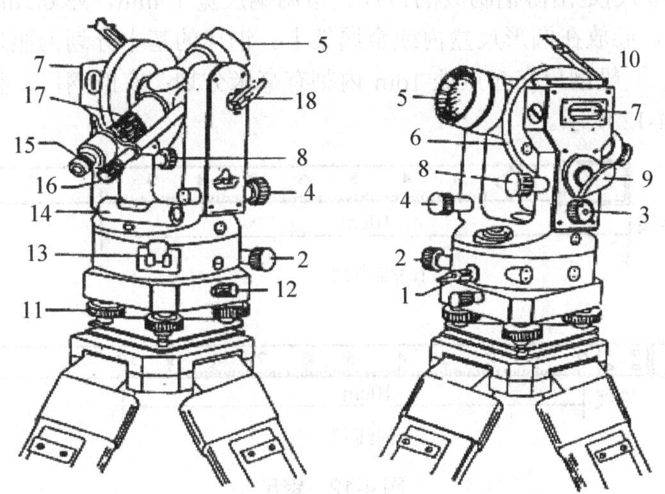

图 4-11　DJ6 型光学经纬仪构造

1—水平制动扳钮；2—水平微动螺旋；3—测微轮；4—望远镜微动螺旋；5—物镜；6—竖直度盘；7—竖盘水准管；8—竖盘水准管微动螺旋；9，10—反光镜；11—脚螺旋；12—轴座固定螺旋；13—复测扳钮；14—水平度盘水准管；15—目镜；16—读数显微镜；17—对光螺旋；18—望远镜制动扳钮光学经纬仪由基座、光学度盘和照准部组成。

1) 基座

基座是支撑仪器的底座，与水平度盘相连的外轴套插入基座的套轴内，并由锁紧螺旋固定，在基座下面用中心螺旋和三脚架相连。基座上还装有三个脚螺旋，调节脚螺旋能使竖轴安置在竖直位置。

2) 光学度盘

经纬仪度盘分为测量水平角的水平度盘和测量竖直角的竖直度盘，它们分别装在仪器纵、横旋转轴上。光学经纬仪度盘为玻璃制成的圆环，在其圆周上刻有精密的分划，由0°～360°顺时针注记。光学度盘上相邻分划线间弧长所对圆心角，称度盘分划值，通常有20′、30′和1°等几种。

3) 照准部

照准部的主要部件有望远镜、水准器、转动控制装置、读数设备、竖直度盘等。望远镜、水准器的原理和结构与水准仪的望远镜、水准器的相同。

4.3 距离测量与直线定向

1. 距离测量

距离测量采用钢尺、皮尺、绳尺、测距仪等，辅助工具有标杆、测钎、垂球反射棱镜等。

1) 钢尺量距

钢尺(又称钢卷尺)是由薄钢制成的带尺。常用钢尺宽10mm，厚0.2mm；长度有20m、30m及50m几种，卷放在圆形尺盒内或金属架上。钢尺的基本分划为厘米，在每米及每分米处有数字注记。一般钢尺在起点处1dm内刻有毫米分划；有的钢尺，整个尺长内都刻有毫米分划，如图4-12所示。

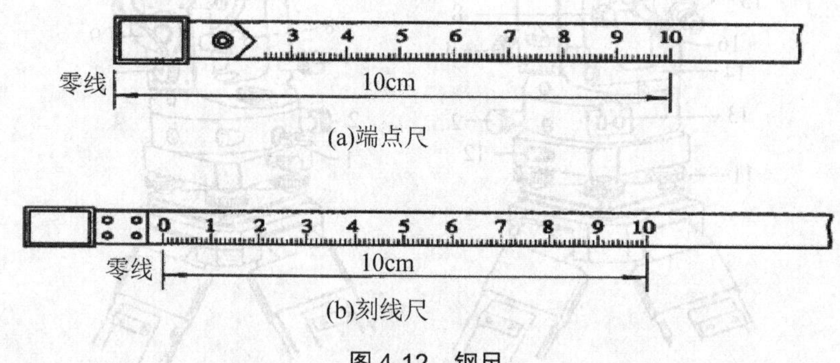

图4-12 钢尺

钢尺在使用之前应进行检定，钢尺两端点分划线之间的标准长度称为钢尺的实际长度，端点分划的注记长度称为钢尺的名义长度。由于钢尺材料的质量及制造误差等因素的影响，其实际长度和名义长度(即尺上所注的长度)往往不一样，而存在一个差值。这个差值在实际丈量工作中，随着距离的增长、尺段数的增加而积累，属于系统误差。而且钢尺在长期使用中因受外界条件变化的影响，也会引起尺长的变化。因此，在精密量距中，在丈量前必须对所用钢尺进行检定，以便在丈量结果中加入各项改正。

2)　电磁波测距

钢尺量距是一项十分繁重的工作，劳动强度大，工作效率低，尤其在山区或沼泽地区，钢尺量距更为困难。随着激光技术和电子技术的发展，世界各国相继研制了各种类型的测距仪。

电磁波测距，是利用电磁波作为载波传输测距信号以测定两点间距离的一种方法，具有测程远、精度高、作业快、不受地形限制等优点，目前已成为大地测量、工程测量和地形测量中距离测量的主要方法。

电磁波测距仪按照其所采用的载波可以分为：以红外光作为载波的红外测距仪、用激光作为载波的激光测距仪、用微波段的无线电波作为载波的微波测距仪。前两者统称为光电测距仪，在工程测量和地形测量中广泛应用；微波测距仪的精度低于光电测距仪，在工程中应用较少。

测距仪除按载波分类外，还可按测程分为短程(3km 以内)、中程(3～15km)和远程(15km 以上)；按精度可分为Ⅰ级、Ⅱ级和Ⅲ级。Ⅰ级为 1km 的测距中误差小于±5mm；Ⅱ级为 1km 的测距中误差±5～±10mm，Ⅲ级为 1km 的测距中误差大于±10mm。

测距仪测得的初始值需要进行仪器加常数改正、仪器乘常数改正和气象改正三项改正计算，以获得所需要的水平距离。

测距仪在标准气象条件、视线水平、无对中误差的情况下，所测得的结果与真实值之间会相差一个固定量，这个量称为加常数。产生加常数的原因主要有：测距仪主机的发射、接收等效中心与几何中心不一致；反射棱镜的接收、反射等效中心与几何中心不一致；主机和棱镜的内、外光路延迟等。仪器加常数包括了主机加常数和棱镜常数，棱镜常数由厂家提供，主机加常数需要定期检定测得。将加常数在测距前直接输入仪器，仪器可自动改正观测值，否则应进行人工改正。

2. 直线定向

确定地面上两点之间的相对位置，仅知道两点之间的水平距离是不够的，还必须确定此直线与标准方向之间的关系。确定一条直线与标准方向之间角度(水平角度)关系的这项工作称为直线定向。

1)　标准方向

测量工作中，常采用的标准方向有三种：真子午线方向、磁子午线方向、坐标纵轴方向。

(1)　真子午线方向。

地球表面某点与地球旋转轴所构成的平面与地球表面的交线称为该点的真子午线，真子午线在该点的切线方向称为该点的真子午线方向。真子午线方向是用天文测量方法或用陀螺经纬仪测定的。

(2)　磁子午线方向。

地球表面某点与地球磁场南北极连线所构成的平面与地球表面的交线称为该点的磁子午线。磁子午线在该点的切线方向称为该点的磁子午线方向，一般是磁针在该点自由静止时所指的方向。磁子午线方向可用罗盘仪测定。

(3) 坐标纵轴方向。

由于地球上各点的子午线互相不平行，而是向两极收敛，为了测量计算工作的方便，通常以平面直角坐标系的纵坐标轴(X 轴)为标准方向。我国采用高斯平面直角坐标系，每6°带或3°带内都以该带的中央子午线的投影作为坐标纵轴，因此，该带内直线定向，就用该带的坐标纵轴方向作为标准方向。如采用假定坐标系，则用假定的坐标纵轴(X 轴)作为标准方向。

2) 直线定向的方法

测量工作中，常采用方位角来表示直线的方向。由标准方向的北端起，顺时针旋转到某直线的夹角，称为该直线的方位角。方位角的角度范围为0°～360°。

4.4 建筑工程测量

4.4.1 建筑场地施工控制测量

在工业与民用建筑勘测、设计阶段所建立的测图控制网，其控制点的选择是根据地形条件及测图比例尺而定的，它不可能考虑到工程的总体布置及施工要求。因此这些控制点不论是在密度上还是在精度上往往不能满足施工放样的要求，所以在工程施工之前应在原有测图控制网的基础上，为建筑物、构筑物的测设而另行布设控制网，这种控制网称为施工控制网。施工控制网又分为平面控制网和高程控制网。

1. 平面控制网

平面控制网的布设，应根据设计总平面图和建筑场地的地形条件来定。一般情况下，工业厂房、民用建筑，基本上是沿着相互平行或垂直的方向布置的，因此在新建的大中型建筑场地上，施工控制网一般布置成正方形或矩形的格网，称为建筑方格网；对于面积不大的居住建筑区，常布置一条或几条建筑轴线组成简单的图形作为施工放样的依据。建筑轴线的布置形式主要根据建筑物的分布、建筑场地的地形和原有测图控制点的分布情况而定。常见形式如图4-13所示。根据建筑轴线的设计坐标和原测图控制点便可将其测设于地面；对于建筑物较多且布置比较规则的工业场地，可将控制网布置成与主要建筑物轴线平行或垂直的矩形格网，即通常所说的建筑方格网，如图4-14所示。

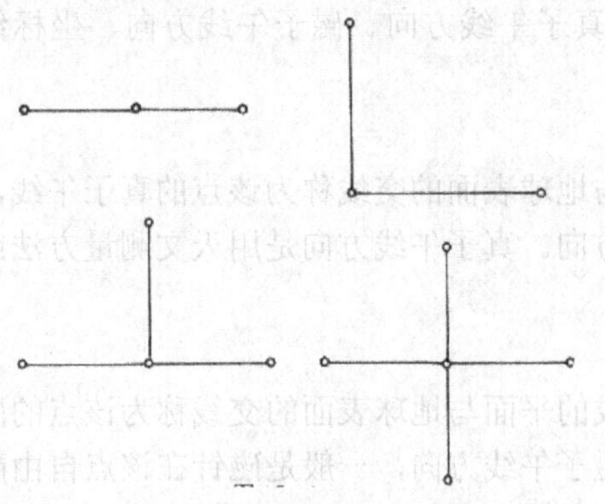

图4-13 建筑轴线的布置形式

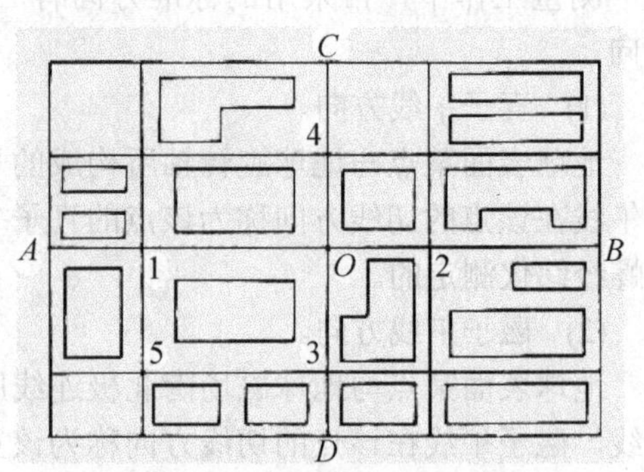

图4-14 建筑方格网

建筑方格网是根据设计总平面图中建筑物的布置情况来布设的，先选定方格网的主轴线，并使其尽可能通过建筑场地中央且与主要建筑物轴线平行，也可选在与主要机械设备中心线一致的位置上。主轴线选定后再全面布设成方格网。方格网是厂区建筑物放样的依据，其边长应根据测设对象而定，一般是 50～350m。图 4-14 就是根据建筑物的布置情况而设计的建筑方格网。图 4-14 中，*AOB*、*COD* 为方格网主轴线。

2. 高程控制网

建筑场地高程控制网是根据施工放样的要求重新建立的，一般是利用建筑方格网点兼作高程控制点。高程控制测量可按四等水准测量的方法进行施测。对连续性生产车间、某些地下管道则需要布设较高精度的高程控制点。在这种情况下，可用三等水准测量的方法进行施测。此外，为施工放样方便，在建筑物内部还要测设出室内地坪设计高程线，其位置多选在较稳定的墙、柱侧面，以符号“▼”的上横线表示。室内地坪标高又称±0 标高。对于某些特殊工程的放样或大型设备的安装测量，还需另设专门的控制网，这类控制网不仅精度较高，而且控制网的坐标系也应与原施工坐标系相一致。

4.4.2　高层建筑施工测量

随着城市建设发展的需要，多层或高层建筑将越来越多。在高层建筑的施工测量中，由于地面施工部分测量精度要求较高，高层施工部分场地较小，测量工作条件受到限制，并且容易受到施工的干扰，所以施工测量的方法和所用的仪器与一般建筑施工测量所用的有所不同。

1. 平面控制网和高程控制网的布设

高层建筑的平面控制网布设于地坪层(底层)，其形式一般为一个矩形或若干个矩形，且布设于建筑物内部，以便逐层向上投影，控制各层的细部(墙、柱、电梯井筒、楼梯等)的施工放样。图 4-15 (a)所示为一个矩形的平面控制网，图 4-15(b)所示为主楼和裙房布设有一条轴线相连的两个矩形的平面控制网。

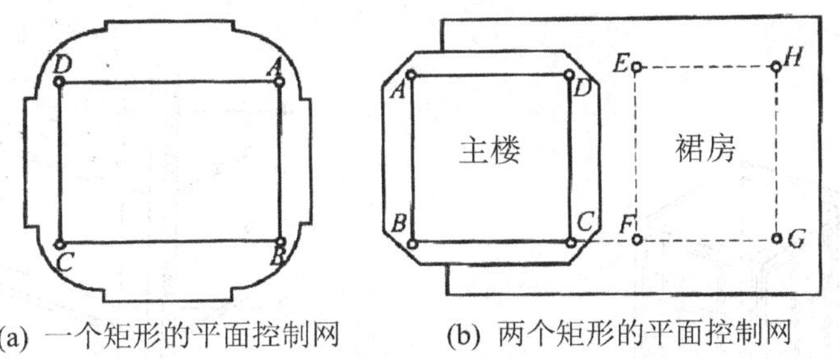

(a) 一个矩形的平面控制网　　(b) 两个矩形的平面控制网

图 4-15　高层建筑平面矩形控制网

控制点点位的选择应与建筑物的结构相适应，选择点位的条件如下。

(1) 矩形控制网的各边应与建筑轴线相平行。

(2) 建筑物内部的细部结构(主要是柱和承重墙)不妨碍控制点之间的通视。

(3) 控制点向上层作垂直投影时要在各层楼板上设置垂准孔，因此通过控制点的铅垂线方向，应避开横梁和楼板中的主钢筋。

平面控制点一般为埋设于地坪层地面混凝土上面的一块小铁板，上面划以十字线，交点上冲一小孔，代表点位中心。控制点在结构外墙(包括幕墙)时，施工期间应妥善保护。平面控制点之间的距离测量精度不应低于1/10000，矩形角度测设的误差不应大于±10″。

高层建筑施工的高程控制网，为建筑场地内的一组水准点(不少于三个)。待建筑物基础和地平层建造完成后，从水准点测设“一米标高线”(标高为+1.000m)或半米标高线(标高为+0.500m)标定于墙上或柱上，作为向上各层测设设计高程之用。

2. 平面控制点的垂直投影

在高层建筑施工中，平面控制点的垂直投影是将地坪层的平面控制网点沿铅垂线方向逐层向上测设，使在建造中的各层都有与地坪层在平面位置上完全相同的控制网，如图4-16所示。据此可以测设该层面上建筑物的细部(墙、柱等结构物)。

高层建筑平面控制点的垂直投影方法有多种，用哪一种方法较合适，要视建筑场地的情况、楼层的高度和仪器设备而定。用经纬仪作平面控制点的垂直投影时，与工业厂房施工中柱子的垂直校正相类似，将经纬仪安置于尽可能远离建筑物的点上，盘左瞄准地坪层的平面控制点后水平制动，抬高视准轴将方向线投影至上层楼板上；盘右同样操作盘左、盘右方向线取其中线(正倒镜分中)；然后在大致垂直的方向上安置经纬仪，在上层楼板上同样用正倒镜分中法得到另一方向线。两方向线的交点即为垂直投影至上层的控制点点位。当建筑楼层增加至相当高度时，经纬仪视准轴向上投测的仰角增大，点位投影的精度降低，且操作也很不方便。此时需要在经纬仪上加装直角目镜以便于向上观测，或将经纬仪移置邻近建筑物上，以减小瞄准时视准轴的倾角。用经纬仪作控制点的垂直投影，一般用于10层以下的高层建筑。

水准仪可以用于各种层次的平面控制点的垂直投影。平面控制点的上方楼板上，应设有垂准孔(又称预留孔，面积为30cm×30cm)，如图4-17所示，垂准仪安置于底层平面控制点上，精确置平仪器上的两个水准管气泡后，仪器的视准轴即处于铅垂线位置，在上层垂准孔上，用压铁拉两根细麻线，使其交点与垂准仪的十字丝交点相重合，然后在水准孔旁楼板面上弹墨线标记，如图4-18右下角所示。在使用该平面控制点时，仍用细麻绳恢复其中心位置。

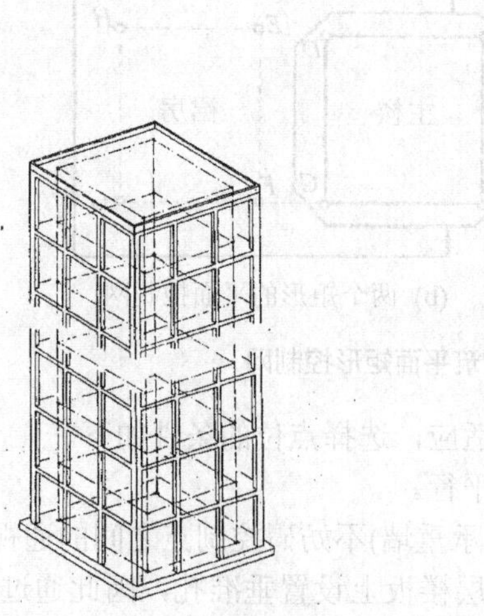

图4-16　平面控制点的垂直投影

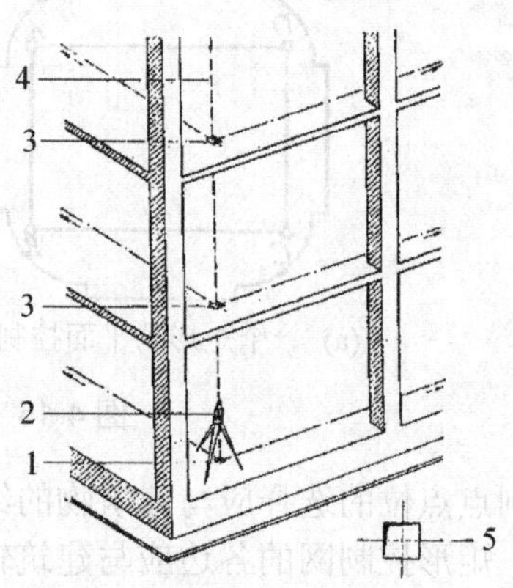

图4-17　垂准仪进行垂直投影

1—底层平面控制点；2—垂准仪；3—垂准孔；4—铅垂线；5—垂准孔边弹墨线

楼板上留有垂准孔的高层建筑，也可以用细钢丝吊大垂球的方法测设铅垂线投影平面控制点。此方法较为费时费力，只是在缺少仪器而不得已时才采用。

由于高层建筑较一般建筑高得多，所以在施工中，必须严格控制垂直方向的偏差，使之达到设计的要求。垂直方向的偏差可用传递轴线的方法加以控制。

为了保证投点的正确性，必须对所用仪器做严格的检验校正；观测时采用正倒镜进行投点，同时还应特别注意照准部水准管气泡要严格居中。为保证各细部尺寸的准确性，在整个施工过程中应使用经过检定的钢尺和使用同一把钢尺。

如图 4-18 所示，在基础工程结束后，可将经纬仪安置在轴线控制桩 A_1、A_1'、B_1、B_1'上。将轴线方向重新投到基础侧面定点 a_1、a_1'、b_1、b_1'，作为向上逐层传递轴线的依据。当建筑物第一层工程结束后．再安置经纬仪于控制桩 A_1、A_1'、B_1、B_1'点上，分别瞄准 a_1、a_1'、b_1、b_1'点，用正倒镜投点法在第二层定出 a_2、a_2'、b_2、b_2'，并依据 a_2、a_2'、b_2、b_2'精确定出中心点 O_2，此时轴线 $a_2O_2a_2'$及 $b_2O_2b_2'$即是第二层细部放样的依据。同法依次逐层升高。

当升到较高楼层(如第十层)时．由于控制桩离建筑物较近，投测时仰角太大，所以再用原控制桩投点极为不便，同时也影响精度。为此需要将原轴线控制桩再次延长至施工范围外约百米处的 A_2、A_2'、B_2、B_2'，如图 4-19 所示(图中只表示了 A 轴线的投测)。具体作法与上述方法类似逐层投点，直至工程结束。

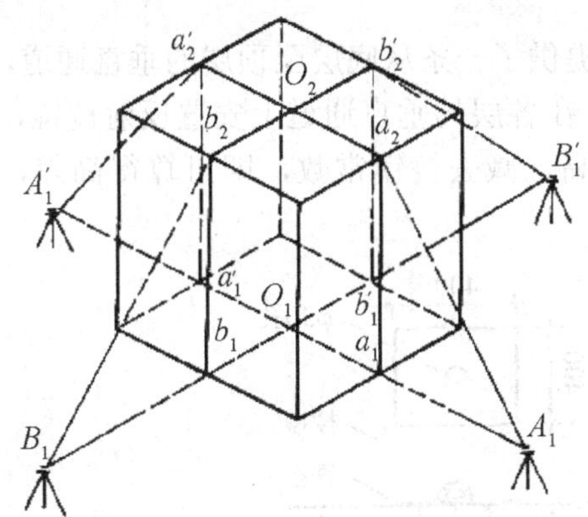

图 4-18　垂直方向传递轴线图

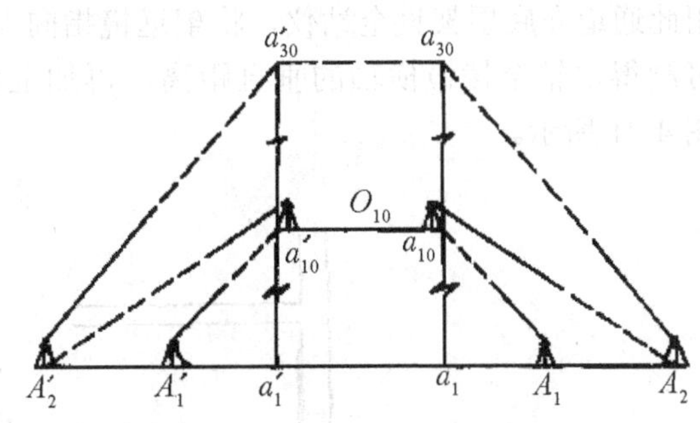

图 4-19　延长轴线控制桩图

为了保证投点的正确性，必须对所用仪器作严格的检验校正；观测时采用正倒镜进行投点，同时还应特别注意照准部水准管气泡要严格居中。为保证各细部尺寸的准确性，在整个施工过程中应使用经过检定的钢尺和使用同一把钢尺。

3. 高程传递

高层建筑施工中，要从地坪层测设的 1m 标高线逐层向上传递高程(标高)，使上层的楼板、窗台、梁、柱等在施工时符合设计标高。高程传递有以下几种方法。

1)　钢卷尺垂直丈量法

用水准仪将底层 1m 标高线联测至可向上层直接丈量的竖直墙面或柱面，用钢卷尺沿墙面或柱面直接向上至某一层，量取两层之间的设计标高差，得到该层的 1m 标高线(离该层地板的设计结构标高的高差为+1.000m)，如图 4-20 所示。然后再在该层上用水准仪测设 1m 标高线于需要设置之处，以便于该层各种建构物的设计标高的测设。

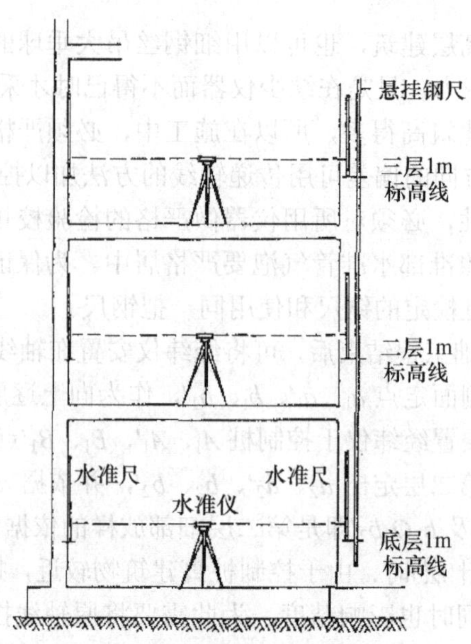

图 4-20　钢卷尺垂直丈量传递高程

2)　全站仪天顶测距法

高层建筑中的垂准孔(或电梯井等)为光电测距提供了一条从底层至顶层的垂直通道，利用此通道在底层架设全站仪，将望远镜指向天顶，在各层的垂直通道上安置反射棱镜，即可测得仪轴至棱镜横轴的垂直距离，再加上仪器高，减去棱镜常数，即可算得高差，如图 4-21 所示。

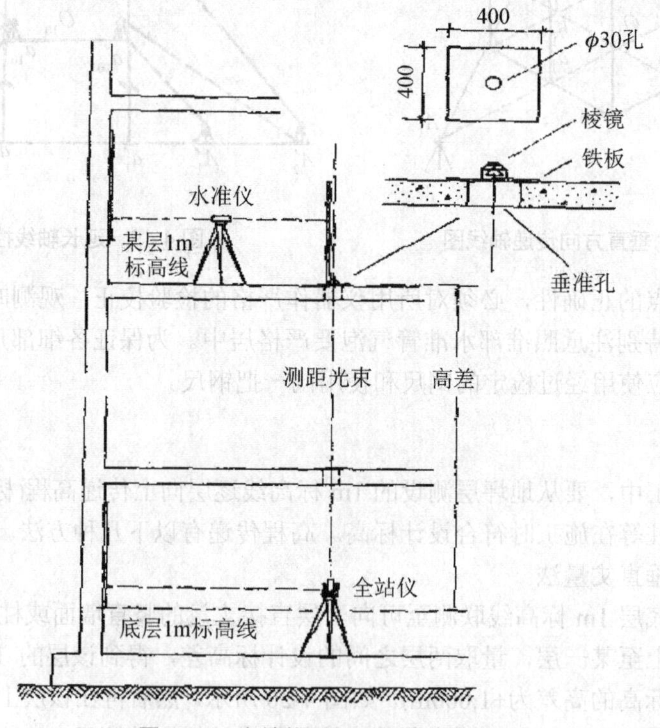

图 4-21　全站仪天顶测距法传递高程

4.5 竣工总平面图的编绘

竣工总平面图是设计总平面图在施工后实际情况的全面反映，所以设计总平面图不能完全代替竣工总平面图。编绘竣工总平面图的目的在于以下几点。

(1) 在施工过程中可能由于设计时没有考虑到的问题而使设计有所变更，这种临时变更设计的情况必须通过测量反映到竣工总平面图上。

(2) 它将便于进行各种设施的维修工作，特别是地下管道等隐蔽工程的检查与维修工作。

(3) 为企业的改建、扩建提供了原有各项建筑物、构筑物、地上和地下各种管线及交通线路的坐标、高程等资料。

新建的企业竣工总平面图的编绘，最好是随着工程的陆续竣工相继进行编绘，一边竣工、一边利用竣工测量成果编绘竣工总平面图。如果发现地下管线的位置有问题，可及时到现场查对，使竣工图能真实反映实际情况。边竣工边编绘的优点是：当企业全部竣工时，竣工总平面图也大部分编制完成，既可作为交工验收的资料，又可大大减少实测的工作量，从而节约了人力和物力。

竣工总平面图的编绘，包括室外实测和室内资料编绘两方面的内容。

首先是竣工测量。

在每一个单项工程完成后，必须由施工单位进行竣工测量，提出工程的竣工测量成果。其内容包括以下几方面：①工业厂房及一般建筑物包括房角坐标，各种管线进出口的位置和高程，并附房屋编号、结构层数、面积和竣工时间等资料；②铁路和公路，包括起止点、转折点、交叉点的坐标，曲线元素、桥涵等构筑物的位置和高程；③地下管网，窨井、转折点的坐标，井盖、井底、沟槽和管顶等的高程，并附注管道及窨井的编号、名称、管径、管材、间距、坡度和流向；④架空管网，包括转折点、结点、交叉点的坐标，支架间距、基础面高程。竣工测量完成后，应提交完整的资料，包括工程的名称、施工依据、施工成果，作为编绘竣工总平面图的依据。

其次是竣工总平面图的编绘。竣工总平面图上应包括建筑方格网点、水准点、厂房、辅助设施、生活福利设施、架空与地下管线、铁路等建筑物或构筑物的坐标和高程，以及厂区内空地和未建区的地形。

厂区地上和地下所有建筑物、构筑物绘在一张竣工总平面图上时，如果线条过于密集而不醒目，则可采用分类编图，例如综合竣工总平面图、交通运输竣工总平面图和管线竣工总平面图等。比例尺一般采用 1∶1000，如果不能清楚地表示某些特别密集的地区，也可局部采用 1∶500 的比例尺。

思 考 题

1. 工程测量学按工程建设阶段划分，其主要内容有哪些？
2. 工程测量的主要内容有哪些？
3. 简述工程测量的特点。
4. 简述工程测量学的发展趋势。

第5章 房屋建筑工程

【学习重点】

- 多层建筑和高层建筑的概念。
- 土木工程基本构件的种类及受力特点。
- 民用建筑结构形式的基本概念。

【学习目标】

- 掌握多层建筑和高层建筑的基本概念。
- 掌握基本构件的种类及受力特点。
- 熟悉建筑结构的基本形式。

5.1 建筑物的分类及组成

5.1.1 分类

建筑物按用途可分为工业建筑、民用建筑、农业建筑等。

建筑物按结构形式可分为框架结构、框架—剪力墙结构、剪力墙结构、框支剪力墙结构、筒体结构等。

建筑物按层数可分为单层、多层、高层和超高层建筑(见图 5-1)。对于多层、高层和超高层建筑的划分标准，各国不同。我国将 2～9 层的房屋作为多层，10 层及以上或高度在 24m 以上的房屋作为高层，更高的，如 40 层以上或高度 100m 的房屋作为超高层。

建筑物按材料可分为木结构(见图 5-2)和混合结构建筑(见图 5-3)等。

图 5-1 多层、高层和超高层建筑

图 5-2 山西应县木塔(建于辽代清宁二年即公元 1056 年)

图 5-3　国家大剧院的穹形钢结构屋顶

5.1.2　建筑物组成

建筑结构是在一个空间中用各种基本的结构构件集合成并具有某种特征的有机体。当人们将各种基本结构构件合理地集合成主体结构体系，并有效地联系起来时，才有可能组织出一个具有使用功能的空间，并使之作为一个整体结构将作用在其上的荷载传递给地基。

建筑一般由基础、墙、柱、梁、板、屋架、门窗、屋面(包括隔热、保温、防水层)、楼梯、阳台、雨篷、楼地面等部分组成，如图 5-4 所示。此外，因为生产、生活的需要，对建筑物还要安装给排水系统、供电系统、采暖和空调系统，某些建筑物还要安装电梯和煤气管道系统等。

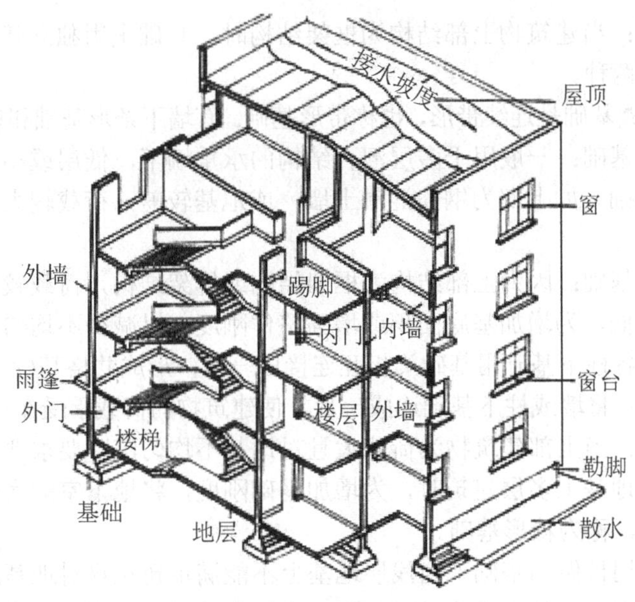

图 5-4　建筑物的组成

1. 基础

基础是建筑物最下部的承重构件，其作用是承受建筑物的全部荷载，并将这些荷载传给地基。基础必须具有足够的强度，并能抵御地下各种有害因素的侵蚀。基础埋深一般不得浅于 0.5m。

按构造形式的不同，基础类型一般分为以下几种，如图 5-5 所示。

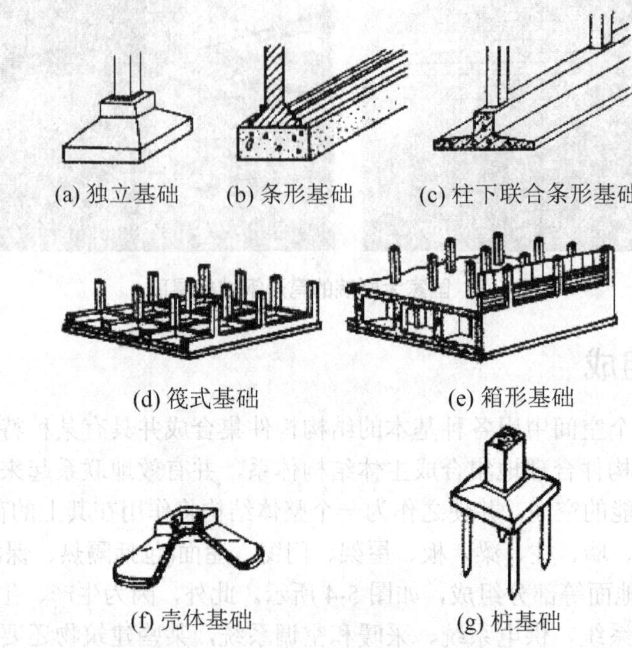

图 5-5　基础类型

(1) 独立基础：当建筑物上部结构为框架结构时，基础采用独立基础。基础的外形一般有锥形和阶梯形两种。

(2) 条形基础：基础是连续带形，也称带形基础。有墙下条形基础和柱下条形基础两种。

① 墙下条形基础：一般用于多层混合结构的承重墙下，低层或小型建筑常用砖、混凝土等刚性条形基础。如上部为钢筋混凝土墙，或地基较差，荷载较大时，可采用钢筋混凝土条形基础。

② 柱下条形基础：因为上部结构为框架结构或排架结构，荷载较大或荷载分布不均匀，地基承载力偏低，为增加基底面积或增强整体刚度，以减少不均匀沉降，常用钢筋混凝土条形基础，将各柱下基础用基础梁相互连接成一体，形成井格基础。

(3) 筏式基础：将墙或柱下基础连成一片，使建筑物的荷载承受在一块整板上的基础。

(4) 箱形基础：当上部建筑物为荷载大且对地基不均匀沉降要求严格的高层建筑、重型建筑以及软弱土地基上多层建筑时，为增加基础刚度，将地下室的底板、顶板和墙整体浇成箱子状的基础，称为箱形基础。

(5) 桩基础：用桩做的基础。当浅层地基上不能满足建筑物对地基承载力和变形的要求，而又不适宜采取地基处理措施时，就要考虑以下部坚实土层或岩层作为持力层的深基础，桩基应用最为广泛。

2. 墙

墙是建筑物的承重构件和围护构件。作为承重构件的外墙，其作用是抵御自然界各种因素对室内的侵袭；内墙主要起分隔空间及保证舒适环境的作用。框架或排架结构的建筑物中，柱起承重作用，墙仅起围护作用。墙体要具有足够的强度、稳定性，保温、隔热、防水、防火、耐久及经济等性能，并且要适应工业化的发展要求。

根据所处位置墙可分为外墙和内墙；根据方向分为纵墙与横墙，如图 5-6 所示；根据受力情况分为承重墙和非承重墙；根据使用材料和制品分为砖墙、石墙、砌块墙、板材墙等。

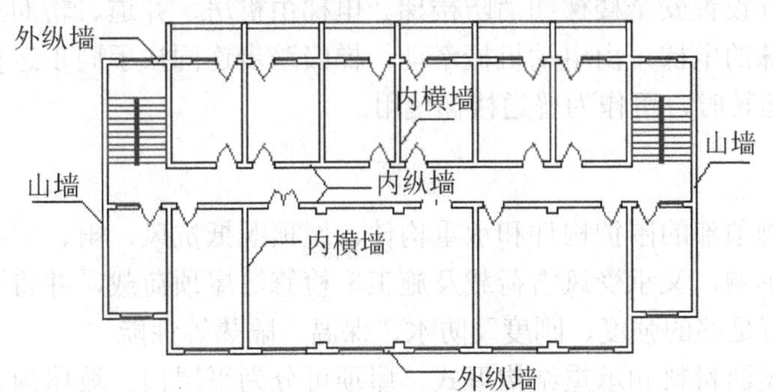

图 5-6　墙体的划分

墙体有四种承重方案：横墙承重、纵墙承重、纵横墙承重和墙与柱混合承重。

1)　横墙承重

横墙承重是将楼板及屋面板等水平承重构件搁置在横墙上，楼面及屋面荷载依次通过楼板、横墙、基础传递给地基。这一布置方案适用于房间开间尺寸不大、墙体位置比较固定的建筑，如宿舍、旅馆、住宅等。

2)　纵墙承重

纵墙承重是将楼板及屋面板等水平承重构件均搁置在纵墙上，横墙只起分隔空间和连接纵墙的作用。这一布置方案适用于使用上要求有较大空间的建筑，如办公楼、商店、教学楼中的教室、阅览室等。

3)　纵横墙承重

纵横墙承重方案的承重墙体由纵横两个方向的墙体组成，平面布置灵活，两个方向的抗侧力都较好。这种方案适用于房间开间、进深变化较多的建筑，如医院、幼儿园等。

4)　墙与柱混合承重

房屋内部采用柱、梁组成的内框架承重，四周采用墙承重，由墙和柱共同承受水平承重构件传来的荷载，称为墙与柱混合承重。这种方案适用于室内需要大空间的建筑，如大型商店、餐厅等。

3. 楼板层和地坪

楼板是水平方向的承重构件，按房间层高将整幢建筑物沿水平方向分为若干层。楼板层承受家具、设备和人体荷载以及本身的自重，并将这些荷载传给墙或柱；同时对墙体起着水平支撑的作用。因此要求楼板层应具有足够的抗弯强度、刚度和隔声、防潮、防水的性能。

地坪是底层房间与地基土层相接的构件，起承受底层房间荷载的作用。要求地坪具有耐磨防潮、防水、防尘和保温的性能。

4. 楼梯

楼梯和电梯都是联系建筑物上下各层的垂直交通设施，供人们上下楼层和紧急疏散之用。要求楼梯具有足够的通行能力，并且防滑、防火，能保证安全使用。

楼梯一般由楼梯段、休息平台、楼梯栏杆或栏板及扶手组成。室内通常设置主要楼梯和辅助楼梯，室外设置安全楼梯和消防楼梯。电梯由机房、井道、轿厢三大部分组成。自动扶梯是一种特殊的电梯，由电动机械牵动，梯级踏步连同扶手同步运行，可以提升或下降，在机械停止运转时，可作为普通楼梯使用。

5. 屋顶

屋顶是建筑物顶部的围护构件和承重构件。屋顶既抵抗风、雨、雪霜、冰雹等的侵袭和太阳辐射热的影响，又承受风雪荷载及施工、检修等屋顶荷载，并将这些荷载传给墙或柱。故屋顶应具有足够的强度、刚度及防水、保温、隔热等性能。

根据不同的屋面材料和承重结构形式，屋顶可分为平屋顶、坡屋顶、曲面屋顶和多波式折板屋顶四大类。屋顶由屋面、屋顶承重结构、保温隔热层和顶棚组成。

6. 门与窗

门与窗均属非承重构件，也称为配件。门主要供人们出入内外交通和分隔房间之用，窗主要起通风、采光、分隔、眺望等围护作用。处于外墙上的门窗又是围护构件的一部分，要满足热工及防水的要求。某些有特殊要求的房间，门、窗应具有保温、隔声、防火的能力。

一座建筑物除上述基本组成部分以外，对不同使用功能的建筑物，还有许多特有的构件和配件，如阳台、雨篷、台阶、排烟道等。

5.2 工 业 建 筑

一部分工业建筑如厂房、仓库，农业建筑如蔬果大棚等往往采用单层结构，另一部分工业建筑如轻工业厂房等采用多层框架结构。

小型的单层工业建筑可以采用砌体砌筑，大型单层工业建筑则采用钢筋混凝土或钢结构。

图 5-7 为单层工业厂房，其基本组成构件通常有：屋盖结构、吊车梁、柱子、支撑、基础和围护结构。屋盖结构用于承受屋面的荷载，包括屋面板、天窗架、屋架或屋面梁、托架。屋面板过去多采用自重较大的大型预制混凝土板，现已逐渐被轻型压型钢板所取代。天窗架主要为车间通风和采光需要而设置，架设在屋架上。屋架(屋面梁)为屋面的主要承重构件，多采用角钢组成桁架结构，亦可采用变截面的 H 型钢作为屋面梁。托架仅用于柱距比屋架的间距大时支承屋架，再将其所受的荷载传给柱子。吊车梁用于承受吊车的荷载，将吊车荷载传递到柱子上。柱子为厂房中的主要承重构件，上部结构的荷载均由柱子传给基础。基础将柱子和基础梁传来的荷载传给地基。围护结构多由砖砌筑而成，现亦有采用压型钢板作为墙板的。

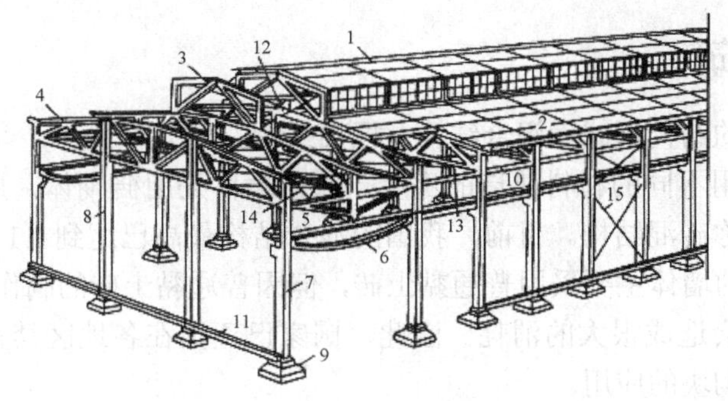

图 5-7　单层装配式钢筋混凝土厂房

1—屋面板；2—天沟板；3—天窗架；4—屋架；5—托架；6—吊车梁；7—排架柱；
8—抗风柱；9—基础；10—联系梁；11—基础梁；12—天窗架垂直支撑；
13—屋架下弦横向水平支撑；14—屋架端部垂直支撑；15—柱间支撑

当前，新出现的轻型钢结构建筑(见图 5-8)，柱子和梁均采用变截面 H 型钢，梁柱的连接结点做成刚接，因施工方便、施工周期短、跨度大、用钢量经济，在单层厂房、仓库、冷库(甚至于民用建筑中的候机厅、体育馆)中已有越来越广泛的应用。

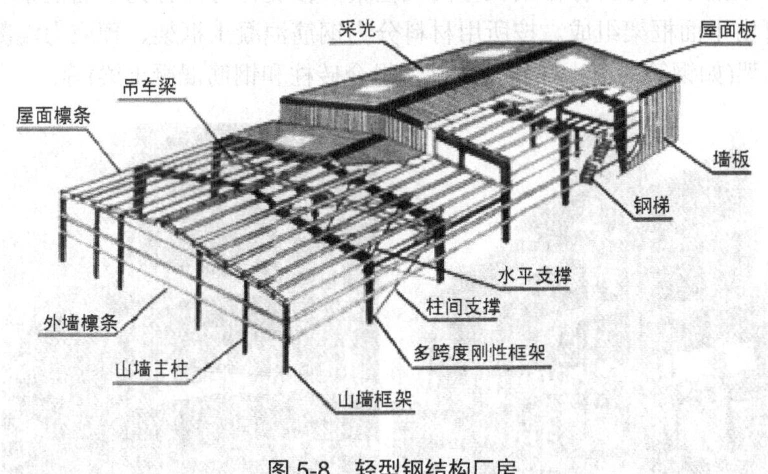

图 5-8　轻型钢结构厂房

新出现的拱形彩板屋顶建筑，用拱形彩色热镀锌钢板作为屋面，自重轻、工期短、造价低，彩板之间用专用机具咬合缝，不漏水，已在很多工程中采用。

5.3　民用建筑

近年来国家大力推动住宅建设，提高了居民的人均居住面积，解决了居民的居住困难问题。大量的住宅建筑采用的是多层或高层建筑，其他民用建筑如商场、办公楼、旅馆等也多采用多层和高层建筑。

5.3.1 多层建筑

多层建筑常用的结构形式为混合结构、框架结构。

混合结构是指用不同的材料建造的房屋，通常墙体采用砖砌体，屋面和楼板采用钢筋混凝土结构，故亦称砖混结构。目前，我国的混合结构最高已达到 11 层，局部已达到 12 层。以前混合结构的墙体主要采用普通黏土砖，但因普通黏土砖的制作需使用大量的黏土，对宝贵的土地资源会造成很大的消耗。因此，国家已逐渐在各地区禁止大面积使用普通黏土砖，而推广空心砌块的应用。

框架结构强度高、自重轻、整体性和抗震性能好，可使建筑平面布置灵活并获得较大的使用空间，因而被广泛采用，主要应用于多层工业厂房、仓库、商场、办公楼等建筑。

框架是由横梁和立柱联合组成能同时承受竖向荷载和水平荷载的结构构件。在一般建筑物中，框架的横梁和立柱都是刚性连接，它们间的夹角在受力前后是不变的；连接处的刚性是指框架在承受竖向和水平荷载时衡量承载能力和稳定性的尺度，使框架的梁和柱既受轴力(框架梁在设计时轴力可忽略)，又受弯曲和剪切(框架柱在设计时剪切可忽略)。

框架按跨数、层数和立面构成分为单跨、多跨框架，单层、多层框架(见图 5-9)，以及对称、不对称框架。单跨对称框架又称门式框架。按受力特点分为平面框架和空间框架，空间框架也可由平面框架组成。按所用材料分为钢筋混凝土框架、预应力混凝土框架、钢框架、组合框架(如钢筋混凝土柱和型钢梁，组合砖柱和钢筋混凝土梁)等。

图 5-9 框架结构

多层建筑可采用现浇，也可采用装配式或装配整体式结构。其中，现浇钢筋混凝土结构整体性好，适应各种有特殊布局的建筑；装配式和装配整体式结构采用预制构件，现场组装，其整体性较差，但便于工业化生产和机械化施工。装配式结构在前段时间比较盛行，但随着泵送混凝土的出现，使混凝土的浇筑变得方便快捷，机械化施工程度已较高，因此近年来，多层建筑已逐渐趋向于采用现浇混凝土结构。

5.3.2 高层建筑和超高层建筑

高层建筑近年来在我国发展迅猛。

高层结构的结构形式主要有框架结构、框架—剪力墙结构、剪力墙结构、框支剪力墙结构、筒体结构等。

框架结构受力体系由梁和柱组成，在承受竖向荷载方面合理，在承受水平荷载方面能力很差，因此仅适用于房屋高度不大、层数不多时采用。当层数较多时，水平荷载的影响会造成梁、柱的截面尺寸很大，与其他结构体系相比，在技术经济方面并不合理。北京的长富宫饭店(见图 5-10)是框架结构，地下 2 层，地上 26 层，地面上总高度为 90.85m。还有长城饭店主楼，地下 2 层，地上 22 层，地面上总高度为 82.85m。

框架—剪力墙结构(见图 5-11)中利用了剪力墙(一段钢筋混凝土墙体)的抗剪能力很强，可以承担绝大部分水平荷载的特性，使框架与剪力墙协同受力，而框架则以承担竖向荷载为主，这样可大大减小柱子的截面。剪力墙在一定程度上限制了建筑平面布置的灵活性。这种结构一般用于办公楼、旅馆、住宅以及某些工艺用房。广州中天广场大厦(办公楼)(见图 5-12)为 80 层的框架—剪力墙结构。

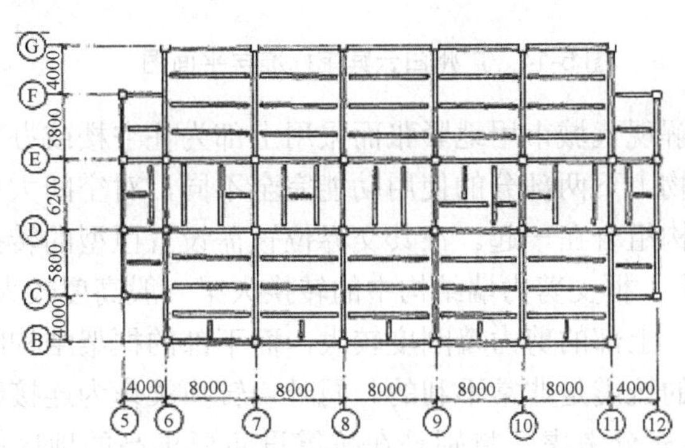

图 5-10 北京长富宫饭店结构标准层平面

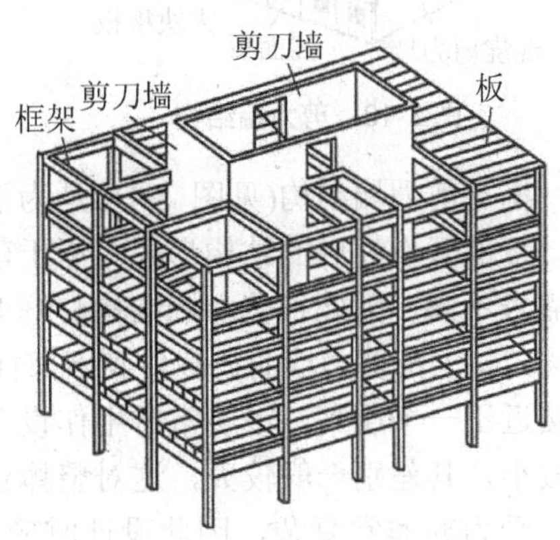

图 5-11 框架—剪力墙结构

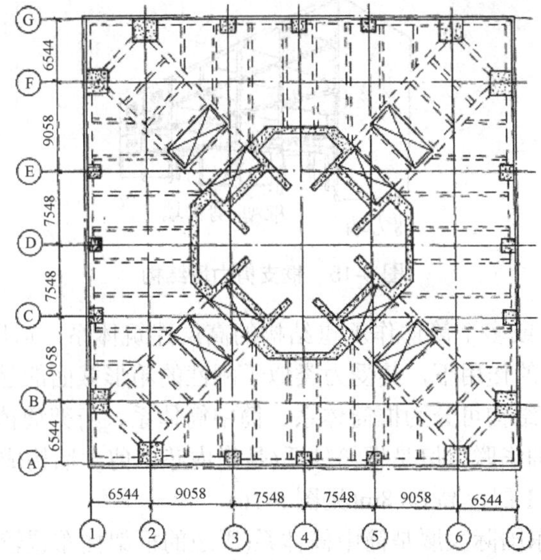

图 5-12 广州中天广场大厦

剪力墙结构(见图 5-13)是全部由纵横布置的剪力墙组成，此时的剪力墙不仅承受水平荷载，亦承受竖向荷载，适用于房屋的层数更高时，横向水平荷载已对结构设计起控制作用的结构。剪力墙结构空间分隔固定，建筑布置极不灵活，所以一般用于住宅、旅馆等建筑。建于 1976 年的广州白云宾馆，地上 33 层，地下 1 层，高 112.45m，采用钢筋混凝土剪力墙结构，是我国第一座超过 100m 的高层建筑(见图 5-14)。

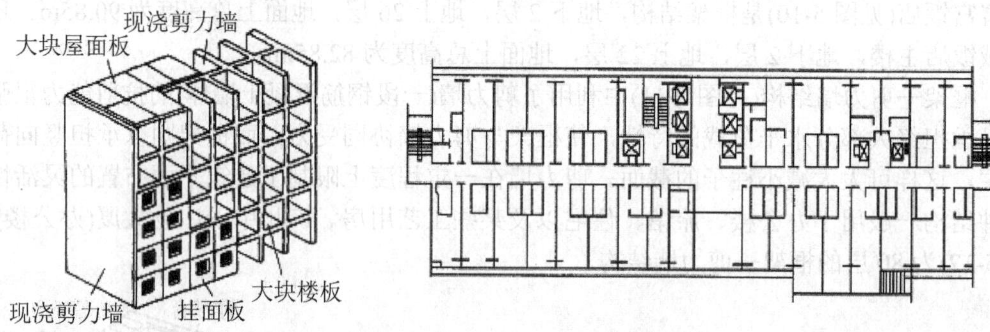

图 5-13　剪力墙结构　　图 5-14　广州白云宾馆标准层平面图

框支剪力墙结构(见图 5-15)是为了缓解现代城市用地紧张而采用上部为住宅楼或办公楼，下部开设商店的结构形式。由于建筑物上下两部分的使用功能完全不同，对空间大小的需求不同，因此将剪力墙结构与框架结构组合在一起。在其交界位置需设置巨型的转换大梁，将上部剪力墙的荷载传到下部柱子上。框支剪力墙结构中的转换大梁一般高度较大，常接近于一个层高，该层常常用作设备层。上部的剪力墙刚度较大，而下部的框架结构刚度较小，其差别一般较大，这对整体建筑的抗震是非常不利的。同时，转换梁作为连接结点，受力亦非常复杂，因此设计时应予以充分考虑，特别是在抗震设防要求高的地区应慎用。

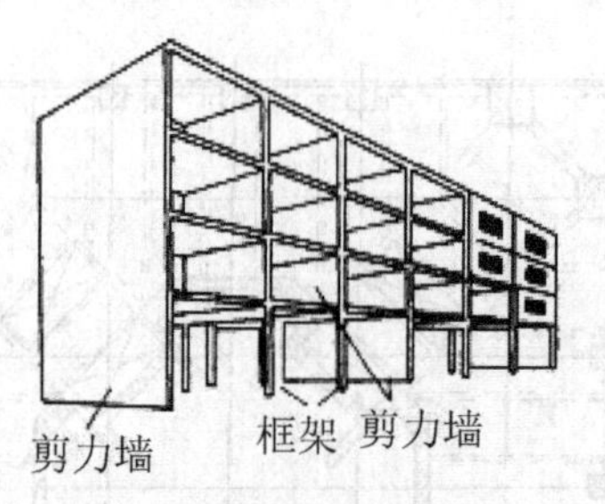

图 5-15　框支剪力墙结构

筒体结构是由一个或多个筒体作承重结构的高层建筑体系，适用于层数较多的高层建筑。筒体在侧向风荷载的作用下，其受力类似于刚性的箱形截面的悬臂梁，迎风面将受拉，而背风面将受压。筒体结构可分为框筒体系、筒中筒体系、桁架筒体系、成束筒体系等。

建于 1989 年的深圳华联大厦是框筒体系(是指内芯由剪力墙构成，周边为框架结构的筒体)，地上 26 层，地下 1 层，高 88.8m(见图 5-16)。

建于 1990 年的广东国际大厦是筒中筒体系(周边的框架柱布置较密时可将其视为外筒，而将内芯的剪力墙视为内筒)，地上 63 层，地下 3 层，高 200.18m，如图 5-17 所示。

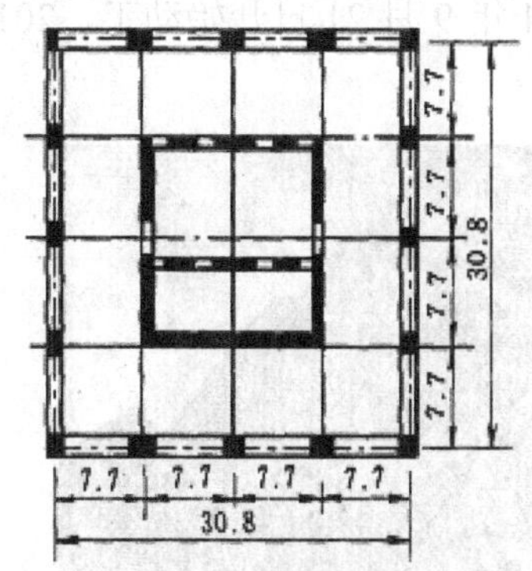

图 5-16　深圳华联大厦平面示意图

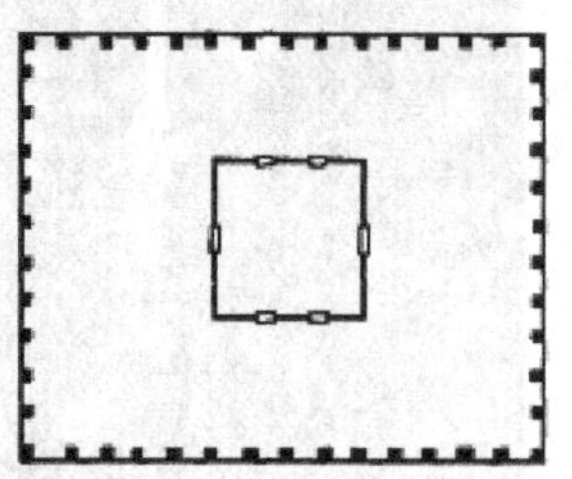

图 5-17　筒中筒体系

建于 1990 年的香港中国银行大厦是桁架筒体系(在筒体结构中增加斜撑来抵抗水平荷载，进一步提高结构承受水平荷载的能力，增加体系的刚度)，平面为 52m×52m 的正方形，70 层，高 315m，至天线顶高为 367.4m(见图 5-18)。上部结构为 4 个巨型三角形桁架，斜腹杆为钢结构，竖杆为钢筋混凝土结构。钢结构楼面支承在巨型桁架上。4 个巨型桁架支承在底部三层高的巨大钢筋混凝土框架上，最后由 4 根巨型柱将全部荷载传至基础。4 个巨型桁架延伸到不同的高度，最后只有 1 个桁架到顶。

建于 1974 年的美国芝加哥的西尔斯塔楼是成束筒体系(由多个筒体组成的筒体结构)，地上 108 层，地下 3 层，高 442m，加上两根电视天线高 475.18m，采用钢结构成束筒体系(见图 5-19)。1～50 层由 9 个小方筒组成一个大方形筒体，在 51～66 层截去对角线上的 2 个筒，67～90 层又截去另一对角线上的另 2 个筒，91 层以上只保留 2 个筒，形成立面的参差错落，使立面富有变化和层次，简洁明快。

图 5-18　香港中国银行大厦

图 5-19　美国西尔斯塔楼

目前，全球超高的摩天大楼分别是：哈利法塔(Burj Khalifa Tower)、广州塔、台北 101 大楼、上海环球金融中心、马来西亚国家石油公司双塔大楼、南京紫峰大厦、芝加哥西尔斯大厦、上海金茂大厦、香港国际金融中心大厦、广州中信广场大厦、深圳地王大厦、纽约帝国大厦。当今世界十大高楼当中，中国占 8 栋。

哈利法塔(Burj Khalifa Tower)原名迪拜塔(Burj Dubai)，又称迪拜大厦或比斯迪拜塔(见图 5-20)，是位于阿拉伯联合酋长国迪拜的一栋已经建成的摩天大楼，有 162 层，总高 828m，是人类历史上首个高度超过 800m 的建筑物。2004 年 9 月 21 日开始动工，2010 年 1 月 4 日竣工启用，同时正式更名哈利法塔。

图 5-20　迪拜塔

广州塔(见图 5-21)位于广州市中心，城市新中轴线与珠江景观轴交汇处，与海心沙岛和广州市 21 世纪 CBD 区珠江新城隔江相望，是一座以观光旅游为主，具有广播电视发射、文化娱乐和城市窗口功能的大型城市基础设施，为 2010 年在广州召开的第十六届亚洲运动会提供转播服务。

广州塔于 2009 年 9 月建成，包括发射天线在内，广州新电视塔高达 600m，为中国第一高塔，世界第二高塔。“小蛮腰”的最细处在 66 层。

图 5-21　广州塔

台北 101 大楼(见图 5-22)位于中国台北，2004 年建成，共 101 层，楼高 509 m，是当时世界上最高的建筑物。它融合了东方古典文化及台湾本土特色，造型宛若劲竹节节高升、柔韧有余，象征生生不息的中国传统建筑意涵。台北 101 大楼运用高科技材质及创意照明，以透明、清晰营造视觉穿透效果，与自然及周围环境和谐融合，为人们带来视觉上全新的体验。此世界最高建筑还安装有世界最快的客梯。电梯以世界顶级速度运行，上升速度为每分钟 1010m，下降速度为每分钟 600m。

图 5-22　台北 101 大楼

上海环球金融中心(见图 5-23)是位于中国上海陆家嘴的一栋摩天大楼，2008 年 8 月 29 日竣工。它是中国目前第三高楼、世界第四高楼、世界最高的平顶式大楼，楼高 492m，地上 101 层，开发商为“上海环球金融中心公司”，由日本森大楼公司(森ビル)主导兴建。

图 5-23　上海环球金融中心

马来西亚国家石油公司双塔大楼(见图 5-24)位于吉隆坡市中心，高 88 层，是当今世界闻名的超级建筑。巍峨壮观，气势雄壮，是马来西亚的骄傲。它曾以 451.9m 的高度打破了美国芝加哥西尔斯大楼保持了 22 年的最高纪录。此工程于 1993 年 12 月 27 日动工，1996 年 2 月 13 日正式封顶，1997 年建成使用。登上双塔大楼，整个吉隆坡市的秀丽风光尽收眼底，夜间城内万灯齐放，景色尤为壮美。

南京紫峰大厦(见图 5-25)位于中国江苏省省会南京市绿地广场，整体设计高度达 450m，总楼层 89 层，2005 年 5 月底开工，2008 年 8 月 27 日 381m 的主体结构封顶，楼顶 69m 高的灯塔于 9 月完工，计划 2009 年 6 月建成，现已完工。作为南京市地标性的、在市民中具有极大知名度和高度认同感的城市公共活动中心的紫峰大厦，同时作为中国发达地区之一的江苏省省会的标志性超高层建筑，它具有极大的影响。该建筑形态新颖独特、空间开敞、环境优美、科技含量高，是具有超前先进技术的标志性建筑。

图 5-24　马来西亚石油双塔大厦

图 5-25　南京紫峰大厦

西尔斯大厦是位于美国伊利诺伊州芝加哥市的一幢摩天大楼，由建筑师密斯·凡德勒设计，1973 年竣工。西尔斯大厦有 110 层，地上 108 层，楼高 442m，一度是世界上最高的办公楼。在第 103 层有一个供观光者俯瞰全市用的观望台。它距地面 412m，天气晴朗时可以看到美国的 4 个州。西尔斯大厦由 9 座塔楼组成。它们的钢结构框架焊接在一起，这样也有助于减少因其高度所造成的风中摇动。所有的塔楼宽度相同，但高度不一。

金茂大厦(见图 5-26)1998 年 8 月建成于上海，是具有中国传统风格的超高层建筑，她由美国 SOM 设计事务所主设计。金茂大厦占地 236 万 m^2，建筑面积 28.95 万 m^2，高 420.5 m，共 88 层。主楼 1～52 层为办公用房，53～87 层为五星级宾馆，88 层为观光层。大厦充分体现了中国传统的文化与现代高新科技相融合的特点，既是中国古老塔式建筑的延伸和发展，又是海派建筑风格在浦东的再现。

香港国际金融中心(二期)(见图 5-27)2003 年落成，高 420m，共 88 层，是香港最高的建筑物，更成为香港财富的象征。香港国际金融中心以简洁、稳固及具代表性的意念设计，巨型尖顶式建筑环抱城市及海港全景，顶部具有雕刻美感的皇冠式设计，犹如大楼与无边天际相接，晚上亮灯后更俨如维多利亚港旁的火炬，闪烁璀璨，誉称“惊世之作”。其外形设计概念是一个向外地的朋友“招手”的手势，向海外朋友表示“欢迎”的意思。

图 5-26　金茂大厦

图 5-27　香港国际金融中心

广州天河中信广场(见图 5-28)在继 63 层广东国际大厦这座当年全国最高建筑之后，又一次夺得 20 世纪 90 年代的全国之冠，楼高达 391 m，共 80 层，迄今为止仍是广东省之最。广州天河中信广场有 68 部电梯上上下下，有人说整个中信是“立起来的街道”。

信兴广场地王大厦(见图 5-29)由 68 层的商业大楼、32 层的商务公寓、5 层的购物中心及 2 层地下停车场组成，楼高 384 m，占地 18 734 m^2，总建筑面积 27 万 m^2。

美国纽约帝国大厦(见图 5-30)建于 1931 年，位于纽约市中心，高约 381m，共 102 层，钢骨架总重超过 50 000t，内装 67 部电梯。这座摩天大楼的建造只用了 410 天，可算是建筑史上的奇迹。在很长的一段时间里(40 年左右)，帝国大厦一直是世界上最高的楼房。

图 5-28　广州天河中信广场

图 5-29　信兴广场地王大厦

图 5-30　美国纽约帝国大厦

5.4　大跨结构

大跨度结构是指跨度超过 60m 的建筑，它常用于展览馆、体育馆、飞机机库等。其结构体系有很多种，如网架结构、索结构、薄壳结构、充气结构、应力蒙皮结构、混凝土拱形桁架等。

网架结构(见图 5-31)是大跨度结构中最常见的结构形式，其杆件多采用钢管或型钢，现场安装。我国第一座网架结构是 1964 年建造的上海师范学院球类房，平面尺寸为 31.5m×40.5m，用角钢制作。首都体育馆平面尺寸为 99m×112.2m，是我国矩形平面屋盖中跨度最大的网架。上海体育馆平面为圆形，直径 110m，挑檐 7.5m，是目前我国跨度最大的网架结构。我国当前建筑覆盖面积最大的单体网架结构是 1999 年建成的厦门机场太古机库，平面尺寸为(155+157)m×70m。目前，网架结构在我国工业厂房屋盖中得到了大面积的推广，其建筑覆盖面积超过 300 万 m^2。

索结构来源于桥梁中的悬索，是以柔性受拉钢索组成的构件，用于悬索结构(由柔性拉索及其边缘构件组成的结构)或悬挂结构(指楼〈屋〉面荷载通过吊索或吊杆悬挂在主体结构上的结构)。悬索结构一般能充分利用抗拉性能很好的材料，做到跨度大、自重小、材料省且便于施工(如大跨屋盖结构或大跨桥梁结构)。悬挂结构则多用于高层建筑，其中吊索或吊杆承受重力荷载，水平荷载则由筒体、塔架或框架柱承受。

建于 1988 年的北京亚运会奥林匹克体育中心(见图 5-32)，其平面呈橄榄形，长、短径分别为 96m 和 66m，屋面结构为索网-索拱结构，由双曲钢拱、预应力三角大墙组成，造型新颖，结构合理。

图 5-31　网架结构

图 5-32　北京亚运会奥林匹克体育中心

薄壳结构空间传力性能好，可用较小的构件覆盖较大的空间。世界上最大的混凝土圆顶为美国西雅图金郡体育馆(Kingdome)圆球顶，直径为 202m。1989 年建成的加拿大多伦多可伸缩的多功能体育馆(见图 5-33)屋顶为钢结构，是世界上第一座屋顶可自由开闭的建筑物。其外墙间距为 218m，圆形直径为 192.4m。1993 年建成的日本福冈体育馆圆顶也是可伸缩的多功能体育馆，直径为 213m。

图 5-33　加拿大多伦多体育馆

充气结构(充气薄膜结构)，是在玻璃丝增强塑料薄膜或尼龙布罩内部充气形成一定的形状，作为建筑空间的覆盖物。其结构具有重量轻、跨度大、构造简单、施工方便、建筑造型灵活等优点；其缺点是隔热性、防火性较差，且有漏气问题需要持续供气。1975 年建的美国密歇根州庞蒂亚克城“银色穹顶”空气薄膜结构室内体育馆(见图 5-34 左)，平面尺寸为 234.9m×183.0m，高 62.5m。最典型的充气膜结构建筑是水立方(见图 5-34 右)，水立方的内外立面充气膜结构共由 3065 个气枕组成，最大的达到 70m^2，覆盖面积达到 10 万 m^2，展开面积达到 26 万 m^2，是世界上规模最大的充气膜结构工程，也是唯一一个完全由膜结构来进行全封闭的大型公共建筑。

图 5-34　充气结构

应力蒙皮结构(见图 5-35)一般是将很多块用钢质薄板做成的各种板片单元焊接而成的空间结构。1959 年建于美国巴顿鲁治的应力膜皮屋盖是膜皮结构应用于大跨结构的首例。其直径 117m，高 35.7m，由一个外部管材骨架形成的短程线桁架系来支承 804 个双边长为 4.6m 的六角形钢板片单元，钢板厚度大于 3.2mm，钢管直径为 152mm，壁厚 3.2mm。

图 5-35　应力蒙皮结构

索膜结构(见图 5-36)是用高强度柔性薄膜材料经受其他材料的拉压作用而形成的稳定曲面，能承受一定外荷载的空间结构形式。其造型自由、轻巧、柔美，充满力量感，其材料具有阻燃、制作简易、安装快捷、节能、使用安全等优点，因而在世界各地受到广泛应用，迪拜阿拉伯塔酒店(见图 5-36 右)就是采用了这种结构。

图 5-36　索膜结构

5.5　特 种 结 构

特种结构是指具有特种用途的工程结构，包括高耸结构、海洋工程结构、管道结构和容器结构等。

5.5.1　烟囱

烟囱是工业中常用的构筑物，是把烟气排入高空的高耸结构，能改善燃烧条件，减轻烟气对环境的污染。烟囱的建造可采用砖、钢筋混凝土和钢三类材料。

砖烟囱的高度一般不超过 50m，多数呈圆截锥形，用普通黏土砖和水泥石灰砂浆砌筑。其优点是：可以就地取材，可以节省钢材、水泥和模板；砖的耐热性能比普通钢筋混凝土好；由于砖烟囱体积较大，重心较其他材料建造的烟囱低，故稳定性较好。其缺点是：自重大，材料数量多；整体性和抗震性能较差；在温度应力作用下易开裂；施工较复杂，手工操作多，需要技术较熟练的工人。

钢筋混凝土烟囱多用于高度超过 50m 的烟囱，外形为圆锥形，一般采用滑模施工。其优点是自重较小，造型美观，整体性、抗风、抗震性好，施工简便，维修量小。钢筋混凝土烟囱按内衬布置方式的不同，可分为单筒式、双筒式和多筒式。

目前，我国最高的单筒式钢筋混凝土烟囱为 210m，最高的多筒式钢筋混凝土烟囱是秦岭电厂 212m 高的四筒式烟囱。现在世界上已建成的高度超过 300m 的烟囱达数十座，如米切尔电站的单筒式钢筋混凝土烟囱高达 368m。

钢烟囱自重小、有韧性、抗震性好，适用于地基差的场地，且造价明显比砖烟囱低，但钢烟囱耐腐蚀性差，需经常维护。钢烟囱按其结构可分为拉线式(高度不超过 50m)、自立式(高度不超过 120m)和塔架式(高度超过 120m)。

5.5.2　水塔

水塔是储水和配水的高耸结构，是给水工程中常用的构筑物，用来保持和调节给水管网中的水量和水压。水塔由水箱、塔身和基础三部分组成。

水塔(见图 5-37)按建筑材料分为钢筋混凝土水塔、钢水塔、砖石塔身与钢筋混凝土水箱组合的水塔。水箱也可用钢丝网水泥、玻璃钢和木材建造，过去欧洲曾建造过一些具有城堡式外形的水塔。法国有一座多功能的水塔，在最高处设置水箱，中部为办公用房，底层是商场。我国也有烟囱和水塔在一起的双功能构筑物。水箱的形式分为圆柱壳式和倒锥壳式，在我国这种形式应用最多，此外还有球形、箱形、碗形和水珠形等多种形式的水塔。

图 5-37　水塔

塔身一般用钢筋混凝土或砖石做成圆筒形，塔身支架多用钢筋混凝土刚架或钢构架。水塔基础有钢筋混凝土圆板基础、环板基础、单个锥壳与组合锥壳基础和桩基础。当水塔容量较小、高度不大时，也可采用砖石材料砌筑的刚性基础。

5.5.3　水池

水池同水塔一样用于储水，不同的是，水塔用支架或支筒支承，而水池多建造在地面或地下，如图 5-38 所示。

图 5-38　水池

水池按材料可分为钢水池、钢筋混凝土水池、钢丝网水泥水池、砖石水池等。其中，钢筋混凝土水池具有耐久性好、节约钢材、构造简单等优点，应用最广。水池按施工方法的不同可分为预制装配式水池和现浇整体式水池。

5.5.4 筒仓

筒仓是贮存粒状或粉状松散物体(如谷物、面粉、水泥、碎煤、精矿粉等)的立式容器，可作为生产企业调节和短期贮存生产用的附属设施，也可作为长期贮存粮食的仓库，如图 5-39 所示。

根据所用的材料不同，筒仓可做成钢筋混凝土筒仓、钢筒仓和砖砌筒仓。钢筋混凝土筒仓又可分为整体式浇筑和预制装配、预应力和非预应力的筒仓。从经济、耐久和抗冲击性能等方面考虑，我国目前应用最广泛的是整体浇筑的普通钢筋混凝土筒仓。

图 5-39　螺旋式粮食钢板仓

按照平面形状的不同，筒仓可做成圆形、矩形(正方形)、多边形和菱形，目前国内使用最多的是圆形和矩形(正方形)筒仓。圆形筒仓的直径为 12m 或 12m 以下时，采用 2m 的倍数；直径为 12m 以上时采用 3m 的倍数。

按照筒仓的贮料高度与直径或宽度的比例关系，可将筒仓划分为浅仓和深仓。浅仓主要作为短期贮料用，深仓主要供长期贮料用。

思　考　题

1. 建筑物可以分为哪些类型？
2. 建筑物的基本组成有哪些？
3. 民用建筑的结构形式有哪些？

第6章　道路工程

【学习重点】

- 道路工程的基本体系组成。
- 道路的线形组成和结构组成。
- 高速公路设计的基本概念等。

【学习目标】

- 掌握公路分级与技术标准。
- 掌握城市道路的类型。
- 了解道路平纵线形设计的基本概念。
- 熟悉道路结构组成的基本概念。
- 掌握高速公路的基本概念。
- 了解我国公路的发展规划。

6.1 综　述

常言道：民以食为天，以行为先。行是通过交通实现的。交通是货物的交流和人员的来往。交通运输是劳动者使用运输工具，有目的地实现人和物空间移动的生产过程。

现代交通运输系统由铁路、道路、水运、航空及管道五种运输方式组成。各种运输方式由于经济的特征不同，各有其优势。铁路运输远程客货运输量大、连续性强、成本低、速度较高，但建设周期长、投资大；水运通过能力强、运量大、耗能少、成本低、投资少，但受自然条件限制大，连续性较差、速度慢；航空运输速度快、两点间运距短，但运输量小、成本高；管道运输连续性强、成本低、安全性好、损耗少，但其灵活性较差、运输对象单一、通用性差；道路运输机动灵活、批量不限、货运速度快、覆盖广。道路是为国民经济、社会发展和人民生活服务的公共基础设施，道路运输在整个交通运输系统中处于基础地位。道路运输系统是社会经济和交通运输系统的重要组成部分，社会经济水平和交通运输需求决定着道路工程的发展进程，而道路工程也会影响并制约社会经济和交通运输的发展水平。

6.1.1 道路工程发展进程

1. 古代道路(公元前 21 世纪—公元 1911 年)

早在公元前 2000 年，我国已出现可行驶牛车、马车的道路。秦朝时期，实行“车同轨”。公元前 2 世纪，我国通往中亚细亚和欧洲的丝绸之路(见图 6-1、图 6-2)开始发展起来。唐代是我国古代道路发展的鼎盛时期，初步形成了以城市为中心的四通八达的道路网。清代道路网系统分为三等，即“官马大路”“大路”“小路”。“官马大路”分东北路、东路、西路和中路四大干线，共长两千多千米。

图 6-1　丝绸之路

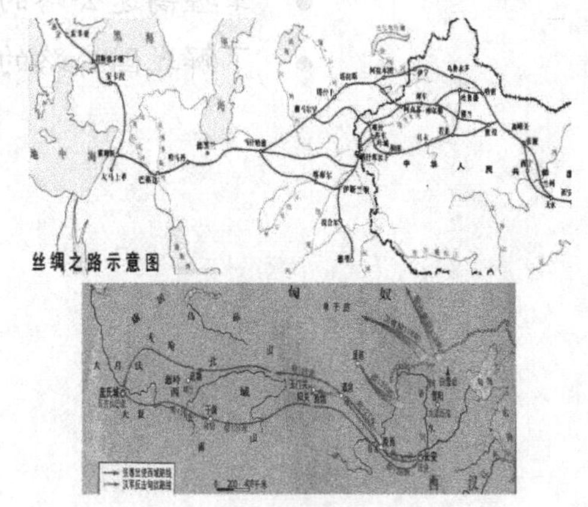

图 6-2　丝绸之路示意图

2. 近代道路(1912—1949 年)

清末和北洋政府时期是中国公路的萌芽阶段，我国第一条公路是 1908 年在广西南部边

防兴建的龙州至那甚公路(见图 6-3)，长 30km。截至 1927 年，全国公路通车里程约为 29 000km。

3. 现代公路(1949 年以后)

1988 年修建的上海沪嘉高速公路(见图 6-4)是中国大陆第一条高速公路。它南起上海市区祁连山路，北迄嘉定南门，长 15.9km，加上两端入城道路，全长 20.5km，宽 45m，4 车道，设计时速为 120km/h，1984 年 12 月 21 日动工兴建，1988 年 10 月 31 日全线通车，总投资 1.5 亿元。它的建成使中国大陆高速公路的建设实现了“零”的突破。

图 6-3　龙州中国第一公路

图 6-4　上海沪嘉高速公路

2000 年建成的厦门环岛路(见图 6-5)全程 43km，路宽 44～60m，为双向 6 车道，绿化带 80～100m，是厦门市环海风景旅游干道之一。同时环岛路是厦门国际马拉松比赛的主赛道，被誉为世界最美的马拉松赛道。路间的绿化是《鼓浪屿之波》的乐谱，路旁还有马拉松塑像，其中红色道路的部分是 1998 年在环岛路黄厝段建成第一条彩色道路。环岛路黄厝段是鹭岛东部“黄金海岸”的示范路段，为提高示范路段的档次，从国外引进了新工艺，铺设了长 3400m 的红色路面，总面积为 12 750m^2。这段国内首次建成的红色路面与碧海蓝天、绿树白云构成鹭岛东部海岸一道绚丽多彩的风景线。

图 6-5　厦门环岛路

1988 年修建第一条高速公路，全长 20.5km。

1999 年突破 10 000km，跃居世界第四。

2000 年突破 16 000km，跃居世界第三。

2001 年突破 19 000km，跃居世界第二。

2004 年 8 月底突破 30 000km，比世界第三的加拿大多出近一倍。

2007 年突破 53 900km，每年新建高速公路里程超过 4000km。

交通部公布 2008—2012 年全国公路里程及公路密度，如图 6-6 所示。

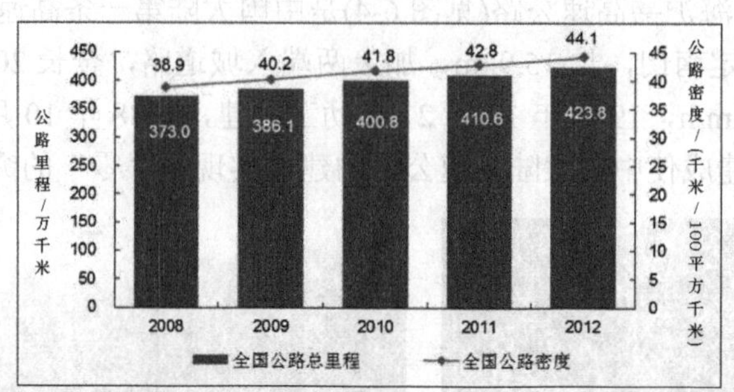

图 6-6　交通部公布 2008—2012 年全国公路里程及公路密度

交通运输部公布《2012 年公路水运交通运输行业发展统计公报》显示，2012 年年末全国公路总里程达到 4 237 500km，比上一年增长 131 100km。全国高速公路里程达到 9.62 万 km，比上年末增长 11 300km。

2013 年年末我国公路总里程达到了 4 351 000km，居世界第一。

6.1.2　道路工程发展前景与规划

1. 公路发展目标

根据我国国民经济和社会发展的长远规划，中国公路在未来几十年内，将通过“三个发展阶段”实现现代化的奋斗目标。

第一阶段：近期达到交通运输紧张状况有明显缓解，对国民经济的制约状况有明显改善。

第二阶段：将在 2020 年左右达到公路交通基本适应国民经济和社会发展的需要。

第三阶段：将在 21 世纪中叶基本实现公路运输现代化，达到中等发达国家水平。

2. 国道主干线系统规划

国道主干线系统规划在 20 世纪 80 年代，当时随着改革开放的推进和经济社会的发展，交通基础设施对国民经济发展的制约进一步加剧。为此，原交通部编制了《“五纵七横”国道主干线系统规划》，并于 1992 年得到国务院的认可，1993 年正式发布实施。

该规划有 5 条南北纵线和 7 条东西横线组成，简称“五纵七横”，总里程约为 35 000km，总投资 9000 多亿元。该规划全部是高速公路和一、二级公路，其中高速公路约占 76%，连接了首都、各省会、直辖市、经济特区、主要枢纽和重要对外开放口岸，覆盖了全国所有人口在 100 万以上的特大城市和 93%的人口在 50 万以上的大城市，是具有全国性政治、经济、国防意义的重要干线公路。

3. 国家高速公路网规划

目前，中国已经进入全面建设小康社会的新时期，并将逐步实现现代化，社会经济发展对我国高速公路发展提出了更高的要求，从国家发展战略和全局考虑，有必要规划一个国家层面的高速公路网。因此，原交通部编制了《国家高速公路网规划》，并于2004年12月17日由国务院发布实施，这标志我国高速公路建设发展进入了一个新的阶段。

国家高速公路网规划采用放射线和纵横网格相结合的布局方案，形成由中心城市向外辐射以及横连东西、纵贯南北的大通道。高速公路网是由7条首都辐射线、9条南北纵向线和18条东西横向线组成，简称“7918”，包含“五纵七横”在内，总规模约85 000km，其中主线68 000km，地区环线、联络线等约17 000km(见图6-7)。

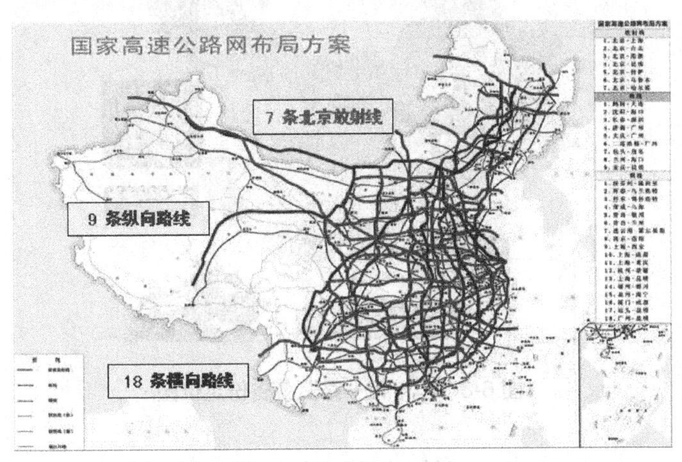

图6-7　国家高速公路网布局方案图

4. “一带一路”交通规划新政策

“一带一路”是“丝绸之路经济带”和“21世纪海上丝绸之路”的简称。2013年9月7日，习近平主席在哈萨克斯坦发表重要演讲，首次提出了加强政策沟通、道路联通、贸易畅通、货币流通、民心相通，共同建设“丝绸之路经济带”的战略倡议；2013年10月3日，习近平主席在印度尼西亚国会发表重要演讲时明确提出，中国致力于加强同东盟国家的互联互通建设，愿同东盟国家发展好海洋合作伙伴关系，共同建设“21世纪海上丝绸之路”。边境地区互联互通，是“一带一路”建设的依托。边境口岸作为通道节点，在中国对外开放中的前沿窗口作用显现。中国开展亚洲公路网、泛亚铁路网规划和建设，与东北亚、中亚、南亚及东南亚国家开通公路通路13条、铁路8条。此外，油气管道、跨界桥梁、输电线路、光缆传输系统等基础设施建设取得了显著成果。这些设施建设为“一带一路”打下物质基础。其中最重要也是最现实可行的通道路线是：连接东北亚和欧盟这两个当今世界最发达经济体区域的以长吉图开发开放先导区为主体和中心的日本——韩国——日本海——扎鲁比诺港——珲春——吉林——长春——白城——蒙古国——俄罗斯——欧盟的高铁和高速公路规划(见图6-8)。

5. 城市道路的规划与发展

由于各省份地区的特点不尽相同，除了新建城市以外，总的发展方向是在原有城市道路网的基础上，重新调整规划道路网，使之更能适应城市交通和城市发展的需要；按规划逐步建设城市直达快速道路、环城快速道路以及放射状快速出入道路；积极修建城市与卫星城高速公路、机场高速公路、港口高速公路、经济开发区高速公路、旅游风景区高速公路；一些大城市已修建或正在拟建城市快速高架道路；同时对原有道路的拓展改造和重要交叉口的渠化交通或修建立体交叉也在快速发展之中。

图 6-8 "一带一路"各省份定位图

6.2 道路的功能和分类

道路功能是指道路能为用路者提供交通服务的特性，它包括通过功能和通达功能。

通过功能是道路能为用路者提供安全、快捷、大量交通的特性。

通达功能是道路能为用路者提供与出行端点连接的特性。

6.2.1 公路的分类和分级

1. 公路的分类

1) 公路按功能分类

根据《公路工程技术标准》(JTGB01—2014)修订说明，中国开展了专题《公路功能分类和分级研究》，参照美国、英国、日本和中国台湾等的分类方案，同时基于原功能将道路按功能分为主干线公路、干线公路、主要集散公路、次要集散公路和支路公路五类，为不同层次的出行提供畅通直达、汇集疏散和接入服务的功能(见表 6-1)。

表 6-1 功能分类表

考虑因素	主干线公路	干线公路	主要集散公路	次要集散公路	支线公路
适应地域与路网连续性	人口 20 万以上的大中城市	人口 10 万以上的重要市县	人口 5 万以上的县城或连接干线公路	连接干线公路和支路	直接对应于交通发生源
路网服务指数	≥15	10～15	5～10	1～5	<1

续表

考虑因素	主干线公路	干线公路	主要集散公路	次要集散公路	支线公路
期望速度	80km 以上	60km 以上	40km 以上	30km 以上	不要求
出入控制	全部控制出入	部分控制出入或接入管理	接入管理	视需要控制横向干扰	不控制

2)　公路的行政划分

公路按行政管理属性划分为国道、省道、县道和乡道四类(见表 6-2)。

表 6-2　公路的行政等级含义

行政等级	含　义
国道	指在国家干线公路网中，具有全国性的政治、经济、国防意义，并经确定为国家干线的公路
省道	指在省公路网中，具有全省性(自治区、直辖市)的政治、经济、国防意义，并经确定为省级干线的公路
县道	指具有全县(旗、县级市)政治、经济意义，并经确定为县级的公路
乡道	指修建在乡村、农场，主要供行人及各种农业运输工具通行的道路
专用公路	由工矿、农林等部门投资修建，主要供部门使用的公路

2. 公路的分级与技术标准

1)　公路分级

经过将近 4 年的努力，《公路工程技术标准》(JTGB01—2014)(简称“新标准”)已于2014 年 9 月 30 日正式签发，并于 2015 年 1 月 1 日起施行。之前的《公路工程技术标准》(JTGB01—2003)(简称“03 版标准”)自 2004 年 3 月 1 日施行以来，适应了当时和其后一个时期社会、经济发展和公路建设的需要，对指导全国公路工程建设工作发挥了重要作用。

一直以来，在确定公路技术等级的诸多考虑因素中，由于交通量是唯一可以明确量化的指标，各地往往都以交通量作为技术等级选用的决定性要素，造成路网等级结构不合理、功能与需要脱节。

“新标准”打破了传统观念，明确公路功能作为确定技术等级和主要技术指标的主要依据。要求在公路建设时，首先要根据项目的地区特点、交通特性、路网结构，分析拟建项目在路网中的地位和作用，明确公路功能及类别；然后以功能为主，结合交通量、地形条件选用技术等级；再以技术等级为主，结合地形条件选用设计速度，并由设计速度控制路线平纵设计；最后，根据公路功能、等级、设计速度，结合交通量、地形条件、通行能力等因素综合考虑选用车道数、横断面各组成部分的尺寸、各类构造物的技术指标或参数、各类设施的配置水平等。这项调整将对路网结构的形成产生深远影响。公路根据使用任务、功能和适应的交通量分为高速公路、一级公路、二级公路、三级公路、四级公路五个等级。

(1)　高速公路。

高速公路是具有特别重要的政治经济意义的公路，有四个或四个以上的车道，并设有中央分隔带、全部立体交叉并具有完善的交通安全设施和管理设施、服务设施，专供汽车分向、分车道行驶并全部控制出入的多车道干线专用公路。能适应平均日交通量 25 000 辆以上。四车道高速公路一般能适应按各种汽车折合成小客车的远景设计年限年平均昼夜交通量为 25 000～55 000 辆；六车道高速公路一般能适应按各种汽车折合成小客车的远景设计年限年平均昼夜交通量为 45 000～80 000 辆；八车道高速公路一般能适应按各种汽车折合成小客车的远景设计年限年平均昼夜交通量为 60 000～100 000 辆(见图 6-9)。

图 6-9　高速公路

(2) 一级公路。

一级公路是连接重要政治经济文化中心、部分立交的公路，为供汽车分向、分车道行驶并根据需要控制出入的多车道公路。四车道一级公路一般能适应按各种汽车折合成小客车的远景设计年限年平均昼夜交通量为 15 000～30 000 辆；六车道一级公路一般能适应按各种折合成小客车的远景设计年限年平均昼夜交通量为 25 000～55 000 辆(见图 6-10)。

图 6-10　一级公路

(3) 二级公路。

二级公路是连接政治、经济中心或大工矿区的干线公路或运输繁忙的城郊公路。为供汽车行驶的双车道公路，一般能适应按各种车辆折合成中型载重汽车的远景设计年限年平均昼夜交通量为 3000～7500 辆(或按各种汽车折合成小客车的远景设计年限年平均昼夜交通量为 7500～15 000 辆)。

(4) 三级公路。

三级公路是沟通县或县以上城市的支线公路，为主要供汽车行驶的双车道公路，一般能适应按各种车辆折合成中型载重汽车的远景设计年限年平均昼夜交通量为 1000～4000 辆(或按各种汽车折合成小客车的远景设计年限年平均昼夜交通量为 2000～6000 辆)(见图 6-11)。

图 6-11　三级公路

(5) 四级公路

四级公路是沟通县或镇、乡的支线公路，为主要供汽车行驶的双车道或单车道公路，一般能适应按各种车辆折合成中型载重汽车的远景设计年限年平均昼夜交通量为：双车道 1500 辆以下(或按各种汽车折合成小客车的远景设计年限年平均昼夜交通量为 2000 辆以下)；单车道 200 辆以下(或按各种汽车折合成小客车的远景设计年限年平均昼夜交通量为 400 辆以下)(见图 6-12)。

图 6-12　四级公路

2) 公路技术标准

公路技术标准是指在一定自然环境条件下能保持车辆正常行驶性能所采用的技术指标体系。它明确了各级公路的功能和相应的技术指标，突出体现了公路工程建设中安全、环保以及以人为本的指导思想和建设理念，科学、实用、易于掌握，对加快我国公路建设步伐，促进公路交通事业健康、协调、持续发展，具有重要的指导作用。

各级公路的技术指标(见表 6-3)是根据公路网中的功能、设计交通量、交通组成和设计速度等因素确定的。其中设计速度是技术标准中最重要的指标，它对公路的几何形状、工程费用和运输效率影响最大，在考虑路线的使用功能和设计交通量的基础上，根据国家的技术政策制定设计速度。

表 6-3 各级公路主要技术指标汇总

公路等级		高速公路						一级		二级		三级		四级	
计算行车速度		120			100	80	60	100	60	80	40	60	30	40	20
车道数		8	6	4	4	4	4	4	4	2	2	2	2	1 或 2	
行车道宽度		2×15	2×11.25	2×7.5	2×7.5	2×7.5	2×7	2×7.5	2×7	9	7	7	6	3.5 或 6	
路基宽度/m	一般值	42.5	35	27.5 或 28	26	24.5	22.5	25.5	22.5	12	8.5	8.5	7.5	6.5	
	变化值	40.5	33	25.5	24.5	23	20	24	20	17				4.5 或 7	
极限最小半径/m		650			400	250	125	400	125	250	60	125	30	60	15
停车视距/m		210			160	110	75	160	75	110	40	75	30	40	20
最大纵坡/m		3			4	5	5	4	6	5	7	6	8	6	9
车辆荷载	计算荷载	汽车—超 20 级						汽车—超 20 级 汽车—20 级		汽车—20 级		汽车—20 级		汽车—10 级	
	验算荷载	挂车—120						挂车—120 挂车—100		挂车—100		挂车—100		履带—50	

6.2.2　城市道路分类和技术分级

城市道路是指在城市范围内，供车辆及行人通行的，具备一定技术条件和设施的道路。其中，城市是指直辖市、市、镇及未设镇的县城。

1. 城市道路的功能

现代城市道路是城市总体规划的主要组成部分，它关系到整个城市的活动。为了适应城市的人流和车流顺利运行，城市道路应具有以下功能。

(1) 联系城市各部分，为城市内部各种交通服务，并担负城市对外交通的中转集散。

(2) 构成城市结构布局的骨架，确定城市的格局。

(3) 为防空、防水、防地震以及绿化提供场。

(4) 是城市铺设各种公用设施的主要通道。

(5) 为城市提供通风、采光，改善城市生活环境。

(6) 划分街坊，组成沿街建筑，表现城市建设风貌。

2. 城市道路的组成

在城市中，沿街两侧建筑红线之间的空间范围为城市道路用地，该用地由以下不同功能组成。

(1) 供各种车辆行驶的行车道。其中供汽车、无轨电车、摩托车行驶的机动车道，供有轨电车行驶的为有轨电车道，供自行车、三轮车、畜力车行驶的非机动车道。

(2) 专供行人步行交通用的人行道。

(3) 起卫生、防护与美化作用的绿化带。

(4) 用于排除地面水的排水系统，如街沟或边沟、雨水口、雨水管等。

(5) 为组织交通、保证交通安全的辅助性交通设施，如交通信号灯、交通标志、交通岛、护栏等。

(6) 交叉口和交通广场。

(7) 停车场和公共汽车停靠站台。

(8) 沿街的地上设施，如照明灯柱、架空电线杆、给水栓、邮筒、清洁箱、接线柜等。

(9) 地下的各种管线，如电缆、煤气管、给水管、污水管等。

(10) 在交通高度发达的现代城市，还建有架空高速道路、人行过街天桥、地下道路、地下人行道、地下铁道等。

3. 城市道路的类型

按照道路在道路网中的地位、交通功能及对沿线建筑物的服务功能等，城市道路可分为四类十级。

(1) 快速路：为城市中的大量、长距离、快速交通服务。快速路对向车道之间应设中间分隔带，其进出口采用全控制或部分控制。快速路是大城市交通运输的主要动脉，同时也是城市与高速公路的联系通道。在快速路上的机动车道两侧不宜设置非机动车道，不宜设置吸引大量车流和人流的公共建筑出口，对两侧建筑物的出入口应加以控制，且车流和人流的出入应尽量通向与其平行的道路。如北京的三环路和四环路、上海的外环线等。

京沙快速路(见图 6-13)全长约 13km，地面高架段长约 7.8km，下穿隧道段长约 5.2km。全程无红绿灯，设计车速为 60km/h。

图 6-13　郑州京沙快速路

(2)　主干路(见图 6-14)：连接城市各主要分区的干路，以交通功能为主。自行车交通量比较多，比较适合采用机动车与非机动车分隔的形式，如三幅路或四幅路。一般主干道两侧不应设置吸引大量车流、人流的公共建筑物的进出口。主干路上要保证一定的车速，故应根据交通量的大小设置相应的车道数，以供车辆通畅行驶。线形应顺捷，交叉口宜尽量少，以减少干扰，平面交叉应有交通控制措施，如上海的内环高架路。

图 6-14　城市主干道效果图

(3)　次干路：与主干路结合组成道路网，主要起到集散交通的作用，兼有服务功能，一般情况下快慢车混合使用。次干路又可分为交通性次干道和生活性次干道。

(4)　支路：次干路与街坊路与小区的连接线，解决局部地区的交通，以服务功能为主。

4. 城市道路分级

除快速路外，其他道路按照所在城市的规模、设计交通量、地形等因素，可分为Ⅰ、Ⅱ、Ⅲ级。大城市应采用各类道路中的Ⅰ级标准；中等城市应采用Ⅱ级标准，小城市应采用Ⅲ级标准。不同的级别对应不同的设计技术指标，包括：计算行车速度、车道数、机动车道宽度、设置分隔带与否以及横断面的形式等。一般快速路、主干路的设计年限为 20 年，次干路为 15 年，支路为 10～15 年。

6.2.3　厂矿道路

厂矿道路指为工厂、矿区运输车辆通行的道路(见图 6-15)，通常分为厂内道路、厂外道路和露天矿山道路。厂外道路为厂矿企业与国家道路、城市道路、车站、港口相衔接的道路或是连接厂矿企业分散的车间、居住区之间的道路。

图 6-15　矿区道路

6.2.4　林区道路

林区道路指修建在林区的供各种林业运输工具通行的道路(见图 6-16)。由于林区地形及运输木材的特征，林区道路的技术要求应按专门制定的林区道路工程技术标准执行。

图 6-16　天全县梅子村林区道路

6.2.5　乡村道路

乡村道路指修建在乡村、农场的，供行人及各种农业运输工具通行的道路。

各类道路由于其位置、交通性质及功能均不相同，在设计时其依据、标准及具体要求也不相同。

6.3 道路的组成和设计

6.3.1 线形组成

1. 路线

一般所说的路线是指公路的中线，而公路中线是一条三维空间曲线，通常称为路线线形，由直线和曲线组成。

道路中线在水平面上的投影称为路线的平面；沿着中线竖直剖切，再展开就称为纵断面；中线各点的法向切面是横断面。道路的平面、纵断面构成了道路的线形组成。

在道路线形设计中，为了便于确定道路中线的位置、形状和尺寸，我们需要从路线平面、路线纵断面和空间线形(通常是用线形组合、透视图法、模型法来进行研究)3 个方面来研究(见图 6-17)。

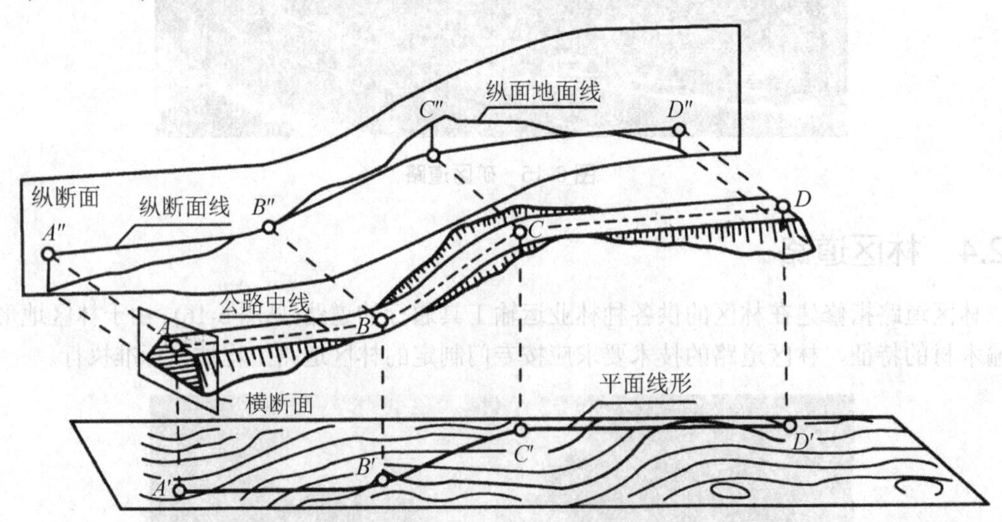

图 6-17 道路的平面、纵断面及横断面

2. 平、纵面线形

路线设计是指确定路线空间位置和各部分几何尺寸的工作，为了研究与使用的方便，把它分解为路线平面设计和路线纵断面设计。二者是相互关联的，既分别进行，又综合考虑。线形是道路的骨架，它不仅对行车的速度、安全、舒适、经济及道路的通行能力起决定性作用，而且直接影响道路构造物设计、排水设计、土石方数量、路面工程及其他构造物，同时对沿线的经济发展、土地利用、工农业生产、居民生活及自然景观、环境协调也有很大的影响。道路建成后，要想再对路线线形进行改造就比较困难。

道路路线位置受社会经济、自然地理和技术条件等因素的制约。设计者的任务就是在调查研究、掌握大量材料的基础上，设计出一条有一定技术标准、满足行车要求、工程费用最省的路线来。在设计的顺序上，一般是在尽量顾及到纵断面、横断面的前提下先定平面，沿这个平面线形进行高程测量和横断面测量，取得地面线和地质、水文及其他必要的资料后，再设计纵断面和横断面。

路线设计的范围，仅限于路线的几何性质，不涉及结构。

纵断面设计应根据道路的性质、任务、等级和地形、地质、水文等因素，考虑路基稳定、排水及工程量等要求，对纵坡的大小、长短、前后纵坡情况、竖曲线半径大小及与平面线形的组合关系等进行综合设计，从而设计出纵坡合理、线形平顺圆滑的理想线形，以达到行车安全、快速、舒适、工程费较省、运营费用较少的目的。

6.3.2　结构组成

道路是交通运输的建筑结构物，它不仅承受着荷载的作用，而且受着自然条件的影响。其结构组成主要包括路基、路面、桥涵、隧道、路线交叉、交通工程及沿线设施。

1. 路基

路基是道路结构体的基础，是由土、石材料按照一定尺寸、结构要求所构成的带状土工结构物，承受由路面传来的荷载。所以它既是线路的主体，又是路面的基础。其质量好坏，直接影响道路的使用品质。作为路面的支承结构物，路基必须具有足够的强度、稳定性和耐久性。道路路基的结构、尺寸用横断面表示。由于地形的变化和挖填高度的不同，路基横断面也各不相同。路基的基本横断面形式有路堤、路堑、半填半挖路基和不填不挖路基四种基本类型。

1)　路堤

高于原地面的填方路基称为路堤，通常有一般路堤、沿河路堤和护脚路堤等类型(见图 6-18)。路堤高于天然地面，一般通风良好，易于排水，路基经常处于干燥状态。路堤为人工填筑，对填料的性质、状态和密实度可以按要求加以控制，因此路堤病害少，强度和稳定性较易保证，是常用的路基形式。

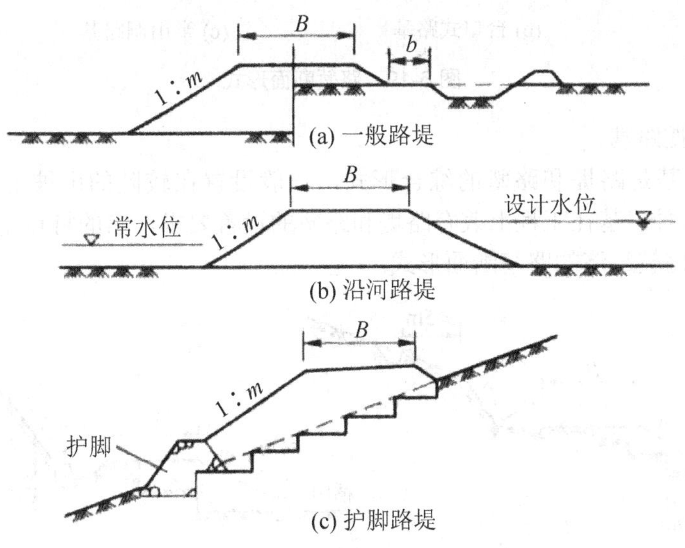

图 6-18　路堤断面形式

2)　路堑

低于原地面的挖方路基称为路堑。典型路堑为全挖断面，路基两边均需设置边沟。陡峻山坡上的半路堑，因填方有困难，为避免局部填方，可挖成台口式路基；在整体坚硬的岩层上，为节省土石方工程，有时可采用半山洞路基，但要确保安全可靠，不得滥用。挖方路基横断面的基本形式如图 6-19 所示。

路堑低于天然地面，通风和排水不畅；路堑是在天然地面上开挖而成的。其土石性质和地质构造取决于所处地的自然条件。路堑的开挖破坏了原地层的天然平衡状态，所以路堑的病害比路堤多，设计和施工时，除要特别注意做好路堑的排水外，还应对其边坡的稳定性予以充分注意。

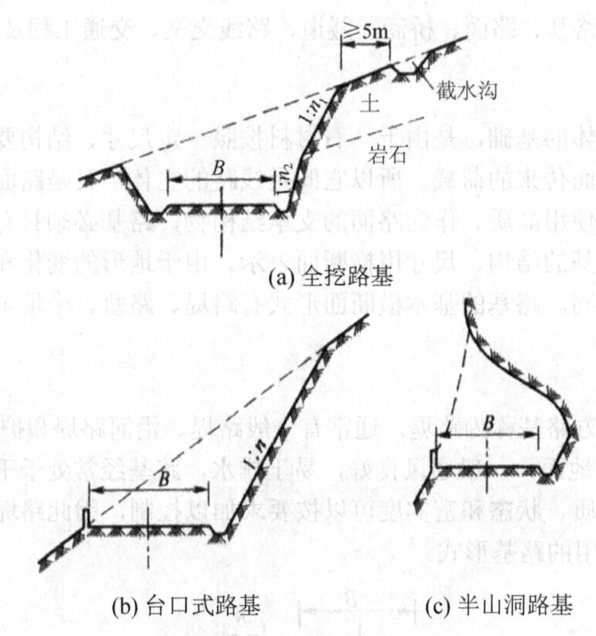

图 6-19　路堑断面形式

3)　半填半挖路基

半填半挖路基是路堤和路堑的综合形式，一般设置在较陡的山坡上，其基本形式如图 6-20 所示。这种路基在工程上兼有路堤和路堑的设置要求，它的特点是移挖作填，节省土石方，是一种比较经济的路基断面形式。

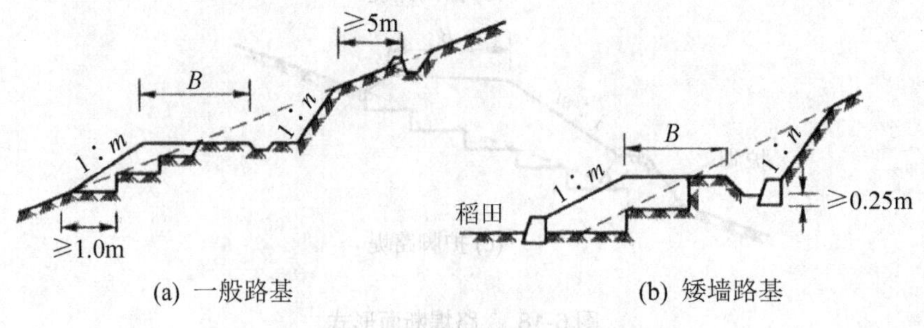

图 6-20　半填半挖路基断面形式

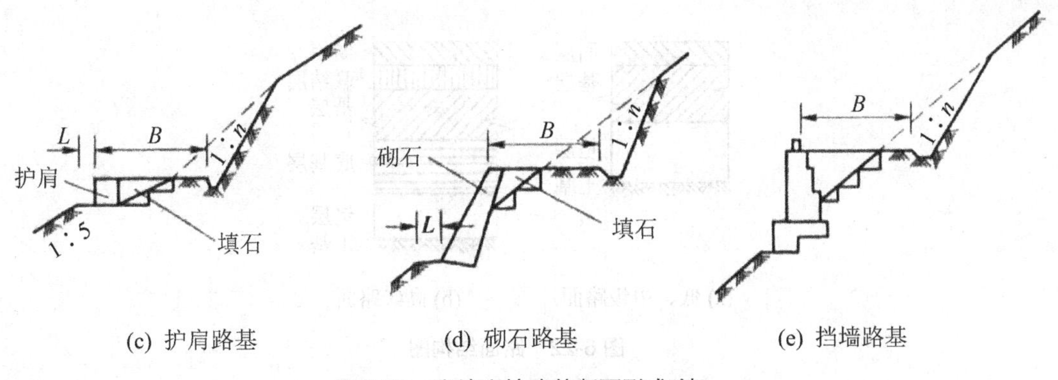

(c) 护肩路基　　(d) 砌石路基　　(e) 挡墙路基

图 6-20　半填半挖路基断面形式(续)

4)　不填不挖路基

原地面与路基标高基本相同时，构成不填不挖路基断面形式，如图 6-21 所示。这种形式的路基虽然节省土石方，但对排水非常不利，容易发生水淹、雪埋等病害，只适用于干旱的平原区、地下水位较低的丘陵区、山岭区的山脊线以及过城镇街道和受地形限制处。

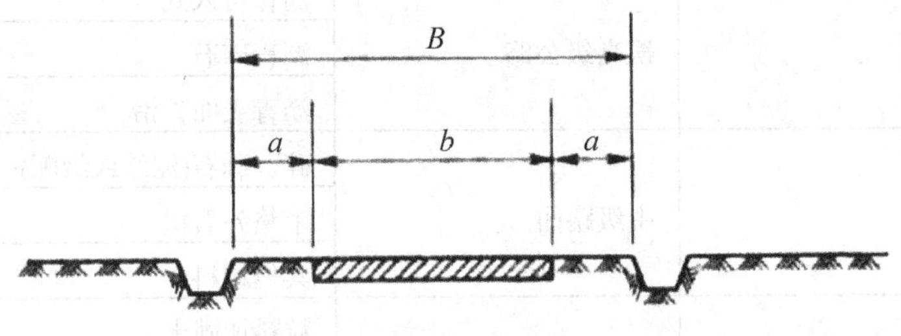

图 6-21　不填不挖路基断面形式

道路路基的横断面应根据道路类型、等级、技术标准，结合当地的地形、地质、水文等情况，从以上各种基本类型中选用，并注意路基的排水和防护。

2. 路面

路面是在路基顶面的行车部分用各种混合料铺筑而成的层状结构物。路面是直接供车辆行驶之用的部分，它的好坏直接影响行车的速度、安全和运输成本。高等级公路铺筑了良好的路面，就能够保证车辆高速、安全、舒适地行驶，并且可以节约运输成本，充分发挥高等级公路的功能。但是，高等级路面的造价较高，路面工程占公路造价的比重较大，因此根据公路的等级和任务，合理选择路面结构，精心设计，精心施工，使路面在设计使用年限内具备良好的使用性能，节约投资，提高运输效益，具有十分重要的意义。

从路面使用性能(功能性能和结构性能)方面看，对路面的主要要求包括：具有足够的强度和刚度、具有足够的稳定性、具有足够的耐久性、表面平整度、表面抗滑性、抗透性、低噪声和低扬尘性。路面结构如图 6-22 所示。

路面的面层类型一般按路面所使用的主要材料划分，如水泥混凝土路面、沥青路面、砂石路面等。但在进行路面结构设计时，从路面结构在行车荷载作用下的力学特性出发，将路面划分为柔性路面、刚性路面和半刚性路面(见表 6-4)。

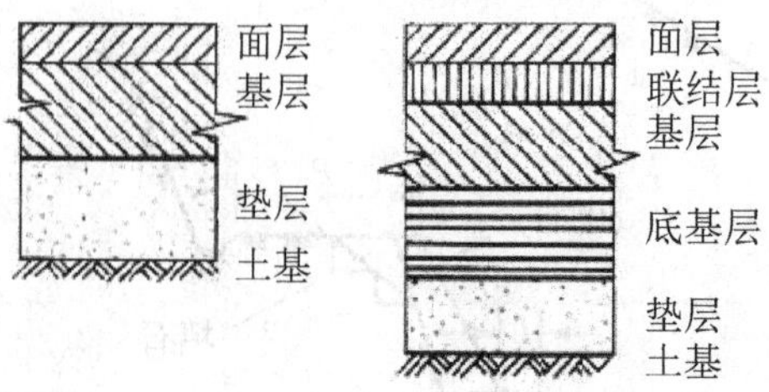

(a) 低、中级路面　　(b) 高级路面

图 6-22　路面结构图

表 6-4　路面面层类型及使用范围

公路等级	采用路面等级	面层类型
高速、一、二级公路	高级路面	沥青混凝土
		水泥混凝土
二、三级公路	次高级公路	沥青贯入式
		沥青碎石
		沥青表面处治
四级公路	中级路面	碎、砾石(泥结或级配)
		半整齐石块
		其他粒料
五级公路	低级公路	粒料加固土
		其他当地材料加固或改善土

3. 路面排水结构物

为了确保路基稳定，免受地面水和地下水的侵害，还应给公路修建专门的排水设施。地面水的排水系统按其排水方向不同，分为纵向排水和横向排水。纵向排水有边沟、截水沟和排水沟等。横向排水有桥梁、涵洞、路拱、过水路面、透水路面和渡水槽等。

过水路面指的是通过平时无水或流水很少的宽浅河流而修筑的在洪水期间容许水流浸过的路面(见图 6-23)。

4. 道路特殊结构物

公路的特殊结构物有隧道、悬出路台、防石廊(见图 6-24)、挡土墙和防护工程等。

5. 沿线附属设施

为了保证行车安全、迅速、舒适和美观，还需要设置交通管理设施、交通安全设施、服务设施和环境美化设施。

交通管理设施是为了保证行车安全而在沿线设置的交通标志(见图 6-25)、路线标志(见图 6-26)和交通信号。

图 6-23　过水路面

图 6-24　防石廊

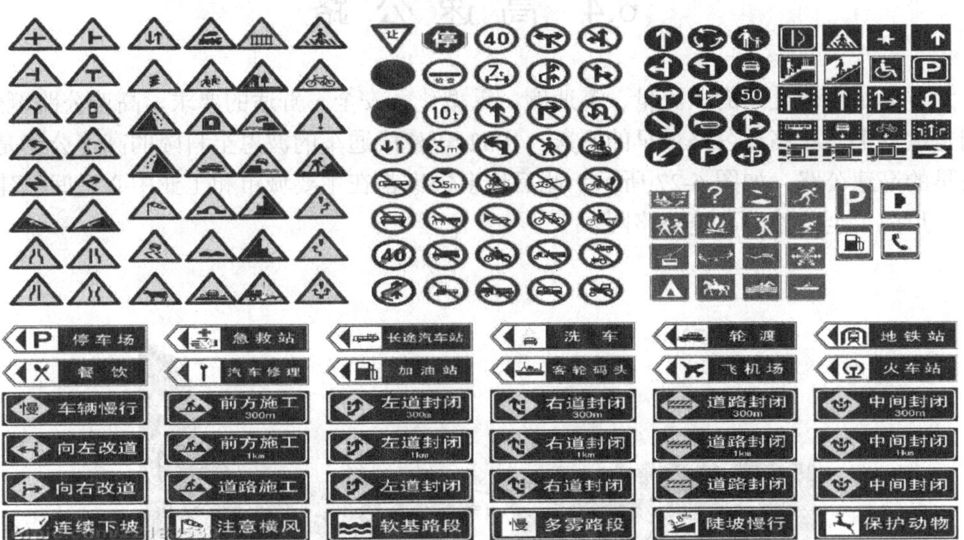

图 6-25　道路交通标志

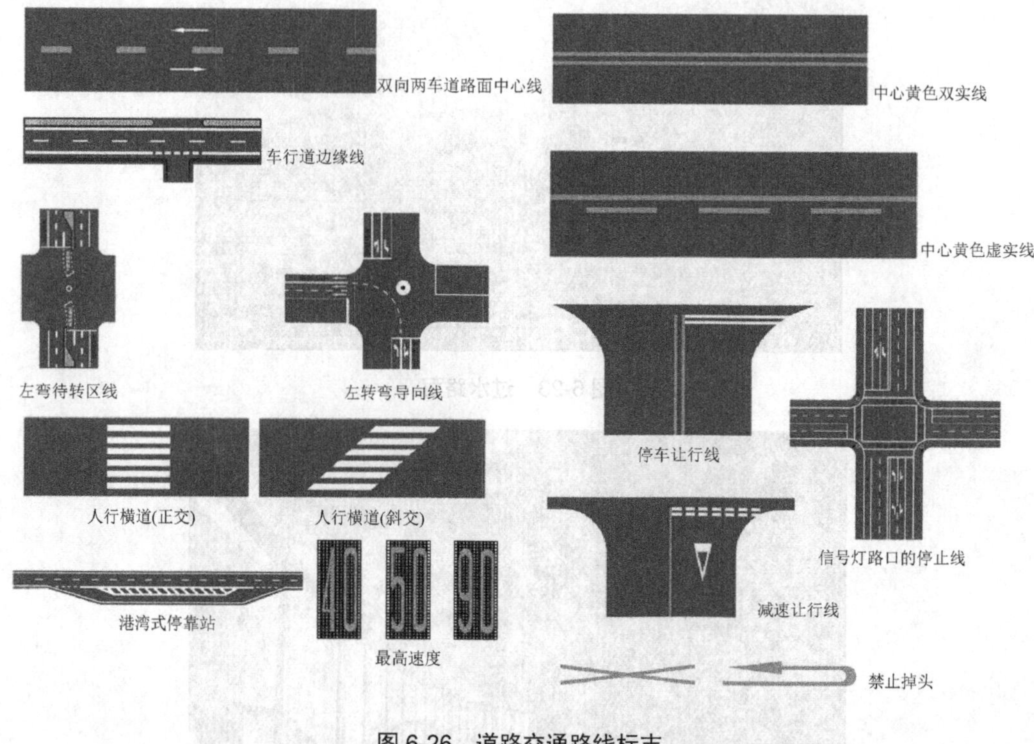

图 6-26　道路交通路线标志

6.4　高速公路

为了满足现代交通的大流量、高速度、重型化、安全、舒适的要求，高速公路诞生了。德国是世界上修建高速公路最早的国家，1932 年建成通车的波恩至科隆的高速公路是世界上最早的高速公路，如图 6-27 所示。此后许多国家都在主要城市和工业中心之间修建高速公路，形成了全国性的高速公路网。

图 6-27　世界第一条高速公路

世界第一条高速公路诞生于1932年8月6日的德国，也就是现在联通德国西部城市科隆和波恩的A555高速公路。当年，由时任科隆市长的阿登纳(“二战”后第一任德国总理)为其开工奠基的首条高速公路，深具历史意义。

高速公路的建设情况反映了一个国家和地区的交通发达程度，乃至经济发展的整体水平。世界各国的高速公路没有统一的标准，命名也不尽相同。美国、加拿大、澳大利亚把高速公路命名为 freeway，美国命名为 Interstacte highway(州际高速公路)，德国命名为 autobahn，法国命名为 autoroute，英国命名为 motorway。

高速公路一般能适应 60～120km/h 或者更高的速度。中间设置分隔带，采用沥青混凝土或水泥混凝土高级路面，设有齐全的标志、标线、信号及照明装置；禁止行人和非机动车在路上行走，与其他线路采用立体交叉、行人跨线桥或地道通过。

从定义可以看出，一般来讲高速公路应符合下列4个条件。

(1) 只供汽车高速行驶。

(2) 设有多车道、中央分隔带，将往返交通完全隔开。

(3) 设有平面、立体交叉口。

(4) 全线封闭，出入口控制，只准汽车在规定的一些立体交叉口进出公路。

6.4.1 高速公路线形设计标准

1. 路线平面线形的选择

路线平面线形，通常是直线、圆曲线和缓和曲线3种基本线形要素的组合。

1) 直线

直线是采用较多的线形，它具有最直接、方向最明确、易于布设等特点，然而直线线形缺乏灵活性，难以适应地形、地物和不易与周围景观相协调，因而在应用上受限制。而且，直线过长易使驾驶者疲劳犯困，易造成车速过快，并使驾驶者目测车距容易产生误差而引发事故，因此，直线设计应该慎重。但是，对于长大桥、长隧道及其连接线区段，考虑到施工方便、经济以及安全因素，还是应该灵活地采用直线。

以曲线为主的道路，要求驾驶者必须经常移动注意点来进行驾驶操作，同时，车辆在沿线弯道行驶时，展现在驾驶者前面的是经常变化着的自然景色，这样显得路线更加有趣和多样化，国外一些发达国家就强调高速公路平面线形以曲线为主的理念。例如，日本的本州高速公路(见图6-28)全部为曲线，东名线96%为曲线；从北京近些年设计的高速公路来看，以曲线为主的设计方法也正在更多地被采用，如京沈高速(见图6-29)、京开高速、八达岭高速、京承高速、首都机场北线高速等。

京沈高速公路是国家高速公路网G1京哈高速公路的重要组成部分，于1996年9月开始分段施工，2000年9月15日全线贯通。是“九五”期间国家重点建设项目。京沈高速公路，从北京至沈阳，全长658公里，全程约6个小时。京沈高速公路的完工，形成一条新的东北三省出入关快速通道，与同三(同江至三亚)、京沪(北京至上海)、京珠(北京至珠海)等国道主干线连为一体，是沟通东北与华北、华南的交通运输大动脉。

实践证明，曲线线形舒顺流畅、平纵线形配合优美，能较好地适应地表、地物变化，具有柔和的几何形态，更符合驾乘人员的心理。

图 6-28　日本本州高速公路

图 6-29　京沈高速公路

直线的设计，通常分为长直线和最小直线设计。平面线形设计时，即使在以曲线为主的线形设计中，直线都占有一定的比例，因此在路线线形设计中，要重视直线的设计。

2)　圆曲线

汽车在圆曲线(见图 6-30)上行驶时，由于受离心力的作用，使行车条件变坏，圆曲线半径越小，发生事故的趋势越大，所以在线形设计时，只要地形条件许可，都应尽量选用较大的圆曲线半径。在实际设计中，选用多大的圆曲线半径不是单纯的理论问题，半径的选取与设计速度、地形地物、经济能力、技术能力、相邻曲线的均衡协调、曲线间直线长度等诸多因素有关。

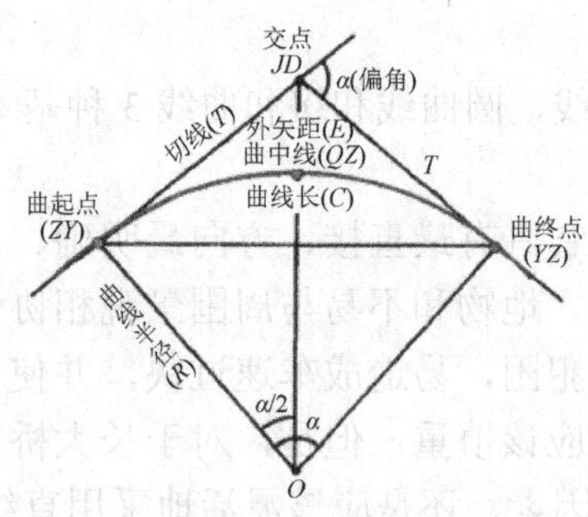

图 6-30　圆曲线

3)　缓和曲线

直线同圆曲线(半径小于不设超高最小半径的圆曲线)或不同半径的圆曲线之间相互连接时，规范规定其间应设置缓和曲线，由于汽车行驶轨迹非常接近回旋线，加上回旋线线形美观、顺滑、柔和，能诱导视觉，符合驾驶者的视觉和心理要求，因此缓和曲线一般采用回旋线。

2. 平、纵面组合设计

高速公路线形设计，必须注重路线的平、纵面组合设计，应充分考虑驾驶者在视觉上和心理上的要求。竖曲线与平曲线一一对应，两者重合，竖曲线完全包在平曲线之内，是平、纵线型最好的组合，对于长而缓的平曲线，应当采用平顺而流畅的纵坡，且平、竖曲线都应采用较大的半径。

6.4.2　高速公路沿线设施

结合我国高速公路建设的实际，总结了多年来我国在高速公路交通工程及沿线设施的科研、设计、建设、管理方面所取得的成果和经验，并适当吸取国外的先进技术，我们总结出高速公路沿线设施应包括高速公路交通安全设施、监控系统、收费系统(见图 6-31)、通信系统、供配电与照明系统、服务设施、沿线建筑施与规划以及交通工程各系统的运行管理等。

高速公路服务区又称高速公路服务站(见图 6-32)，高速公路服务区的设施包括住宿(含停车)、餐饮、加油、汽车修理四大功能。

图 6-31　高速公路收费站

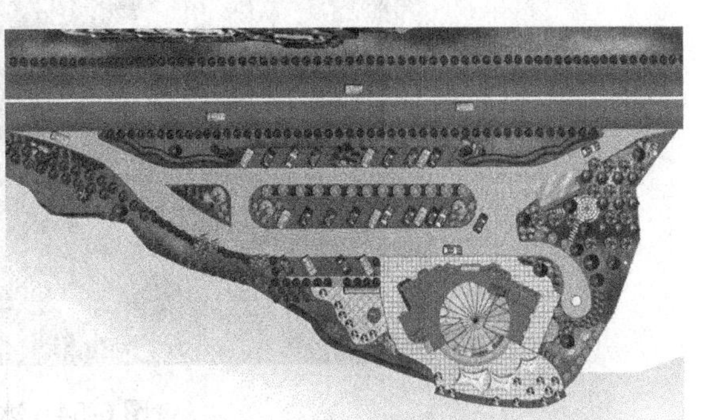

图 6-32　高速公路服务区

【知识拓展】

1. 哈纳公路(见图 6-33)

图 6-33　哈纳公路

夏威夷哈纳公路(Hana Highway)贯穿茂伊岛北部海岸，经常被视为世界上路边风景最优美的公路，也被认为是最险最古老的公路。它最早是为来往于哈纳镇和帕伊亚镇(Paia)的甘蔗种植园工人修建的，历经岁月沧桑，保留至今，已被列入美国国家史迹名录(National Register of Historic Places)。游客经过这条公路需要绕过 620 个弯道以及通过 59 座桥，其中

46座桥是单行车道，而这些桥梁都是1910年修建的，除了一座桥因腐蚀严重而更换以外，其他桥梁仍在使用。据夏威夷旅游观光局介绍，哈纳公路蜿蜒曲折的路面狭窄，路边景色优美，一般驾驶需要2.5个小时通过，部分驾车者往往要花4小时才能通过。

2. 冰岛一号公路(见图6-34)

图6-34　冰岛一号公路

冰岛一号公路于1974年建成，全长约1339km，因为它形成了一个大大的圆圈，将整个冰岛都圈了起来，因此被称为“环形公路”。冰岛一号公路部分路段只有一条单行车道，沿途经过很多海湾、亚北极区沙漠和大西洋海岸，处处呈现出一派自然、原始、洁净的自然景观，或是巍峨的高山，或是原始的旷野，抑或是潺潺的溪流，一路上的自然风景美不胜收。

3. 川藏公路(见图6-35)

图6-35　川藏公路

川藏公路，原称康藏公路，最初起点位于雅安，后延长至四川成都，终点为西藏拉萨，是318国道的一部分，1950年4月动工兴建，1954年12月25日全线贯通。川藏公路有南北线之分，南线由四川成都、雅安、康定、东俄洛、巴塘、西藏芒康、左贡、邦达、八宿、波密、林芝、八一、工布江达、墨竹工卡、达孜至拉萨，全长 2115km；北线由成都至东俄洛与南线重合，再由东俄洛与南线分开北上，经乾宁、甘孜、德格、西藏江达、昌都至邦达又与南线重合，直抵拉萨，全长 2414km。川藏公路担负着联系祖国东西部交通的枢纽作用，具有极其重要的经济意义和军事意义。

4. 挂壁公路(见图 6-36)

图 6-36　挂壁公路

我国共有 7 条挂壁公路，位于南太行山地区。太行山北高南低，山势东陡西缓，西翼连接山西高原，东侧为明显的断层，许多地段形成近 1000m 的断层岩壁，气势雄伟。有众多河流发源或流经太行山地区，使连绵的山脉中断形成“水口”，由于断层岩壁，绝大多数为瀑布，只有少数坡度较小的“水口”能成为华北平原进入山西高原的要道。挂壁公路修建在华北平原上升到山西高原的断层峭壁上。

思　考　题

1. 道路如何分类？
2. 路面的基本要求有哪些？
3. 说明各级路面所具有的面层类型及其所适用的公路等级。
4. 公路路基横断面有哪些基本形式？
5. 什么是沥青路面？它有哪些优缺点？
6. 举例说明水泥混凝土路面的特点。

第7章 铁道工程

【学习重点】

- 铁路工程的概况与基本组成。

【学习目标】

- 掌握铁路的基本组成部分。
- 熟悉高速铁路、地下铁路、城市轻轨以及磁悬浮铁路。

7.1 综　述

铁路运输是交通运输系统中的主干，对国民经济的发展及现代化建设具有重大意义。铁路工程建筑物是铁路运输最主要的基本技术设施，为列车的运行提供最基本的条件。铁路的线路必须具备一定的几何状态，按照此几何状态筑路基铺设轨道；跨越河流沟谷，必须修建桥梁、涵洞；穿越山岭，必须开凿隧道。为了列车的会让、越行、旅客上下、货物装卸以及调车、机车摘挂等作业，必须修建车站。在地质不良、地形险峻的地区，为保证路基的稳定，还需修建挡堵及加固防护设施。为了保证铁路运输畅通无阻，这些工程建筑物除了具有足够的强度外，还必须经常保持坚固、稳定、耐久、适用。

铁路是为国民经济发展服务的，铁路线的选定必须满足政治、经济、国防等方面的要求。铁路线路建筑于地面，自然条件千变万化，铁路线的选定，要求在工程及运营方面是经济合理的，在技术上是先进可靠的。因此在铁路修建之前必须进行详细的勘测设计，确定铁路线的意义、作用、将要承担的运输任务、应具备的能力及采用的技术标准等，经济合理地选定铁路线的位置，绕避各种平面障碍及高程障碍，确定沿线各项工程建筑物的位置及规模，保证总体的合理性及最佳的经济效益，然后才能进行个体建筑物的设计并按照设计图纸进行施工。

7.1.1　铁路工程发展史

1688 年，英国工业革命机器生产取得了主导地位，几十年后蒸汽机汽车头问世。

1825 年 9 月 27 日，世界上第一条行驶蒸汽机车的公路运输设施，英国斯托克顿—达灵顿的铁路(见图 7-1)通车。通车典礼上由机车、煤水车、32 辆货车和 1 辆客车组成的“旅行”号由设计者斯蒂芬森(Stevenson)亲自驾驶，9 点从伊库拉因出发，下午 3 点 47 分到达斯托克顿，共运行了 31.8km。

图 7-1　英国斯托克顿—达灵顿的铁路

铁路的开业运营标志着近代铁路运输业的开端，19 世纪 50 年代是英国铁路修建的高潮，1880 年主要线路基本完成，1890 年全国性路网已形成，总长达 32 000km。

美国于 1830 年 5 月 24 日第一条铁路建成通车，全长 21km，从巴尔的摩至埃利州科特。

19 世纪 50 年代，筑路规模扩大，1850—1910 年共修铁路 37 000km，平均年筑路 6000 余公里，1887 年筑路 20 619km，创最高纪录。1916 年营运里程达到历史最高峰，共 408 745km。但以后由于其他运输方式迅速发展等原因，铁路不断拆除，线路长度不断缩减。

美国铁路网(见图 7-2)由 6 条横贯东西、10 多条连通南北和 10 多条由东北向西南的主要干线以及大量的支线和地方线所组成。

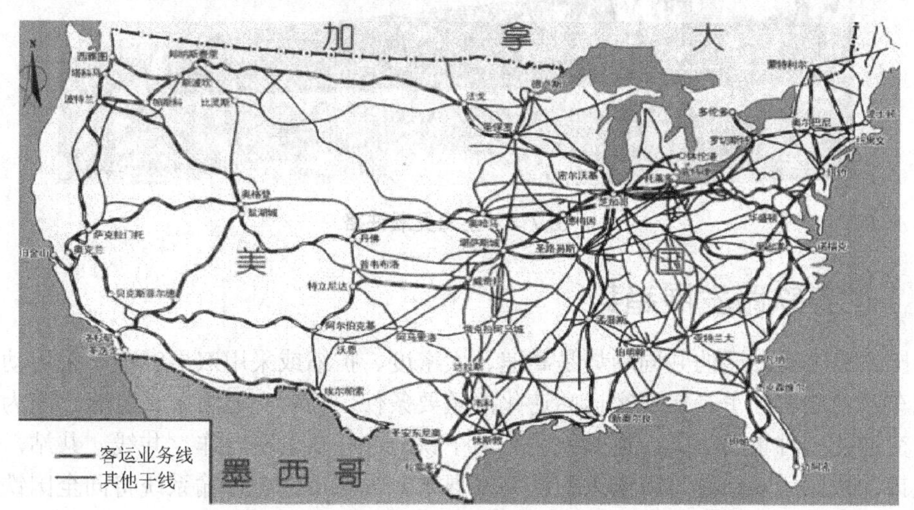

图 7-2　美国铁路网

现在全球 236 个国家和地区之中，有 144 个设有铁路运输(包括全世界最小的国家梵蒂冈在内)，其中约 90 个国家提供客运铁路服务，其中部分国家铁路修建时间见表 7-1。铁路依然是世界上载客量最高的交通工具，拥有不可取代的地位。

表 7-1　部分国家铁路修建时间表

序　号	国　家	修建时间	序　号	国　家	修建时间
1	英国	1825	10	意大利	1839
2	美国	1832	11	瑞士	1844
3	法国	1835	12	西班牙	1848
4	比利时	1835	13	秘鲁	1851
5	德国	1835	14	印度	1852
6	加拿大	1836	15	澳大利亚	1854
7	俄国	1837	16	南非	1860
8	奥地利	1838	17	日本	1872
9	荷兰	1839	18	中国	1876

中国铁路迄今已有 100 多年的历史：第一条营业铁路——上海吴淞铁路(见图 7-3)——1876 年通车；自办的第一条铁路——唐胥铁路——1881 年通车。

1876 年 4 月，全长 9 英里(约 14.5km)的吴淞铁路全线完工，7 月 1 日正式通车营业。这是一条轨距为 0.762m 的窄轨铁路，采用每米重 13kg 的钢轨，列车速度为 24～32km/h。

图 7-3 上海吴淞铁路

7.1.2 世界铁路发展趋势

各国铁路客运发展的共同趋势是高速、大密度、扩缩或采用双层客车。采用动车组和电力机车牵引旅客列车是实现客运高速化的重要条件。轻轨交通将备受青睐，因为它是改善城市交通的一种重要工具。市郊铁路与地下铁道、轻轨紧密合作，共线、共站，共同组成大城市的快速运输系统。在未来的铁路发展中，大城市快速运输系统将同全国铁路网连接，紧密配合形成客运统一运输网(见图 7-4)。

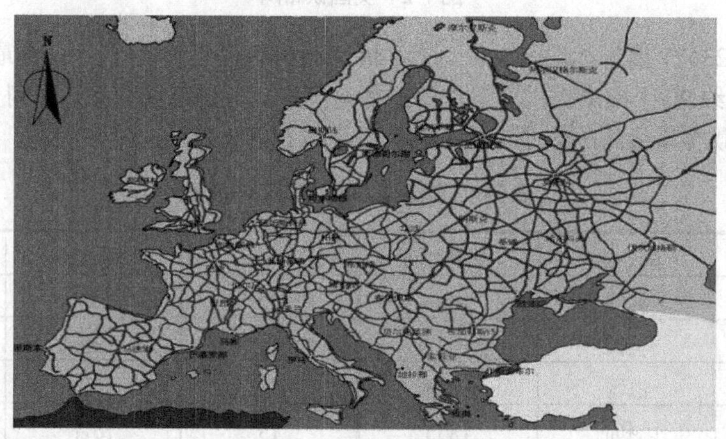

图 7-4 世界铁路网

在货运方面集中化、单元化和重载化是铁路发展的共同趋势。重载单元列车是用同型车辆固定编组、定点定线循环运转，首先用于煤炭运输，后来扩展到其他散装货物，对提高运能、减少燃油消耗、节省运营车等都有显著效果，如美国铁路货运量有 60%是由单元列车完成的。俄罗斯曾经试验开行了重量为 43 407t 的超长重载列车，列车由 440 辆车厢组成，全长 6.5km，由 4 台电力机车牵引，十分壮观。

铁路现代化的目的是为了快速准确地运送旅客和货物。安全、迅速、节省包装、简化手续，明显的经济效果促进了各国集装箱运输的发展，其趋势是大型化、标准化。

现代铁路性能已趋于能源和维护费用的极限。速度受到安全的约束，重量也已达到了极限。铁路的软件革命即改进管理与控制，可以让铁路的技术设备发挥更高效能。由计算

机、光导纤维、数字技术构成的信息系统，将改变传统的通信、信号两个领域的关系。发展的趋势是计算机联锁取代目前的电气-机械联锁，另外自动排列进路可使密集列车运行作业最优化，并使调度员摆脱人脑速度和能力的限制(见图 7-5)。

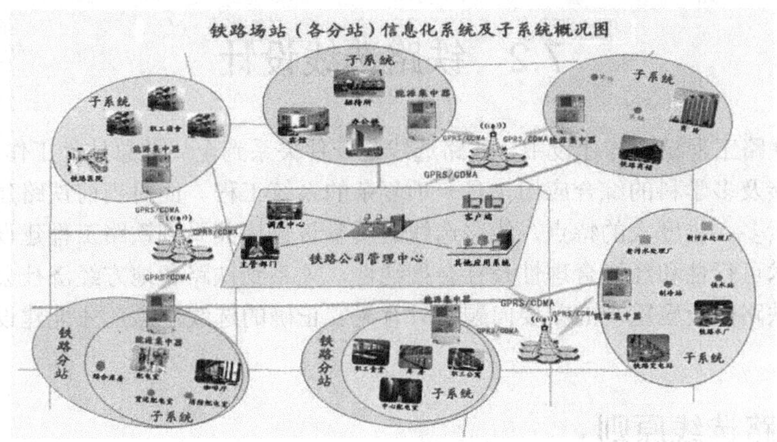

图 7-5　铁路场站(各分站)信息化系统及子系统概况图

随着新材料的不断涌现，耐大气腐蚀的耐候钢、热镀锌钢板等金属材料，玻璃钢、泡沫聚氨酯、合成纤维等聚合材料以及精密陶瓷材料，光导纤维、超导材料都逐步在机车车辆、集装箱、线路、隧道、桥梁、通信以及接触网等各方面被普遍采用。可以预见，随着高新技术的发展和应用，铁路将重新焕发青春。

西伯利亚大铁路(见图 7-6)于 1891 年始建，是世界上最长的铁路，1916 年全线通车。它穿越乌拉尔山脉，在西伯利亚的针叶林上延伸，几乎跨越了地球周长 1/4 的里程，将俄罗斯的欧洲部分、西伯利亚、远东地区连接起来，其中欧洲部分约占 19.1%，亚洲部分约占 80.9%，共跨越 8 个时区、3 个地区、14 个省份。该铁路设计时速为 80km，从莫斯科到达终点站海参崴共 9288km，需要 7 天 7 夜的时间。

图 7-6　西伯利亚大铁路

西伯利亚大铁路曾经被称为俄罗斯的“脊柱”和连接欧亚文明的“纽带”，对俄罗斯乃至欧亚两大洲的经济、文化交流产生过举足轻重的影响。特别是第二次世界大战期间，这条铁路为苏联打败德日法西斯做出了卓越的贡献。

7.2 铁路选线设计

在高速铁路工程设计与建设中，线路选线是一件关系到全局的总体性工作，综合性强、牵涉面广，涉及多学科的综合应用，是一项复杂的系统工程。面对当前铁路建设标准高、选线控制因素多、难度大的特点，线路选线的质量将直接关系到铁路工程建设的可靠性、安全性、技术可行性和经济合理性及社会接纳性，关系到铁路和地方经济社会的发展，因而它是高速铁路建设应重视的首要问题。只有树立正确的选线理念，才能建设世界一流的高速铁路。

7.2.1 铁路选线原则

1. 合理确定限制坡度

限制坡度的选择要充分考虑设计线在路网中的作用和地方客、货运输的需求，力争技术经济的合理。既要使设计线各主要技术标准达到最佳组合，又要力争和相邻铁路相互匹配，并应考虑远期发展的需求。

2. 尽量加大曲线半径，适当预留提速条件

坚持可持续发展战略，在对工程投资影响不大的条件下应尽量采用较大的曲线半径，使线路具有较高的平面标准，满足快捷的运输要求，以提高运输质量，增强铁路的市场竞争力。

3. 正确选择接轨方案

新建铁路进行接轨方案研究时，应首先考虑设计线在路网上的作用。在结合线路走向研究的同时，进行接轨方案的综合比选。接轨站的引入方向应与主要客、货流方向一致，以保证主要方向的列车不改变运行方向通过接轨点。接轨站应选择在有区段站或编组站的前方站，或在前方各站中选择有作业的中间站接轨，同时要考虑各有关因素，充分利用既有设备。

4. 正确处理铁路建设与带动地方经济发展的关系

在站位的选择上，尽量考虑线路靠近城镇和主要经济点，结合地方其他建设项目的建设及规划，使两者协调配合。在满足技术标准的条件下，避免与城镇规划发生干扰，使之达到既能满足铁路自身发展的需要，又能带动地方经济发展的目的。应兼顾国家、地方、铁路的关系，使社会效益和经济效益得到完美统一。

5. 正确处理铁路选线与重大不良地质区域的关系

随着科学技术的发展，铁路设计施工的技术水平也在不断提高，高烈度地震区已不再

是铁路禁区，但在铁路选线时应尽量选择在地质不良区域的狭窄段通过，且以低路基通过为宜，以减少不良地质对工程的影响。线路应选在比较稳定的地基上和地下水埋藏较深的地区，或地形开阔、平缓和稳定的山坡上。例如，断裂带通过河谷的一岸，线路应选在河谷的另一岸；应尽量绕避活动性断层和两个断层的交会点；在通过地堑时，应选择在最窄处，尽量以正交通过。

6. 正确处理铁路选线与环境保护的关系

环境是影响人类生存及发展的各种天然的和经过人工改造的自然因素的总体，包括大气、水、海洋、土地、矿藏、森林、草原、野生生物、自然遗迹、人文遗迹、自然保护区、风景名胜区、城市和乡村等。

7. 正确处理铁路选线与军事设施的关系

选线时应特别注意区域内的军事设施。因国防需要的程度不同，军事设施成为线路的障碍物时，有的可以迁移，有的不可以迁移或迁移费用巨大。它将直接影响线路的走向方案和重大线路方案。应首先以绕避为原则，并将线位移至其影响范围以外。军事设施往往具有较高的隐蔽性，在选线过程中不容易了解其分布情况，而军事设施的具体方位又严格保密。因此，在线路方案基本确定后，应及时向沿线的军事机构汇报方案，征得军方同意或进行调整后再进行方案比较。必要时通过建设单位，采取公文形式与军方进行沟通，要求对方以书面形式回复或签订线路走向协议。

8. 正确处理铁路选线与重点工程的关系

在研究区域和必经站点确定后，应首先对桥渡方案和隧道的进出口位置及引线进行详细研究。每一个线路方案都要分布大量的桥梁、隧道等重点工程。桥隧建筑物不仅对铁路的行车安全影响很大，而且在铁路工程投资中占有相当大的比例，直接影响整个工程的投资总额。一般的桥梁、隧道随线路走向而布置，但特大桥和长隧道的工程大、技术复杂，常常影响线路的局部走向，是铁路选线应考虑的重要因素。

9. 正确处理铁路选线与节约用地的关系

我国是发展中的农业大国，土地是经济建设过程中主要资源之一。铁路选线必须贯彻“十分珍惜、合理利用和切实保护耕地”的基本国策，坚持依法用地、科学用地、合理用地和节约用地的原则。力求经济合理、少占良田，促进社会经济的可持续发展。铁路建设用地应适应铁路建设、发展的需要，满足运输生产、日常养护维修和安全防护等要求。

7.2.2 定线方法

定线是根据既定的技术标准和路线方案，结合地形、地质等条件，综合考虑路线的平面、纵断面、横断面，具体定出道路中线的工作。

道路定线是一项非常复杂、涉及面很广、技术要求较高的工作。除受地形、地质、地物等有形因素的限制外，道路定线还要受技术标准、国家政策、社会需求、道路美学、风俗习惯等无形因素的制约。这就要求设计人员应具有广博的知识、熟练的定线技巧和精益求精的工作态度。设计者很难一次试线就能定出理想线位，复杂条件下的定线往往存在多个设计方案供定线组研究比选，每一个方案都是众多互相制约因素的一种折中方案，理想的路线只能通过比较的方法选定。定线作业组一般由路线、桥梁及水文和地质等专业人员组成，定线中还要听取当地有关部门的意见，使定线成为各专业互相协作的最佳成果。

定线按工作对象的不同分为纸上定线、现场定线和航测定线。

1. 纸上定线

纸上定线是在大比例尺(一般用 1∶1000～1∶2000)地形图上确定道路中线的具体位置，再将纸上路线通过实地放线敷设在地面上，供详细测量和施工之用。纸上定线的工作对象是地形图，俯视范围大，控制点容易确定，平、纵线形及其组合可反复试线修改，可发挥定线组集体作用。数字地图的引用使设计更加方便，使室内定线劳动强度变小。但定线需测大比例尺地形图，定线精度依赖于地形图的精度，纸上路线还需放到实地。纸上定线适用于各等级、各类地形条件的路线，对技术标准高，地形、地物复杂的路线必须采用纸上定线，以提高定线质量。

2. 现场定线

现场定线是设计人员直接在现场定出道路中线的具体位置。现场定线的工作对象是现场实际地形，地形地物、山脉水系真实，线位精度高，不需要测大范围大比例尺地形图，只要设计人员肯下功夫、地形不复杂，经反复试线也能定出比较合适的路线。但因实地视野受限、劳动强度大，不允许有过多返工，存在研究利用地形不彻底、平纵线形难以很好组合的局限性，定线质量易受影响。现场定线适用于标准较低或地形、地物简单的路线。

现场定线需要设计人员根据路线所经地区的地形、地物、地质及水文等自然条件，充分掌握资料，考虑路线的平、纵、横三方面，反复试线，多次改进，只有这样，才能把路线定在比较合适的位置。

3. 航测定线

航测定线(见图 7-7)是利用航测相片、航测影像地形图等航空测量资料，借助航测仪器使之建立立体模型进行定线。航测定线的工作对象是立体模型，可以把大量野外工作搬到室内来做，选线人员在像片或图纸上找出众多比较方案，从而提高选线质量。但因航测像片来源困难、航测仪器及航摄费用昂贵，加上航测定线方法尚需进一步完善，该方法目前还未普及，只在路线方案研究中偶尔采用。

图 7-7　航测定线

7.3　城市轻轨与地下铁道

地下铁道简称地铁，亦简称地下铁，狭义上专指以地下运行为主的城市铁路系统或捷运系统；但广义上，由于许多此类系统为了配合修筑的环境，可能也会有部分地面化的路段存在，因此通常涵盖了各种地下与部分地面上的高密度交通运输系统。

从专业角度讲，轻轨和地铁的区别并非是在天上和地下，而在于其轨重和最大断面客流。轨重每米 60kg 以下、每小时客流量 1.5 万至 3 万人次的叫轻轨。轨重每米 60kg 以上，每小时客流量 3 万至 6 万人次的叫地铁。

世界上首条地下铁路系统是在 1863 年开通的伦敦大都会铁路(Metropolitan Railway)(见图 7-8)，是为了解决当时伦敦的交通堵塞问题而建。当时电力尚未普及，所以即使是地下铁路也只能用蒸汽机车。由于蒸汽机车释放出的废气对人体有害，所以当时的隧道每隔一段距离便要有和地面打通的通风槽。到了 1870 年，伦敦开办了第一条客运的钻挖式地铁，在伦敦塔附近越过泰晤士河。但这条铁路并不算成功，数月后便关闭。现存最早的钻挖式地铁在 1890 年开通，亦位于伦敦，连接市中心与南部地区。最初铁路的建造者计划使用类似缆车的推动方法，但最后用了电力机车，使其成为第一条电动地下铁。早期在伦敦市内开通的地下铁亦于 1906 年全部电气化。

图 7-8　世界首条电气化地下铁

1896 年，当时奥匈帝国的城市布达佩斯也开通了一条地铁(见图 7-9)，共有 5km，11 站，至今仍在使用。

始建于 1965 年 7 月 1 日的北京地铁 1 号线(见图 7-10)，1969 年 10 月 1 日建成通车，使北京成为中国第一个拥有地铁的城市。北京地铁 1 号线西起苹果园，东至八王坟，大部分线路与长安街重合，全长 30.44km，于 2000 年 6 月 28 日全线开通,代表颜色是红色。根据 2008 年 6 月的统计，各线路中 1 号线客运量最大，全天共运送乘客 106.43 万人次。2013 年 12 月 21 日首班车起，北京地铁 9 号线军事博物馆站正式启用，实现了 1 号线与 9 号线的无缝换乘。

绝大多数的城市轨道交通系统都是用来运载市内通勤的乘客，而在很多场合下城市轨道交通系统都会被当成城市交通的骨干。通常城市轨道交通系统是许多城市用以解决交通堵塞问题的方法。

图 7-9　布达佩斯地铁

最初的城市轨道系统车厢是木质的，后来改为钢制以减少一旦发生火灾造成的危险。自 1953 年开通的多伦多的地下铁路，车厢再次改良为铝质，有效地减少了维修成本和重量。

图 7-10　北京地铁 1 号线

另外，部分较为先进的系统已开始引入列车自动操作系统。伦敦、巴黎、新加坡、中国台湾和中国香港等地车长都无须控制列车。更先进的轨道交通系统能够做到无人操控。例如，世界上最长的自动化 LRT(Light Rapid Transit)系统——温哥华 Skytrain。整个 LRT 所有的车站及列车均为“无人管理”。上海轨道交通 1、2、3、4、8 号线已经实现有司机全程监控、控制开关门的半无人驾驶，10 号线也将试行无人驾驶，届时司机将仅仅进行监控。

地铁的施工方法主要有：明挖回填、钻挖法。在地底下挖隧道并不是一件容易的事，而且需要大量的金钱和时间，至少也要好几年才能完成。

地铁施工最简单直接的方法是明挖回填(明挖随填)(见图 7-11)。这种地铁施工方法一般是在街道上挖掘一条大沟渠，然后在其内铺设轨道、建造隧道结构，隧道有足够的承托力后才把路面重新铺上。除了道路被掘开外，其他地下结构如电线、电话线、水管等都需要重新配置。建这种隧道的物料一般是混凝土或钢，但较旧的系统也有使用砖块和铁的。

另一种方法是先在地面某处挖一个竖井，再在井底挖掘隧道(见图 7-12)。最常见的方法是使用钻挖机(潜盾机、盾构机)，一面挖掘一面把预先准备好的组件安装在隧道壁上。对于建筑物高度密集的地方或无法进行明挖法的区域(如水域)，钻挖法甚至是唯一可行的建造方法。

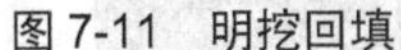

图 7-11　明挖回填

图 7-12　盾构施工

这种方法的优点是对街道交通或其他地下设施的影响非常小，甚至可在水底建造(伦敦、纽约、东京、中国香港和首尔等都市的城市轨道系统都有很多越过河流或海港的隧道)，隧道的设计也有较多的创作空间。例如，车站会集站与站之间的隧道高一些，有助列车离站时加速以及进站时减速。此外，当要挖掘较深的隧道时也常采用此法。

但这种挖法也不是没有缺点，除了成本较高之外，也经常需要留意地下水的影响；另外在一些较硬的岩层开挖，可能需要炸药。地下空气供应问题甚至隧道坍塌都有可能造成工人伤亡。此外，对于建筑高度密集的地方，挖掘时除了要留意避免对工地四周的建筑结构造成影响以外，有时亦要统筹所在的公用事业，把地底的输水、输电管线迁移，以便腾出地方来兴建列车通道。

城市轻轨是城市轨道建设的一种重要形式，也是当今世界上发展最为迅猛的轨道交通形式。近年来，随着中国城市化步伐的加快，我国重庆、上海、北京等城市纷纷兴建城市轻轨(见图 7-13)。轻轨的机车重量和载客量要比一般列车小，所使用的铁轨质量轻，每米只有 50kg，因此叫作“轻轨”。城市轻轨具有运量大、速度快、污染小、能耗少、准点运行、安全性高等优点。

图 7-13　北京轻轨立交桥

重庆轨道交通(见图 7-14) 1 号线是山城重庆开通运营的第一条地铁线路，重庆轨道交通 3 号线是国内第一条跨越长江的城市轨道交通线。目前已开通重庆轨道交通 1 号线、2 号线、

3 号线、6 号线、国博线。重庆城市轨道交通运营里程数居中国中西部城市首位。随着 2012 年 12 月 20 日轨道交通 1 号线沙大段 20.2km 开通运营，重庆轨道交通运营里程突破 100km，成为中国大陆第 6 个城市轨道交通运营里程突破 100km 的城市。目前，重庆轨道交通运营里程已经突破 140km，运营里程稳居中西部城市首位。

图 7-14　重庆轻轨

7.4　磁悬浮铁路

磁悬浮列车是一种靠磁悬浮力(即磁的吸力和排斥力)来推动的列车。由于其轨道的磁力使之悬浮在空中，行走时不同于其他列车需要接触地面，因此只受来自空气的阻力。磁悬浮列车的速度可达 400km/h 以上，比轮轨高速列车的 380km/h 还要快。

由于磁铁有同性相斥和异性相吸两种形式，故磁悬浮列车也有两种相应的形式。

一种是利用磁铁同性相斥原理而设计的电磁运行系统的磁悬浮列车，它利用车上超导体电磁铁形成的磁场与轨道上线圈形成的磁场之间所产生的相斥力，使车体悬浮运行的铁路(见图 7-15)。

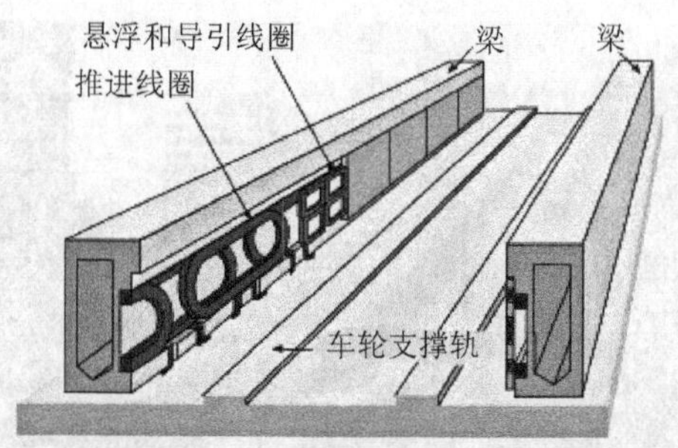

图 7-15　磁悬浮列车铁轨装置图

另一种则是利用磁铁异性相吸原理而设计的电动力运行系统的磁悬浮列车，它是在车体底部及两侧倒转向上的顶部安装磁铁，在 T 形导轨的上方和伸臂部分下方分别设反作用板和感应钢板，控制电磁铁的电流，使电磁铁和导轨间保持 10～15mm 的间隙，并使导轨钢板的排斥力与车辆的重力平衡，从而使车体悬浮于车道的导轨面上运行(见图 7-16)。

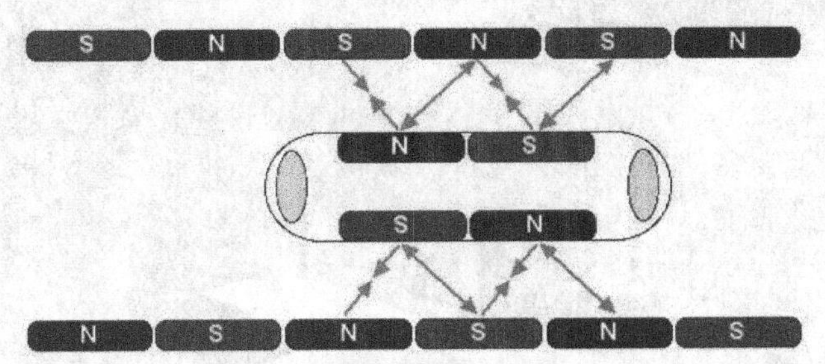

图 7-16　磁悬浮列车工作原理图

7.4.1　磁悬浮列车的发展

在 20 世纪 80 年代德国曾于柏林铺设磁悬浮列车系统。该系统设有 3 个车站，长度为 1.6km，用的是无人驾驶列车，于 1989 年 8 月开始试验载客，1991 年 7 月正式服务。

1984—1995 年英国的伯明翰国际机场曾使用低速磁悬浮列车，全长 600m。由于可靠性的问题，该线后来也改用单轨列车行走。

2000 年，中国西南交通大学磁悬浮列车与磁浮技术研究所研制成功世界首辆高温超导载人磁悬浮实验车(见图 7-17)。

图 7-17　高温超导载人磁悬浮实验车

2001 年德国的磁悬浮列车公司于中国上海浦东国际机场至地铁龙阳路站兴建磁悬浮列车系统(见图 7-18)，并于 2002 年正式启用。该线全长 30km，列车最高时速达 430km，由起点至终点站只需 8 分钟。

2003 年，四川成都青山磁悬浮列车线完工，该磁悬浮试验轨道长 420m，主要针对观光游客，票价低于出租车费。

日本现在的山梨县试验线使用低温超导磁铁，可容纳更大的缝隙，该线列车的最高速度达 580km/h，打破世界纪录。

2005 年 5 月，中国自行研制的“中华 06 号”吊轨永磁悬浮列车(见图 7-19)于大连亮相，据称其速度可达 400km/h。

2005 年 9 月，中国成都飞机公司开始研制 CM1 型“海豚”高速磁悬浮列车，最高时速 500km，2006 年 7 月在上海试行。

图 7-18　上海浦东国际机场至地铁龙阳路站磁悬浮列车

图 7-19　“中华 06 号”吊轨永磁悬浮列车

2006 年 4 月 30 日，中国第一辆具有自主知识产权的中低速磁悬浮列车，在四川成都青城山一个试验基地成功经过室外实地运行联合试验。该列车利用常导电磁悬浮推动。

最近，中国成功地研制了一种新技术——永磁技术 MAS-3，其造价比德国及日本的技术还要低。

7.4.2　磁悬浮列车的优点

磁悬浮列车具有快速、低耗、环保、安全等优点，因此前景十分广阔。常导磁悬浮列车可达 400～500km/h，超导磁悬浮列车可达 500～600km/h。它的高速度使其在 1000～1500km 的旅行距离中比乘坐飞机更优越。

由于没有轮子、无摩擦等因素，它比目前最先进的高速火车省电 30%。在 500km/h 的速度下，每座位/km 的能耗仅为飞机的 1/3～1/2，比汽车也少耗能 30%。

无轮轨接触，震动小、舒适性好，对车辆和路轨的维修费用也大大减少。磁悬浮列车在运行时不与轨道发生摩擦，发出的噪声很低。它的磁场强度非常低，与地球磁场相当，远低于家用电器。

采用电力驱动，避免了烧煤烧油给沿途带来的污染。磁悬浮列车一般以 4.5m 以上的高架通过平地或翻越山丘，从而避免了开山挖沟对生态环境造成的破坏。

磁悬浮列车在路轨上运行，按飞机的防火标准实行配置。它的车厢下端像伸出了两排弯曲的胳膊，将路轨紧紧搂住，绝对不可能出轨。

列车运行的动力来自固定在路轨两侧的电磁流，同一区域内的电磁流强度相同，不可能出现几辆列车速度不同或相向而动的现象，从而排除了列车追尾或相撞的可能。

7.4.3 面临的困难

由于磁悬浮系统是以电磁力完成悬浮、导向和驱动功能的，断电后磁悬浮的安全保障措施，尤其是列车停电后的制动问题仍然是要解决的问题。其高速稳定性和可靠性还需很长时间的运行考验。

常导磁悬浮技术的悬浮高度较低，因此对线路的平整度、路基下沉量及道岔结构方面的要求较超导技术更高。

超导磁悬浮技术由于涡流效应，悬浮能耗较常导技术更大，冷却系统重，强磁场对人体与环境都有影响。

磁悬浮铁路在一些国家里取得了较大的发展，有的甚至已基本解决了技术方面的问题而开始进入实用研究乃至商业运营阶段，但是随着时间的推移，磁浮铁路并没有出现人们所企望的那种成为主要交通工具的趋势，反而面临着来自其他交通运输方式，特别是高速型常规(轮轨粘着式)铁路的越来越强有力的挑战。

首先，磁悬浮铁路的造价十分昂贵。与高速铁路相比，修建磁悬浮铁路费用昂贵。根据日本方面的估计，磁悬浮铁路的造价每千米约需 60 亿日元，比新干线高 20%。如果规划中的从东京到大阪之间的中央新干线修建为磁悬浮铁路，全线造价约需 3 万亿日元，而为了对建造磁悬浮铁路这一方案进行可行性研究而计划建造的一条 42.8km 长的试验线，其初步预算就达 3000 亿日元。德国也认为磁悬浮铁路的造价远远高于高速铁路。根据德国在 20 世纪 80 年代初的这一项估算认为，修建一条复线磁悬浮铁路其造价每千米约为 659 万美元，而法国的巴黎至里昂和意大利的罗马至佛罗伦萨的高速铁路每公里的造价只分别为 226 万美元和 236 万美元。现在，德国规划中的汉堡至柏林 292km 长的铁路如果建造成为磁悬浮铁路，其初步预算就达 59 亿美元，约合每公里 2000 万美元。磁悬浮铁路所需的投入较大，利润回收期较长，投资的风险系数也较高，因而也在一定程度上影响了投资者的信心，制约了磁悬浮铁路的发展。

其次，磁悬浮铁路无法利用既有的线路，必须全部重新建设。由于磁悬浮铁路与常规铁路在原理、技术等方面完全不同，因而难以在原有设备的基础上进行利用和改造。高速铁路则不同，可以通过加强路基、改善线路结构、减少弯度和坡度等方面的改造，可使某些既有线路或某些区段就可以达到高速铁路的行车标准。例如，日本 1964 年投入运营并大受欢迎的东京至大阪的新干线，在没有对机车做重大改进的情况下，仅通过修建曲线半径较大，即没有急转弯和陡坡较小的铁路等方法，就使列车速度大大提高。再如，德国的汉堡至柏林既有铁路线，经过技术改造后，某些区段的最高速度可达 230km/h。此外，瑞典、意大利等国的设计人员，还采用使车厢在转向架上转动和倾斜的升降技术来对付铁路弯道

(即采用摆式车体)，这样在无须对既有线路进行改造和更新的情况下，也使列车行驶速度提高到 220km/h。在对既有线路进行高速铁路改造的过程中，还可以实现高、中速混跑，列车根据不同区段的最高限速以不同的速度行驶。因而，与磁悬浮铁路的全部重新建设相比，高速铁路的线路和运行成本就大大降低了。

再次，磁悬浮铁路在速度上的优势并没有凸显出来。30 多年前，许多人认为轮轨粘着式铁路的极限速度为 250km/h，后来又认为是 300～380km/h。但是现在法国的“高速列车”(TGV)、德国的“城际快车”(ICE)和穿越英吉利海峡的“欧洲之星”列车以及日本的新干线，其运行速度都达到或接近 300km/h。1990 年，在巴黎西部地区运行的法国第二代高速列车 TGV-A“大西洋”号更是创下了试验 515.3km/h 的世界纪录。更何况，磁悬浮铁路的行车速度达到 450～500km/h，在典型的 500km 区间内的运行中，也只比时速为 300km 的高速铁路节约半小时，其优势不是特别明显。

【知识拓展】

磁悬浮列车面临的争议

2014 年 7 月 8 日，广东省深圳市市民在深圳地铁大厦门前高喊，反对规划地铁 8 号线采用高架磁悬浮(见图 7-20)。

图 7-20　深圳市民反对规划 8 号线采用磁悬浮列车

关于磁悬浮的辐射问题，国内存在两种声音。

一方代表为国内磁悬浮技术领域的权威专家、北京控股磁浮交通研究中心总设计师常文森。他认为，电磁辐射就是个伪命题，中低速磁悬浮列车采用吸力型电磁悬浮技术，轨道与列车底部的电磁铁之间形成一个异性相吸的封闭磁场，在这个磁场外面，几乎是没有辐射的。

另一方代表为中国工程院院士、隧道及地下工程专家王梦恕，其观点与前者针锋相对。他认为，磁悬浮列车的轨道上铺设有交流线圈(即电磁铁)，在通电时，不仅列车会有辐射，轨道上也会产生电磁辐射。由于国内并没有关于电磁辐射的安全标准，他也并不认同这些检测。

思 考 题

1. 铁路轨道结构主要包括哪几部分？各有什么作用？
2. 传统轨道结构与新型轨道结构形式的区别有哪些？
3. 现代城市轨道交通系统的基本定义和常用形式有哪些？
4. 探讨高速磁悬浮列车对于高速轮轨铁路的挑战。
5. 探讨现代铁路工程面临的机遇和挑战。

第8章　桥梁工程

【学习重点】

- 桥梁的基本组成及分类。
- 桥面构造和桥跨结构的基本概念。

【学习目标】

- 掌握桥梁的基本组成及分类。
- 熟悉桥梁工程的总体规划和设计要点。
- 掌握桥面的组成和布置。
- 熟悉桥面铺装和防水系统。
- 掌握桥跨结构的基本概念。
- 熟悉桥墩桥台的基本类型。
- 了解桥梁基础的基本类型。

8.1 桥梁的发展

桥梁是线路的重要组成部分。历史上，每当运输工具发生重大变化时，就对桥梁在载重、跨度等方面提出了新的要求，进而推动了桥梁工程技术的发展。从工程技术的角度来看，桥梁发展可分为古代、近代和现代3个时期。

8.1.1 古代桥梁发展历程

人类在原始时代，跨越水道和峡谷，是利用自然倒下来的树木、自然形成的石梁或石拱、溪涧突出的石块、谷岸生长的藤萝等。人类有目的地伐木建桥或堆石、架石建桥始于何时，已难以考证。

据史料记载：

在周代中国已建有梁桥和浮桥，公元前1134年左右西周在渭水架有浮桥。

在公元前1800年古巴比伦王国建造了多跨的木桥，桥长达183米。

在公元前621年古罗马建造了跨越台伯河的木桥，在公元前481年架起了跨越赫勒斯旁海峡的浮船桥。

在公元前4世纪古代美索不达米亚地区建起挑出石拱桥(拱腹为台阶式)。

古代桥梁出现在17世纪以前，一般是用木、石材料建造的，并按建桥材料把桥分为石桥和木桥。

1. 石桥

石桥的主要形式是石拱桥。据考证中国早在东汉时期就出现石拱桥，如出土的东汉画像砖，刻有拱桥图形。建于605—617年现在尚存的赵州桥(又名安济桥)(见图8-1)，净跨径为37m，首创在主拱圈上加小腹拱的空腹式(敞肩式)拱。中国古代石拱桥拱圈和墩一般都比较薄，比较轻巧，如建于816—819年的宝带桥，全长317m，薄墩扁拱，结构精巧。

图8-1 赵州桥

罗马时代，欧洲建造拱桥较多，公元前200—公元200年在罗马台伯河建造了8座石拱桥(见图8-2)。

建于公元前62年的法布里西奥石拱桥，桥有2孔，各孔跨径为24.4m。

公元98年西班牙建造了阿尔桥，高达52m。

图 8-2 列米尼桥示意图

建于公元前 1 世纪法国的加尔德引水桥，桥分为 3 层，最下层为 7 孔，跨径为 16～24m。

罗马时代拱桥多为半圆拱，跨径小于 25m，墩很宽，约为拱跨的 1/3。

罗马帝国灭亡后数百年，欧洲桥梁建筑进展不大。11 世纪以后，尖拱技术由中东和埃及传到欧洲，欧洲开始出现尖拱桥。

1178—1188 年法国建成的阿维尼翁桥(见图 8-3)，为 20 孔跨径达 34m 尖拱桥。

图 8-3 阿维尼翁桥

1176—1209 年英国建成的泰晤士河桥为 19 孔跨径约 7m 尖拱桥。

13 世纪西班牙建了不少拱桥，如托莱多的圣玛丁桥(见图 8-4)。

图 8-4 托莱多的圣玛丁桥

1542—1632 年法国建造的皮埃尔桥为 7 孔不等跨椭圆拱，最大跨径约 32m。

陕西省西安附近的灞桥原为石梁桥，建于汉代，距今已有 2000 多年。公元 11—12 世纪南宋泉州地区先后建造了几十座大型石梁桥，其中有洛阳桥、安平桥。安平桥(五里桥)原长 2500m，362 孔，现长 2070m，332 孔。

2. 木桥

秦代在渭水上建的渭桥，即为多跨梁式木桥。木梁桥跨径不大，伸臂木桥可以加大跨径。中国 3 世纪在甘肃安西与新疆吐鲁番交界处建有伸臂木桥，“长一百五十步”。

405—418 年在甘肃临夏附近河宽达 40 丈处建悬臂木桥(见图 8-5)，桥高达 50 丈。

16 世纪意大利的巴萨诺桥为八字撑木桥(见图 8-6)。

104 年在匈牙利多瑙河建成的特拉杨木拱桥(见图 8-7)共有 21 孔，每孔跨径为 36m。

1032 年在河南开封修建的虹桥(见图 8-8)，净跨约为 20m，亦为木拱桥。

在 300 年左右日本于岩国锦川河修建的锦带桥为五孔木拱桥，由中国僧人戴曼公独立禅师帮助修建。

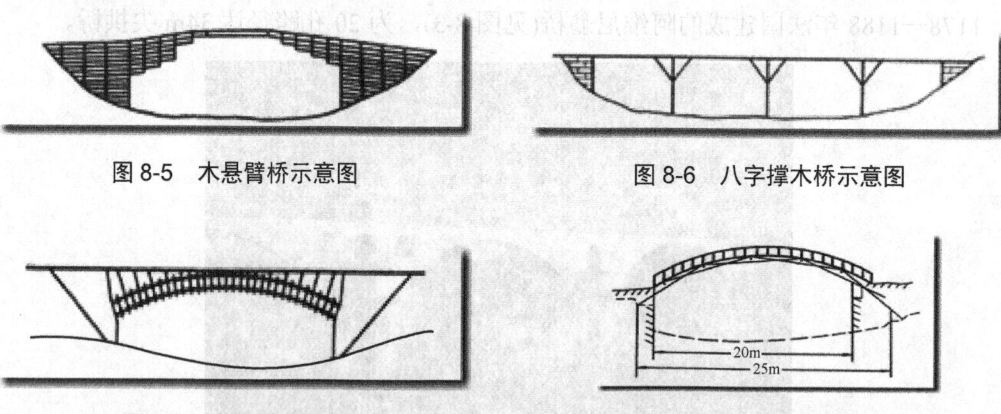

图 8-5　木悬臂桥示意图

图 8-6　八字撑木桥示意图

图 8-7　木拱桥示意图

图 8-8　虹桥示意图

中国西南地区有用竹篾缆造的竹索桥。著名的竹索桥是建于宋代以前的四川灌县珠浦桥(见图 8-9)，桥为 8 孔，最大跨径约 60m，总长超过 330m。

图 8-9　四川灌县珠浦桥

在罗马时代，桥梁基础开始采用围堰法施工，即打木板桩成围堰，抽水后在其中修筑桥梁基础和桥墩。公元 11 世纪初，著名的洛阳桥(见图 8-10)在桥址江中先遍抛石块，其上养殖牡蛎两三年后胶固而成筏形基础，是一个创举。1209 年建成的英国泰晤士河拱桥，其基础就是用围堰法修筑。但是，那时只能用人工打桩和抽水，基础较浅。

图 8-10　洛阳桥

8.1.2　近代桥梁发展历程

18 世纪铁的生产和铸造，为桥梁提供了新的建造材料。但当时的铸铁抗冲击性能差，抗拉性能也低，易断裂，并非良好的造桥材料。19 世纪 50 年代以后，随着转炉炼钢技术的发展，钢材成为重要的造桥材料。尤其是 19 世纪 70 年代出现钢板和矩形轧制断面钢材，为桥梁的部件在厂内组装创造了条件，使钢材的应用日益广泛。

18 世纪初发明了用石灰、黏土、赤铁矿混合煅烧而成的水泥。19 世纪 50 年代开始采用在混凝土中放置钢筋以弥补水泥抗拉性能差的缺点。此后在 19 世纪 70 年代建成了钢筋混凝土桥。

近代桥梁建造，促进了桥梁科学理论的兴起和发展。1857 年由圣沃南在前人对拱的理论、静力学和材料力学研究的基础上，提出了较完整的梁理论和扭转理论。这个时期连续梁和悬臂梁的理论也建立了起来。桥梁桁架分析(如华伦桁架和豪氏桁架的分析方法)也得到了解决。19 世纪 70 年代以后经德国人 K. 库尔曼(K.Kullman)、英国人 W.J.M.兰金(Rankin W. J. M)和 J.C.麦克斯韦(J. C. Maxwell)等人的努力，结构力学获得了很大的发展，能够对桥梁各构件在荷载作用下发生的应力进行分析。这些理论的发展，推动了桁架、连续梁和悬臂梁的发展。19 世纪末弹性拱理论已较完善，促进了拱桥的发展。20 世纪 20 年代土力学的兴起，推动了桥梁基础的理论研究。

近代桥梁按建桥材料划分，除木桥、石桥外，还有铁桥、钢桥、钢筋混凝土桥。

1. 木桥

16 世纪前已有木桁架。1750 年在瑞士建成多座拱和桁架组合的木桥，如赖谢瑙桥，跨径为 73m。在 18 世纪中叶至 19 世纪中叶，美国建造了不少木桥，如 1785 年在佛蒙特州贝洛兹福尔斯的康涅狄格河建造的第一座木桁架桥，桥共二跨，各长 55m；1812 年在费城斯库尔基尔河建造的拱和桁架组合木桥，跨径达 104m。桁架桥省掉拱和斜撑构，简化了结构，因而被广泛应用。由于桁架理论的发展，各种形式桁架木桥相继出现，如普拉特型、豪氏型、汤氏型等。由于木结构桥用铁件的量很多，不如全用铁经济，因此，19 世纪后期木桥逐渐被钢铁桥所代替。

2. 铁桥

铁桥包括铸铁桥和锻铁桥。铸铁性脆，宜于受压，不宜受拉，适宜作拱桥建造材料。世界上第一座铸铁桥是建于 1779 年英国科尔布鲁克代尔厂所造的塞文河桥(见图 8-11)，由 5 片拱肋组成的半圆拱，跨径 30.7m。

图 8-11 世界第一座铁桥(塞文河桥)

锻铁抗拉性能较铸铁好，19 世纪中叶跨径大于 60～70m 的公路桥都采用锻铁链吊桥。铁路因吊桥刚度不足而采用桁桥，如 1845—1850 年英国建造布列坦尼亚双线铁路桥(见图 8-12)，其为箱形锻铁梁桥。19 世纪中期以后，相继建立起梁的定理和结构分析理论，从而推动了桁架桥的发展，并出现多种形式的桁梁。但那时对桥梁抗风的认识不足，桥梁一般没有采取防风措施。1879 年 12 月，大风吹倒才建成 18 个月的阳斯的泰湾铁路锻铁桥，就是由于桥梁没有设置横向连续抗风构。

图 8-12 布列坦尼亚双线铁路桥

中国于 1705 年修建了四川大渡河泸定铁链吊桥(见图 8-13)，桥长 100m，宽 2.8m，至今仍在使用。

图 8-13 四川大渡河泸定铁链吊桥

欧洲第一座铁链吊桥是英国的蒂斯河桥，建于 1741 年，跨径 20m，宽 0.63m。1820—1826 年英国在威尔士北部梅奈海峡修建了一座中孔长 177m 用锻铁眼杆的吊桥。这座桥由于缺乏加劲梁或抗风构造于 1940 年重建。

世界上第一座不用铁链而用铁索建造的吊桥，是建于 1830—1834 年瑞士的弗里堡桥，桥的跨径为 233m。这座桥用 2000 根铁丝就地放线悬在塔上，锚固定在深 18m 的锚碇坑中。

1855 年美国建成尼亚加拉瀑布公路铁路两用桥，这座桥是采用锻铁索和加劲梁的吊桥，跨径为 250m。1869—1883 年美国建成纽约布鲁克林吊桥(见图 8-14)，跨度为(283+486+283m)。这些桥的建造，提供了用加劲桁来减弱震动的经验。此后，美国建造的长跨吊桥，均用加劲梁来增大刚度，如 1937 年建成的旧金山金门桥(见图 8-15)(主孔长为 1280m，边孔为 344m，塔高为 228m)，以及同年建成的旧金山奥克兰海湾桥(见图 8-16)(主孔长为 704m，边孔为 354m，塔高为 152m)，都是采用加劲梁的吊桥。

图 8-14 纽约布鲁克林吊桥

图 8-15　旧金山金门桥

图 8-16　旧金山奥克兰海湾桥

1940 年，美国建成的华盛顿州塔科玛海峡桥(见图 8-17)，桥的主跨为 853m，边孔为 335m，加劲梁高为 2.74m，桥宽为 11.9m。这座桥于同年 11 月 7 日，在风速仅为 67.5km/h 的情况下，中孔及边孔便相继被风吹垮。这一事件促使人们研究空气动力学同桥梁稳定性的关系。

图 8-17　华盛顿州塔科玛海峡桥垮塌瞬间

3. 钢桥

建于 1867—1874 年美国密苏里州圣路易市密西西比河的伊兹桥，是早期建造的公路铁路两用无铰钢桁拱桥，跨径为(153+158+153)m。这座桥架设时采用悬臂安装的新工艺，拱肋从墩两侧悬出，由墩上临时木排架的吊索拉住，逐节拼接，最后在跨中将两半拱连接。其基础用气压沉箱下沉 33m 到岩石层。气压沉箱因没有安全措施，发生 119 起严重沉箱病，14 人死亡。

19 世纪末弹性拱理论已逐步完善，促进了 20 世纪二三十年代修建较大跨钢拱桥，较著名的如下。

建成于 1917 年纽约的岳门桥，跨径 305m。

建成于 1931 年纽约的贝永桥，跨径 504m(见图 8-18)。

图 8-18　纽约的岳门桥

建成于 1932 年澳大利亚悉尼港桥，跨径 503m。3 座桥均为双铰钢桁拱(见图 8-19)。

图 8-19　澳大利亚悉尼港桥

19 世纪中期出现了根据力学设计的悬臂梁。英国人根据中国西藏木悬臂桥式，提出锚跨、悬臂和悬跨 3 部分的组合设想，并于 1882—1890 年在英国爱丁堡福斯河口建造了铁路悬臂梁桥。这座桥共有 6 个悬臂，悬臂长为 206m，悬跨长为 107m，主跨长为 519m。20 世纪初期悬臂梁桥曾风行一时。

1901—1909 年美国建造的纽约昆斯堡桥，是一座中间锚跨为 190m，悬臂为 150m 和

180m，主跨为300m和360m的悬臂梁桥。

1900—1917年建造的加拿大魁北克桥也是悬臂钢桥(见图8-20)。

图8-20　加拿大魁北克桥

1933年建成的丹麦小海峡桥为5孔悬臂梁公路铁路两用桥，跨径为137.5+165+200+165+137.5m。

1896年比利时工程师菲伦代尔发明了空腹桁架桥。比利时曾经造了几座铆接和电焊的空腹桁架桥。

4. 钢筋混凝土桥

1875—1877年法国园艺家莫尼埃建造了一座人行钢筋混凝土桥，跨径16m，宽4m。

1890年德国不莱梅工业展览会上展出了一座跨径40m的人行钢筋混凝土拱桥。

1898年修建了沙泰尔罗钢筋混凝土拱桥。这座桥是三铰拱，跨径52m。

1905年瑞士建成塔瓦纳萨桥，跨径51m，是一座箱形三铰拱桥，矢高5.5m。

1928年英国在贝里克的罗亚尔特威德建成4孔钢筋混凝土拱桥，最大跨径为110m。

1934年瑞典建成跨径为181m、矢高为26.2m的特拉贝里拱桥；1943年又建成跨径为264m、矢高近40m的桑德拱桥。

在18世纪桥梁基础施工开始应用井筒，英国在修威斯敏斯特拱桥时，木沉井浮运到桥址后，先用石料装载将其下沉，而后修基础及墩。1851年英国在肯特郡的罗切斯特处修建梅德韦桥时，首次采用压缩空气沉箱。1855—1859年在康沃尔郡的萨尔塔什修建罗亚尔艾伯特桥时，采用直径11m的锻铁筒，在筒下设压缩空气沉箱。1867年美国建造伊兹河桥，也用压缩空气沉箱修建基础。采用压缩空气沉箱法施工，若工人在压缩空气条件下工作时间一长，从压缩气箱中不经减压室而骤然出来或经减压室而减压过快，都会引起沉箱病。

1845年以后，蒸汽打桩机开始用于桥梁基础施工。

8.1.3 现代桥梁

20世纪30年代，预应力混凝土和高强度钢材相继出现，材料塑性理论和极限理论的研究，桥梁震动的研究和空气动力学的研究，以及土力学的研究等获得了重大进展，从而为节约桥梁建筑材料、减轻桥重、预计基础下沉深度和确定其承载力提供了科学的依据。现代桥梁按建桥材料可分为预应力钢筋混凝土桥、钢筋混凝土桥和钢桥。

1928 年，法国弗雷西内工程师经过 20 年的研究，用高强钢丝和混凝土制成预应力钢筋混凝土。这种材料克服了钢筋混凝土易产生裂纹的缺点，使桥梁可以用悬臂安装法、顶推法施工。随着高强钢丝和高强混凝土的不断发展，预应力钢筋混凝土桥的结构不断改进，跨度不断提高。

预应力钢筋混凝土桥有简支梁桥、连续梁桥、悬臂梁桥、拱桥、桁架桥、刚架桥、斜拉桥等桥型。简支梁桥的跨径多在 50m 以下。

1. 连续梁桥

1966 年建成的法国奥莱隆桥，是一座预应力混凝土连续梁高架桥，共有 26 孔，每孔跨径为 79m。

1982 年建成的美国休斯敦船槽桥，是一座中跨 229m 的预应力混凝土连续梁高架桥，用平衡悬臂法施工。

2. 悬臂梁桥

1964 年联邦德国在柯布伦茨建成的本多夫桥，其主跨为 209m。

1976 年建成的日本滨名桥，主跨 240m(见图 8-21)。

1980 年我国完工的重庆长江桥，主跨 174m(见图 8-22)。

图 8-21　日本滨名桥

图 8-22　重庆长江桥

3. 桁架桥

1960 年建成的联邦德国芒法尔河谷桥，跨径为(90+108+90)m，是世界上第一座预应力混凝土桁架桥。

1966 年苏联建成一座预应力混凝土桁架式连续桥，跨径为(106+3×166+106)m。

4. 用浮运法施工刚架桥

1974 年建成的法国博诺姆桥，主跨径为 186.25m，是目前最大跨径预应力混凝土刚架桥。

5. 预应力钢筋混凝土吊桥

预应力钢筋混凝土吊桥是将预应力梁中的预应力钢丝索作为悬索，并同加劲梁构成自

锚式体系。

1963 年建成的比利时根特的梅勒尔贝克桥和玛丽亚凯克桥，主跨径分别为 56m 和 100m，就是预应力钢筋混凝土吊桥。

6. 斜拉桥

斜拉桥的梁是悬在索形成的多弹性支承上，能减少梁高，且能提高桥的抗风和抗扭转震动性能，并可利用拉索安装主梁，有利于跨越大河，因而应用广泛。

1962 年建成委内瑞拉的马拉开波湖桥(见图 8-23)。这座桥为 5 孔 235m 连续梁，由悬在 A 形塔的预应力斜拉索将悬臂梁吊起。

7. 预应力混凝土斜拉桥

1971 年利比亚建造的瓦迪库夫桥，主跨径 282m。

1978 年美国建造的华盛顿州哥伦比亚河帕斯科-肯纳威克桥，主跨 299m。

1977 年法国建造的塞纳河布罗东纳桥，主跨 320m。

1982 年我国建成的山东济南黄河桥主跨为 220m(见图 8-24)。

图 8-23　委内瑞拉的马拉开波湖桥

图 8-24　山东济南黄河桥

8. 钢桥

第二次世界大战之后，随着强度高、韧性好、抗疲劳和耐腐蚀性能好的钢材的出现，以及用焊接平钢板和用角钢、板钢材的加劲所形成轻而高强的正交异性板桥面、高强度螺栓的应用等，钢桥有了很大发展。

钢板梁和箱形钢梁同混凝土相结合的桥型，以及把正交异性板桥面同箱形钢梁相结合的桥型，在大、中跨径的桥梁上被广泛运用。

1951 年德国建成的杜塞尔多夫至诺伊斯桥，是一座正交异性板桥面箱形梁，跨径 206m。

1957 年德国建成的杜塞尔多夫北桥，是一座 6 孔 72m 钢板梁梁桥。

1957 年南斯拉夫建成的贝尔格莱德的萨瓦河桥，是一座钢板梁桥，跨径为(75+261+75)m，为倒 U 形梁。

1973 年法国建成的马蒂格斜腿刚架桥，主跨为 300m。

1972 年意大利建成的斯法拉沙桥，跨径达 376m，是目前世界上跨径最大的钢斜腿刚架桥。

1966 年美国完工的俄勒冈州阿斯托里亚桥，是一座连续钢桁架桥，跨径达 376m。

1966 年日本建成的大门桥，是一座连续钢桁架桥，跨径达 300m。

1968 年中国建成的南京长江大桥，是一座公路铁路两用的连续钢桁架桥，正桥为(128+9×160+128)m，全桥长 6km。

1972 年日本建成的大阪港的港大桥为悬臂梁钢桥，桥长 980m，由 235m 锚孔和 162m 悬臂、186m 悬孔所组成。

1964 年美国建成的纽约维拉扎诺吊桥，主孔 1298m，吊塔高 210m。

1966 年英国建成的塞文吊桥(见图 8-25)，主孔 985m。这座桥根据风洞试验，首次采用梭形正交异性板箱形加劲梁，梁高只有 3.05m。

1980 年英国完工的恒比尔吊桥，主跨为 1410m，也用梭形正交异性板箱形加劲梁，梁高只有 3m。

20 世纪 60 年代以后，钢斜拉桥发展起来。第一座钢斜拉桥建于 1956 年建于瑞典的斯特伦松德海峡桥，跨径为(74.7+182.6+74.7)m。这座桥的斜拉索在塔左右各两根，由钢筋混凝土板和焊接钢板梁组合作为纵梁。

1959 年联邦德国建成的科隆钢斜拉桥(见图 8-26)，主跨为 334m。

图 8-25　塞文吊桥

图 8-26　科隆钢斜拉桥

1971 年英国建成的厄斯金钢斜拉桥，主跨 305m。

1975 年法国建成的圣纳泽尔桥(见图 8-27)，主跨 404m。这座桥的拉索采用密束布置，使节间长度减少，梁高减低，梁高仅 3.38m。目前通过对钢斜拉桥抗风抗震性能的改进，其跨径正在逐渐增大。

图 8-27　圣纳泽尔桥

8.2 桥梁的组成和分类

8.2.1 桥梁的组成

桥梁结构一般分为上部结构和下部结构。上部结构包括桥面铺装、桥面系、承重结构以及连接部件；下部结构为桥墩、桥台和基础，有时下部结构仅含桥墩和桥台，将桥梁基础单列。桥梁上下部结构之间常采用支座连接。

1. 上部结构

桥梁上部结构(或称桥跨结构、桥孔结构)，是在路线遇到障碍(如河流、山谷或其他线路等)而中断时，跨越这类障碍的主要承载结构。按上部结构的主要受力性能，将桥梁分为梁桥、拱桥、斜拉桥、悬索桥等。

2. 桥墩与桥台

桥墩、桥台以及基础统称下部结构，其主要作用是承受上部结构传来的荷载，并将它本身的自重传给地基。

桥墩支撑相邻的两孔桥跨，居于桥梁的中间部位。桥台居于全桥的两端，前端支承桥跨，后端与路基衔接，起着支挡台后路基填土并把桥跨与路基连接起来的作用。桥墩、桥台除承受上部结构的作用外，桥墩还受到风力、流水压力及可能发生的冰压力、船只和漂流物的撞击力，桥台还需要承受台背填土上车辆荷载产生的附加侧压力。因此，桥墩、桥台不仅本身应具有足够的强度、刚度和稳定性，而且对地基的承载能力、沉降量、地基与基础之间的摩阻力等也提出了一定的要求。

桥墩的结构形式多种多样(见图 8-28)。随着桥梁建设事业的发展，特别是高等级公路桥梁和城市桥梁的兴起，出现了许多造型新颖、轻巧美观的桥墩结构形式。优秀的桥梁设计方案，往往注重展现下部结构的功能和造型，使上下部结构协调一致，互为点缀，进而烘托桥梁方案的整体效果。桥梁下部结构的发展方向是轻型、薄壁、造型美观等。

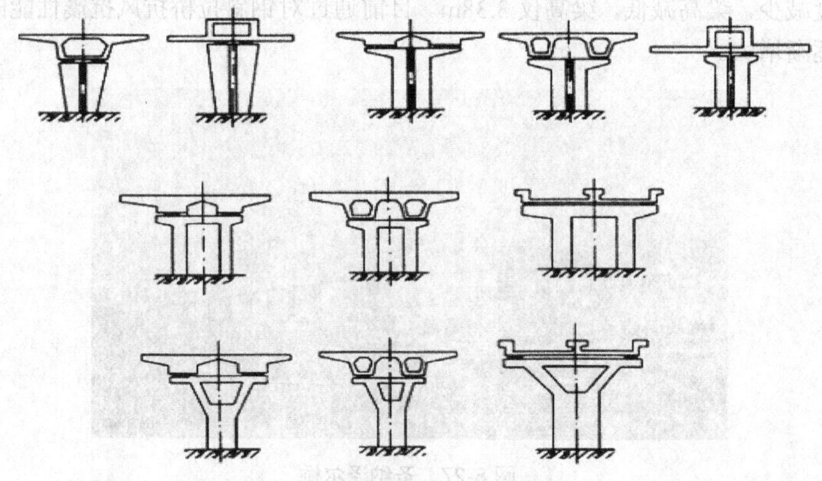

图 8-28　桥墩基本形式示意图

桥梁下部结构的选型应遵循安全耐久，满足交通要求、造价低、维修养护少、预制施工方便、工期短、与周围环境协调、造型美观等原则。桥梁的墩台设计与结构受力有关，与土质构造和地质条件有关，与水文、流速以及河床性质有关。因此桥墩、桥台要置于稳定可靠的地基上，并通过设计和计算确定基础形式和埋置深度。桥梁下部结构经受洪水、地震、桥梁活载等的动力作用，要确保安全、耐久，就必须充分考虑上述各种因素的组合。

桥梁是一个整体，上下部结构共同作用、互相影响，要重视下部结构与上部结构的合理组合，特别是在墩梁固结的连续梁钢构桥中。在某些情况下，桥梁的下部结构很难与上部结构截然分开，同时桥梁下部结构的造型与周围的地形、地物条件密切相关，使桥梁与环境和谐、均匀。

墩台的施工方法与结构形式有关，桥梁墩台的施工主要有在桥位处就地施工与预制装配两种。就桥墩来说，目前较多地采用滑动模板连续浇筑施工，它适用于高桥墩、薄壁直墩和无横隔板的空心墩，而装配式墩常在带有横隔板的空心墩、V 形墩、Y 形墩等形式中采用。在墩台施工中，应从实际情况出发，因地制宜地提高机械化程度，大力采用工业化、自动化和施工预应力的施工工艺，提高工程质量，加快施工速度。

3. 墩台基础

墩台基础是使桥上全部荷载传至地基的结构部分。基础工程在整个桥梁工程施工中是比较困难的部位，而且经常需要在水中施工，遇到的问题也比较复杂。

4. 支座

在桥跨结构与桥墩、桥台的支承处所设置的传力装置，称为支座，它不仅要传递很大的荷载，而且要保证桥跨结构能产生一定的变位。

5. 桥梁与路的连接

路堤与桥台衔接处，一般在桥台两侧设置石砌的锥形护坡，以保证迎水部分路堤边坡的稳定。

8.2.2　桥梁的分类

1. 按结构类型分类

桥梁按用途分类，可分为公路桥、城市桥、铁路桥、公铁两用桥、人行桥，以及管道桥、水路桥、机场跑道桥等。

公路桥与城市桥均以通行汽车为主，与专供铁路列车行驶的铁路桥相比，活载相对较轻，桥的宽度相对较大(其中城市桥的宽度相对较宽)。公路两用桥是指能同时承受公路与铁路荷载的桥梁，一般规模较大。它可做成双层桥面桥，如我国武汉长江大桥(见图 8-29)、南京长江大桥(见图 8-30)等；也可做成同一平面的，如澳大利亚的悉尼港刚拱桥。人行桥是指专供行人通行的桥梁，活载较小，桥面较窄，结构造型较灵活，对美学要求较高，总造价也不高，因此常采用一些造型独特、新颖的结构。

我国的桥梁按其用途与所属管理部门主要分为公路桥、城市桥、铁路桥和其他专用桥。公路桥属交通部门管理，城市桥属市政部门管理，铁路桥属铁道部门管理，其他专用桥根据其用途和业主分属矿山、林业、港口等部门。不同用途的桥梁，设计、施工、管理等规范、标准等也不同。

图 8-29 武汉长江大桥

图 8-30 南京长江大桥

2. 按结构类型分类

作为一种结构，从力学的角度出发，桥梁结构体系的划分在桥梁的分类中有着特别重要的意义。工程结构上的受力构件，总离不开拉、压和弯曲 3 种基本受力方式。由基本构件所组成的各种结构物，在力学上也可归结为梁式、拱式、悬吊式 3 种基本体系。

梁式桥、拱式桥和吊桥是 3 种古老的桥梁结构形式。随着桥梁结构形式的发展，一些新的桥型不断出现，这些新桥型可以看作是梁式、拱式和悬吊式的组合，比如斜拉桥和刚构桥。由于斜拉桥和刚构桥在近代得到了很大的发展，目前常将这两种结构与梁拱吊 3 种传统的桥梁形式并列，因此我国常将桥梁按结构划分为 5 种形式，即梁桥、拱桥、悬索桥、斜拉桥、刚构桥。钢桁架桥在国外应用很多，桁梁常独立于梁桥之外作为一种桥型，桥梁结构就可分成 6 种，即梁桥、桁架桥、拱桥、刚构桥、斜拉桥、悬索桥。

1) 梁桥

梁式体系(见图 8-31)是最古老的结构体系。梁桥是一种在竖向荷载作用下无水平反力、以受弯为主的结构。由于外力的作用方向与承重结构的轴线接近垂直，故与同样跨径的其他结构体系相比，梁内产生的弯矩最大，通常需要抗弯能力强的材料来建造。为了节约钢材和木料，目前在公路上应用最广的是预制装配式钢筋混凝土和预应力混凝土简支桥梁。这种梁桥的结构简单、施工方便，对地基承载力的要求也不高，其常用的跨径在 50m 以下。当跨度较大时，为了达到经济、省料的目的，可根据地质条件等修建悬臂式或连续式梁桥。对于跨径很大以及承受很大荷载的特大桥梁，可建造钢桥。

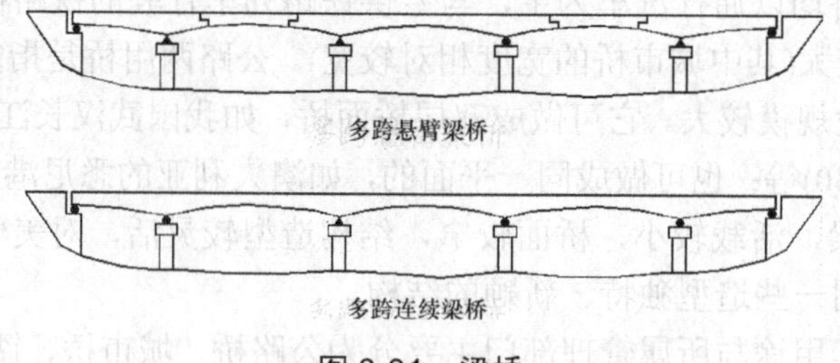

图 8-31 梁桥

2)　桁架桥

桁架桥(见图 8-32)一般由主桥架、上下水平纵向联结系、桥门架和中间横撑架以及桥面系组成。在桁架中，弦杆是组成桁架外围的杆件，包括上弦杆和下弦杆。连接上下弦杆的杆件叫腹杆。按腹杆方向之不同又区分为斜杆和竖杆。弦杆与腹杆所在的平面就叫主桁平面。大跨度桥架的桥高沿跨径方向变化，形成曲弦桁架；中小跨度采用不变的桁高，即所谓平弦桁架或直弦桁架。

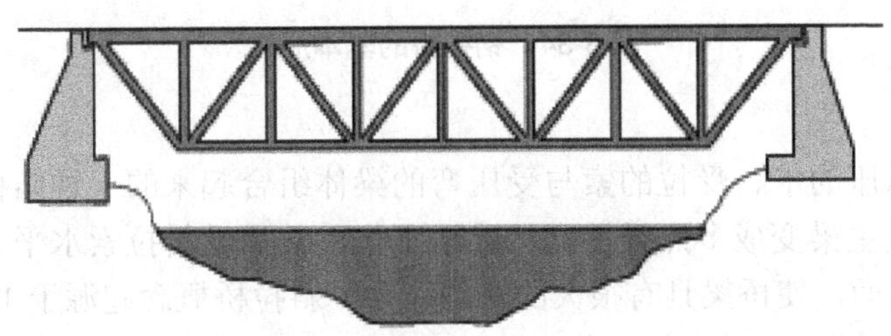

图 8-32　桁架桥

3)　拱桥

拱桥(见图 8-33)的主要承重结构是拱圈或拱肋。这种结构在竖向荷载作用下，桥墩或桥台将承受水平推力。同时，这种水平推力将显著抵消荷载所引起在拱圈(或拱肋)内的弯矩作用。因此，与同跨径的梁桥相比，拱的弯矩和挠度要小得多。鉴于拱桥的承重结构以受压为主，因此通常可用抗压能力强的圬工材料和钢筋混凝土等来建造。

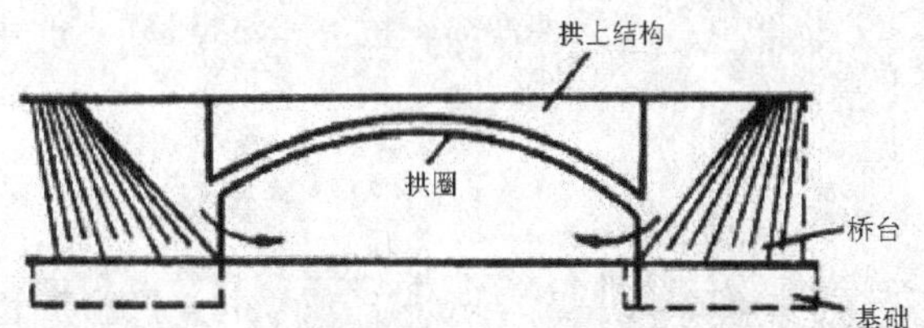

图 8-33　拱桥结构

拱桥的跨越能力很大，外形也较美观，在条件许可的情况下，修建圬工、钢筋混凝土或钢管混凝土拱桥往往是经济合理的。但为了确保拱桥能安全使用，下部结构和地基必须能经受住很大的水平推力。跨径很大时，可建造钢拱桥。

4)　钢构桥

钢构桥(见图 8-34)的主要承重结构是梁或板和立柱或竖墙整体结构结合在一起的钢架结构。梁和柱的连接处具有很大的刚性，在竖向荷载作用下，梁部主要受弯，而在柱脚处也具有水平反力，其受力状态介于梁桥与拱桥之间。斜腿钢构的受力特点与拱相近，直腿钢构则与梁相近。对于同样的跨径，在相同的荷载作用下，钢构桥的跨中正弯矩比一般梁桥的要小。根据这一特点，钢构桥跨中的建筑高度就可以做得较小。在城市中当遇到线路立体交叉或需要跨越通航江河时，采用这种桥型能尽量降低线路高程以改善纵坡并能减少路堤土方量。当桥面高程已确定时，能增加桥下净空。

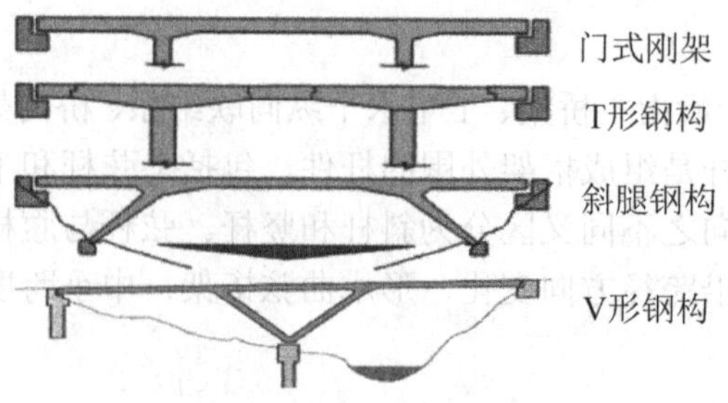

图 8-34　钢构桥的基本形式

5)　斜拉桥

斜拉桥是由承压的塔、受拉的索与受压弯的梁体组合起来的一种结构体系。由于斜拉索将主梁吊住，使主梁变成多点弹性支承连梁工作，并承受斜拉索水平分力施加的压力，因此减小了主梁截面，使桥梁具有很大的跨越能力。斜拉桥概念起源于 19 世纪，限于材料水平，建成不久即被淘汰，直到 20 世纪中期，出现了高强钢丝、正交异性钢板梁，以及计算机在结构分析中的广泛应用，斜拉桥又蓬勃发展起来。斜拉桥刚度大、造价低，很快在世界范围得到推广，且跨度越来越大，目前最大跨径已达 1088m(我国的苏通长江大桥)(见图 8-35)。斜拉桥与悬索桥相比，它是一种自锚体系，不需要昂贵的锚碇；防腐技术要求比吊桥低，从而降低索的防腐费用；斜拉桥刚度比悬索桥好，抗风能力也比吊桥好；斜拉桥施工可用悬臂施工工艺，施工不妨碍通航；钢束用量比悬索桥少。

图 8-35　苏通长江大桥

6)　悬索桥

现代悬索桥通常由桥塔、锚碇、缆索、吊杆、加劲梁及索鞍等主要部分组成(见图 8-36)。主缆广泛采用高强度钢丝编制的钢缆，以充分发挥其优异的抗拉性能，因此结构自重较轻，能以较小的建筑高度跨越其他任何桥型所不能及的特大跨度，其经济跨越在 500m 以上。悬索桥的另一特点是：成卷的钢缆易于运输，结构的组成构件较轻，便于无支架悬吊拼装。

桥塔承受缆索通过索座传来的垂直荷载和水平荷载以及加劲梁支承在塔身上的反力，并将各种荷载传递到下部的塔墩和基础。桥塔同时还受到风力与地震的作用。桥塔的高度主要由垂跨比确定。已建成的大跨度悬索桥中大多数桥塔都采用钢结构，随着预应力技术和爬模技术的发展，造价经济的混凝土桥塔已有了较多的应用。

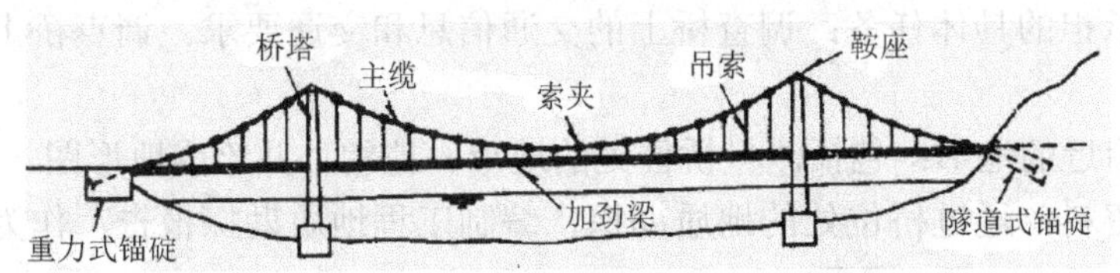

图 8-36　悬索桥示意图

上述几种基本桥型之间还可以组合起来，产生新的桥型，如拱与梁可组合成拱梁组合桥，连续梁与钢架可组合成连续钢构桥等。

8.3　桥梁工程的总体规划和设计要点

8.3.1　桥梁总体规划的任务和重点

桥梁总体规划的基本内容包括：桥位选择；桥梁总跨径及分孔方案的确定；桥型选定；决定桥梁的纵、横断面布置等。桥梁总体规划的原则是：根据其使用任务、性质和将来发展的需要，全面贯彻安全、经济、适用和美观的方针。

一般需考虑下述各项要求。

1. 使用上的要求

桥上的行车道和人行道应保证车辆和行人的安全畅通。既满足当前的要求，又照顾今后的发展；既满足交通运输本身的需要，也兼顾其他方面的要求。桥型、跨度大小和桥下净空还应满足泄洪、安全通航和通车的要求。

2. 经济上的要求

桥梁的建造应体现经济合理。桥梁方案的选择要充分考虑因地制宜和就地取材以及施工水平等物质条件，力求在满足功能要求的基础上，使总造价和材料等消耗量最少，工期最短。

3. 结构上的要求

桥梁设计应积极采用新结构、新设备、新材料、新工艺和新的设计思想，保证整个桥梁结构及其部件，在制造、运输、安装和使用过程中应具有足够的强度、刚度、稳定性和耐久性。

4. 美观上的要求

在满足上述要求的前提下，尽可能使桥梁具有优美的建筑外形，并与周围的景物相协调。

8.3.2　桥梁设计的基本资料

桥梁总体设计涉及的因素很多，必须经过充分的调查研究，根据具体的情况，提出正确合理的设计方案和计划任务书。因此必须进行一系列的野外勘测和资料的收集工作。对于跨越河流的桥梁在勘测时应收集以下资料。

(1) 桥梁承担的具体任务：调查桥上的交通信息和交通要求。调查桥上有无各类管线需要通过。

(2) 桥位附近的地形：包括测量桥位处的地形、地貌，并绘成地形图。

(3) 地质资料：通过桥位处的地质勘探，编制工程地质勘探报告，作为基础设计的重要依据。

(4) 河流的水文情况：收集和分析历年的洪水资料；测量桥位处河床断面和桥位附近河道纵断面；通航河流的通航要求。

(5) 其他资料：建筑材料的来源、气象资料、施工单位的技术水平和施工的机械装备情况以及其余相关资料。

8.3.3 桥梁设计程序

我国桥梁的设计程序：大、中桥采用两阶段设计；小桥采用一阶段设计。

1. 桥梁设计的第一阶段是初步设计(方案设计)

依据计划任务书拟定桥梁结构形式和初步尺寸，估算工程数量，提出主要用材数量指标，选择施工方案，并据此编制工程概算与文字说明、图表资料等技术文件，形成初步设计方案，供投标使用。

2. 桥梁设计的第二阶段是编制施工图

在现代桥梁设计中，由于计算机的应用与发展大大提高了结构分析的效率，在初步设计阶段已普遍采用较精确的结构计算，大大提高了初步设计对工程数量的估算精度。

对于大型桥梁，在初步设计之前需进行项目可行性研究和规划设计，根据所搜集的相关资料制订桥梁规划设计的方案，编制计划任务书。

8.3.4 桥梁设计要点

1. 桥位选择

桥位在服从路线总方向的前提下，应尽量选择在河道顺直、水流稳定、河面较窄、地质良好、冲刷较少的河段上，避免桥梁与河流斜交。中小桥的桥位应服从路线要求，而路线的选择应服从大桥的桥位需求。

2. 桥型选择

桥梁结构型式的选择，必须满足安全实用、经济合理及美观协调的原则。影响桥型选择的因素很多，分析它们的特点，根据它们所起的作用和所处的地位，可以将这些因素分为独立因素、主要因素和限制因素等类别。

桥梁的长度、宽度和通航孔大小等都是桥型选择的独立因素。经济是桥型选择时考虑的主要因素。一切设计必须经过详细而周密的技术经济比较。地质、地形、水文及气候条件是桥型选择的限制因素，地形条件及水文条件将影响到桥型、基础埋置深度、水中桥墩数量等。

3. 确定桥梁总跨径与分孔数

总跨径的长度要保证桥下有足够的过水断面，可以顺利地宣泄洪水，通过流冰。根据河床的地质条件，确定允许冲刷深度，以便适当压缩总跨径长度，节省费用。分孔数目及跨径大小要考虑桥的通航需要、工程地质条件的优劣、工程总造价的高低等因素，一般是跨径越大，总造价越大，施工越困难。桥道标高也在确定总跨径、分孔数的同时予以确定。设计通航水位及通航净空高度是决定桥道标高的主要因素，一般在满足这些条件的前提下，尽可能地取低值，以节约工程造价。

4. 桥梁的纵横断面布置

桥梁的纵断面布置是在桥的总跨度与桥道标高以后，来考虑路与桥的连接线形与连接的纵向坡度。连接线形一般应根据两端桥头的地形和线路要求而定。纵向坡度是为了桥面排水，一般控制在 3%～5%。桥梁横断面布置包括桥面宽度、横向坡度、桥跨结构的横断面布置等。桥面宽度含车行道与人行道的宽度及构造尺寸等，应按照道路等级和国家的统一规定布置。

8.4 桥 面 构 造

公路桥梁的桥面构造是指直接与车辆、行人接触的部分，它对桥梁的承重结构起保护作用，并满足桥梁的使用、布局和美观。

1. 桥面的组成和布置

公路桥面构造一般包括桥面铺装、排水防水系统、人行道(或安全带)、灯柱、栏杆、路缘石、泄水管和伸缩缝等(见图 8-37)。高等级公路实行封闭运行，一般不设人行道，但在路缘和中央分隔带处需要设置安全护栏。对于城市桥梁，为减小桥梁宽度、缩短引桥长度、有效地利用桥梁净空，也采用双层桥面布置，这样可以使不同的交通严格分道行使，提高车辆和行人的通行能力。

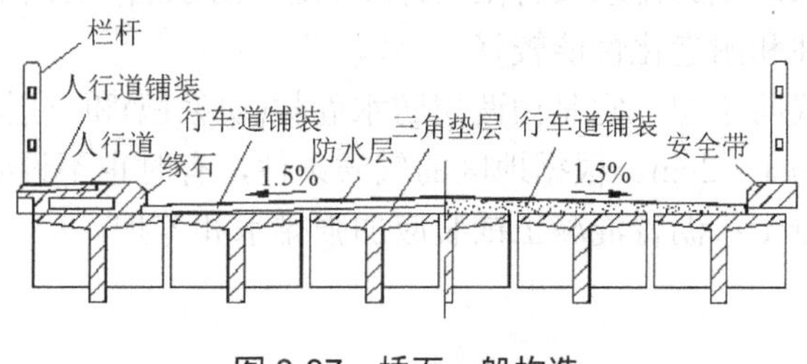

图 8-37　桥面一般构造

2. 桥面铺装及防水系统

1)　桥面铺装

桥面铺装是公路桥梁特有的结构，也叫行车道铺装或称桥面保护层，主要指在梁顶面之上与车轮直接作用的部分结构层。其功能是保护主梁及行车道板等承重结构免受雨水侵蚀和车轮、履带的磨损，并对车轮荷载有一定的扩散作用。

桥面铺装应具有一定的强度、耐磨、行车舒适、抗滑、不透水和不易开裂等要求。材料种类有水泥混凝土、沥青混凝土、沥青表面处治和泥结碎石等。其中沥青表面处治和泥结碎石桥面铺装耐久性较差，仅在中、低级公路桥上使用。水泥混凝土桥面铺装的造价低、耐磨性好，适合重载交通，但养护时间长，日后修补麻烦。沥青混凝土桥面铺装重量较轻，维修养护方便、通车速度快，但易老化变形。总之，水泥混凝土和沥青混凝土桥面铺装能够满足各项要求，使用较为广泛。

钢筋混凝土和预应力钢筋混凝土梁桥普遍采用水泥混凝土和沥青混凝土桥面铺装，不需做受力计算，厚度一般为0.06～0.08m。为使铺装层具有足够的强度和良好的整体性，一般在混凝土中铺设直径为4～6mm的钢筋网。

2) 桥面坡度

为满足桥梁的功能和使用要求，桥面需设置纵坡和横坡。

(1) 纵坡。

纵坡设置是为了满足桥梁立交或通航要求时桥梁的立面布置，以及有利桥面排水等。桥面的纵坡一般都做成双向，并在桥中心位置设置竖曲线。桥梁的纵坡都是通过墩台顶面的标高变化来实现的。

桥梁的纵坡要求根据不同等级道路来确定其纵坡坡度的限制数值，公路桥的要求相对较宽，一般国内不超过3%～4%，国外可达4%左右。对于铁路桥的纵坡大于1%时，就应采取措施。若是明桥面，则需增加防爬器，防止钢轨爬行。

(2) 横坡。

横坡的设置目的在于迅速排除桥面积水，防止或减少雨水渗透，保护主梁和行车道板，延长桥梁的使用寿命。

公路桥面的横坡一般设为1.5%～3%；而铁路桥面较窄，一般先在道碴槽板顶部铺设厚度变化的水泥砂浆垫层形成横向排水坡，再在其上设置防水层。

3. 防水层

桥面防水层设置于桥梁行车道板的顶面垫层之上且在铺装层之下，它将渗透过桥面铺装层或铁路道床的雨水汇集到排水设备(泄水管)排出。防水层要求不透水，有一定的强度、弹性和韧性，耐腐蚀性和耐老化性能较好。

公路桥面常用贴式防水层，它是由两层防水卷材(油毛毡)和三层黏结材(沥青胶砂)相间组合而成，厚度一般为1～2cm。根据地区的气候条件，有时也不设防水层。但水泥混凝土铺装层应采用防水混凝土；沥青混凝土铺装应加强排水和养护。

4. 排水系统

为迅速排出桥面积水，防止雨水积滞于桥面并渗入而影响桥梁的耐久性，除在桥面设置纵横坡、桥面铺装内设置防水层外，还应有一个完整的排水系统，通常设置泄水管。

城市桥梁、立交桥及高速公路上的桥梁，为了不影响桥梁的外观，不妨碍公共卫生，应设置封闭的排水系统，将排水管直接引向地面。

对于一些跨径不大、不设人行道的小桥，可以直接在行车道两侧的安全带或路缘石上预留横向孔道，用铁管或竹管等将水排出桥外。

5. 伸缩装置

桥梁结构在气温变化、活载作用、混凝土收缩和徐变等影响下会产生伸缩变形。为使变形能自由发生，同时又能保证车辆平稳通过，需要在相邻两梁之间、梁端与桥台之间、桥梁的铰接位置上预留缝隙——伸缩缝。

公路桥在桥面伸缩缝处安设伸缩装置，类型有：对接式、钢制支承式、橡胶组合剪切式(板式)、模数支承式和无缝式(暗缝式)伸缩装置等。铁路桥需安装钢轨伸缩调节器。

6. 人行道、安全带、灯柱、栏杆等

桥梁的桥面除前面所讲的构造内容外，还有人行道、安全带、照明灯柱和栏杆等。一般位于城镇和近郊的公路桥梁，均应设人行道。行人稀少地区可不设人行道，为保障行车安全，改用安全带。对于高等级公路上的桥梁一般不设人行道，但应在路缘和中央分隔带设置安全护栏。

8.5　桥墩与桥台

桥墩与桥台是桥梁下部结构的重要组成部分，它们的主要作用是承受上部结构传来的荷载，并将其自重传给地基。桥台是桥梁两端桥头的支承结构，是道路与桥梁的连接点；桥墩是多跨桥的中间支承结构。桥台和桥墩由台(墩)帽、台(墩)身和基础组成。

1. 桥墩的类型

桥墩(见图 8-38)的作用是支承其左右两跨的上部结构通过支座传来的竖直力和水平力。由于桥墩建筑在江河之中，因此它还要承受流水压力、水面以上的风力和可能出现的冰压力、船只等的撞击力。所以桥墩在结构上必须有足够的强度和稳定性，在布设上要考虑桥墩与河流的相互影响，即水流冲刷桥墩和桥墩壅水的问题，在空间上应满足通航和通车的要求。

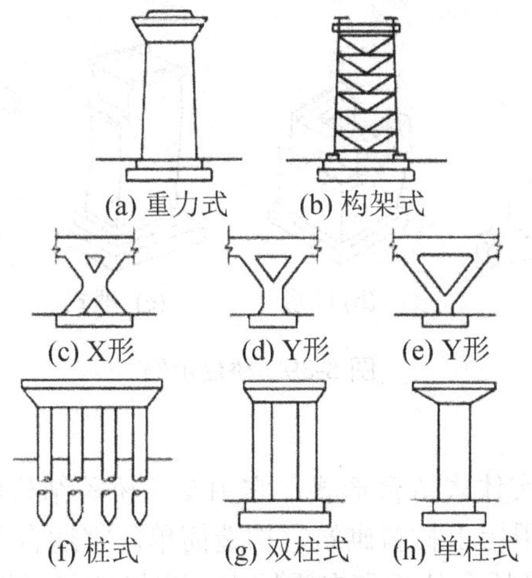

图 8-38　桥墩示例

一般公路桥常采用的桥墩类型根据其结构形式可分为实体式(重力式)桥墩、空心式桥墩和桩(柱)式桥墩。

具体桥梁建设时采用什么类型的桥墩，应依据地质、地形及水文条件；墩高；桥跨结构要求及荷载性质、大小；通航和水面漂浮物；桥跨以及施工条件等因素综合考虑。但是在同一座桥梁内，应尽量减少桥墩的类型。

1) 实体式桥墩

实体式桥墩主要特点是依靠自身重量来平衡外力而保持稳定。它一般适宜荷载较大的大、中型桥梁，或处于流冰、漂浮物较多的江河之中的桥梁。此类桥墩的最大缺点是圬工体积较大，因而其自重大，阻水面积也较大。有时为了减少墩身体积，将墩顶部分做成悬臂式。

2) 空心式桥墩

空心式桥墩克服了实体式桥墩在许多情况下材料强度得不到充分发挥的缺点，而将混凝土或钢筋混凝土桥墩做成空心薄壁结构等形式，这样既可节省圬工材料，还可减轻重量。其缺点是经不起漂浮物的撞击。

3) 桩或柱式桥墩

由于大孔径钻孔灌注桩基础的广泛使用，桩或柱式桥墩在桥梁工程中得到普遍采用。这种结构是将桩基一直向上延伸到桥跨结构下面，桩顶浇筑墩帽，桩作为墩身的一部分，桩和墩帽均由钢筋混凝土制成。这种结构一般用于桥跨不大于 30m，墩身不高于 10m 的情况。如果在桩顶上修筑承台，在承台上修筑立柱做墩身，就成为柱式桥墩。柱式桥墩可以是单柱，也可以是双柱或多柱形式，视结构需要而定。

2. 桥台的类型

桥台(见图 8-39)是两端桥头的支承结构物，它是连接两岸道路的路桥衔接构造物。它既要承受支座传递来的竖直力和水平力，还要挡土护岸，承受台后填土及填土上荷载产生的侧向土压力。因此桥台必须有足够的强度，并能避免在荷载作用下发生过大的水平位移、转动和沉降，这在超静定结构桥梁中尤为重要。当前，我国公路桥的桥台有实体式桥台和埋置式桥台等形式。

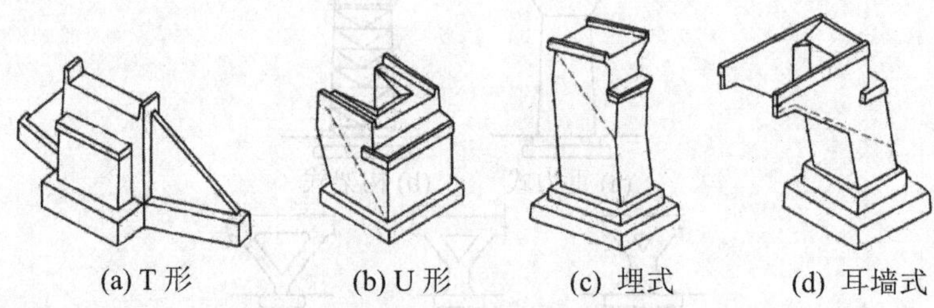

图 8-39　桥台示例

1) 实体式桥台

U 形桥台是最常用的实体式桥台形式，它由支承桥跨结构的台身与两侧翼墙在平面上构成 U 字形而得名，一般用圬工材料砌筑，构造简单。它适合于填土高度在 8～10m 以下，跨度稍大的桥梁。其缺点是桥台体积和自重较大，也增加了对地基的要求。

2) 埋置式桥台

埋置式桥台是将台身大部分埋入锥形护坡中，只露出台帽在外，以安置支座及上部构造物。这样，桥台体积可以大为减少。但是由于台前护坡用作永久性表面防护设施，存在着被洪水冲毁而使台身裸露的可能，故一般用于桥头被浅滩、护坡受冲刷较小的场合。埋置式桥台不一定是实体结构。配合钻孔灌注桩基础，埋置式桥台还可以采用桩柱上的框架式和锚拉式等型式。

8.6　桥梁工程未来的发展方向

1. 大跨度桥梁向更长、更大、更柔的方向发展

研究大跨度桥梁在气动、地震和行车动力作用下，结构的安全和稳定性，将截面做成适应气动要求的各种流线型加劲梁，增大特大跨度桥梁的刚度；采用以斜缆为主的空间网状承重体系；采用悬索加斜拉的混合体系；采用轻型而刚度大的复合材料做加劲梁，采用自重轻、强度高的碳纤维材料做主缆。

2. 新材料的开发和应用

新材料应具有高强、高弹模、轻质的特点，研究超高强硅粉和聚合物混凝土、高强双相钢丝钢纤维增强混凝土、纤维塑料等一系列材料取代目前桥梁用的钢和混凝土。

3. 在设计阶段采用高度发展的计算机辅助手段

进行有效的快速优化和仿真分析，运用智能化制造系统在工厂生产部件，利用 GPS 和遥控技术控制桥梁施工。

4. 大型深水基础工程

目前世界桥梁基础尚未超过 100m 深海基础工程，下一步需进行 100～300m 深海基础的实践。

5. 桥梁的安全性

桥梁建成交付使用后，将通过自动监测和管理系统保证桥梁的安全和正常运行，一旦发生故障或损伤，将自动报告损伤部位和养护对策。

6. 重视桥梁美学及环境保护

桥梁是人类最杰出的建筑之一，闻名遐迩的美国旧金山金门大桥、澳大利亚悉尼港桥、英国伦敦桥、日本明石海峡大桥、中国上海杨浦大桥、南京长江二桥、香港青马大桥，这些著名的大桥都是一件件宝贵的空间艺术品。它们成为陆地、江河、海洋和天空的景观，成为城市的标志性建筑。宏伟壮观的澳大利亚悉尼港桥与现代化别具一格的悉尼歌剧院融为一体，是今天悉尼的象征。因此，21 世纪的桥梁结构必将更加重视建筑艺术造型，重视桥梁美学和景观设计，重视环境保护，以达到人文景观同环境景观的完美结合。

在 20 世纪桥梁工程大发展的基础上，描绘 21 世纪的宏伟蓝图。桥梁建设技术将有更大、更新的发展。

思 考 题

1. 简述桥梁的基本组成。
2. 桥梁类型划分的依据有哪些？举例说明。
3. 简述梁式桥、拱桥、刚架桥、斜拉桥和悬索桥各自的优缺点。
4. 简述桥面的组成及其作用。
5. 简述桥墩与桥台的类型及作用。

第9章 地下工程

【学习重点】

- 地下工程的定义、种类。
- 地下铁路工程的特点。

【学习目标】

- 了解地下空间开发利用的目的和意义。
- 熟悉地下工程的分类。
- 了解隧道工程的发展情况。
- 熟悉地下铁路的组成和特点。
- 了解地下工程的施工特点。

9.1 地下空间的开发和利用

地球表面以下是一层很厚的岩石圈，岩层表面风化成土壤，形成厚度不同的土层，在岩层和土层中天然形成或经人工开发形成的空间称为地下空间。天然形成的地下空间，如在石灰岩山体中由于水的冲蚀作用形成的天然溶洞，在土层中存在的地下水的空间含水层等；人工开发的地下空间包括利用开采后废弃的矿坑和使用各种技术挖掘出来的空间。

在人类社会发展的漫长过程中，地下空间作为人类防御自然灾害和外敌入侵的防御设施而被利用。随着科学技术的不断发展，地下空间的利用也有了越来越广泛的内涵，从自然洞穴的利用到人工洞室的利用，从单纯的防御功能到成为人类生活和通行的空间，地下空间的利用得到了越发广泛的重视，其利用程度和规模在不断扩大，目前许多国家的政府都把开发和利用地下空间作为一项国策来实施发展。20 世纪 80 年代，国际隧道协会提出“大力开发地下空间，开始人类新的穴居时代”的倡议，得到了各国的广泛响应，有科学预测指出，21 世纪将是大力开发地下空间的世纪。地下空间的利用是与人类文明历史的发展相呼应的，大致可以分为四个时代。

第一时代：原始时期，从人类开始出现到公元前 3000 年。这期间天然洞窟等地下空间常作为人类的原始居所，成为人类防御自然灾害和野兽侵袭的避难所。

第二时代：古代时期，从公元前 3000 年到公元 5 世纪。随着人类文明的发展，地下空间开始被人类利用于城市生活设施。埃及金字塔的引水道、我国秦汉时期的陵墓和地下粮仓、古巴比伦王朝修建的横穿幼发拉底河的水底隧道等工程均是这一时期的代表，许多古代地下工程至今还在利用，它们体现了相当高的工程技术水准，是现代地下空间技术的基础。

第三时代：中世纪时期，从公元 5 世纪到 14 世纪。这个时期工程建设技术发展缓慢，但由于对铁、铜等金属的需求，矿石开采技术得到了一定的发展。

第四时代：近代和现代时期，从 15 世纪开始至今。在这一时期，随着工业革命的开始，各种工程机械设备得以发明利用，尤其是诺贝尔发明的黄色炸药，成为开发地下空间的有力武器。采矿、隧道、地下铁道等地下工程发展迅速，以我国的隧道工程为例，截止 2003 年年底，我国共建成铁路隧道 6867 座，总长度 3670km，居世界第一位；公路隧道 1972 座，总长 835km，我国成为世界上公路隧道数量最多的国家；地下铁道总里程达 5300 多千米。

地下空间几乎完全与地面隔离，具有较为明显的构造特性(空间性、密闭性、隔离性、耐压性、耐寒性、抗震性等)、物理特性(隔热性、恒温性、恒湿性、遮光性、难透性、隔音性等)和化学特性(反应性)，利用地下空间时应结合其所具备的优缺点，结合实际需求加以充分利用。

地下空间的特殊性决定了其具有以下优点：①恒温，且能较好地绝热和蓄热，有利于能源的节约；②受自然灾害影响较小，具有良好的抗风和抗震性能；③隐蔽性好，能够经受和抵御武器的破坏；④气密性、隔声性、隔震性好；⑤具有良好的地下水保持性；⑥节约用地，由于地下空间一般仅出入口设在地上，因此对周边环境的影响较小，有利于古迹保护、城市绿化，同时也为城市的高密度开发提供了条件；⑦地下空间具有较好的空间灵活性，能够利用高效的运输手段。地下空间的缺点主要有：自然采光很差、温差小、湿度大、空间封闭压抑、空气不易流通、人员进出不方便、微生物繁衍快等。

地下空间作为一种新的资源进行开发和利用是当今一些国家的发展趋势，虽然还存在许多亟待解决的问题，但发展的前景十分广阔，其发展有以下特点和趋势。

(1) 大力发展城市地下交通、平时和战时两用的地下公共建筑、节约能源的中小型地下太阳能住宅、多功能地下室。

(2) 能源的地下储存。

(3) 高放射性核废料和工业垃圾的地下封存。

(4) 地下溶洞风景资源的开发。

(5) 防灾和供战争防护用的地下建筑。

9.2 地下工程的种类

地下工程是指建造在岩体或土体中的工程结构物，又称地下设施，通常包括地下建筑物和地下构筑物。建造在岩层或土层中的各种建筑物，是在地下形成的建筑空间，称为地下建筑。地面建筑的地下室部分也是地下建筑；一部分露出地面，大部分处于岩石或土壤中的建筑物称为半地下建筑。地下构筑物一般是指建在地下的矿井、巷道、输油或输气管道、输水隧道、水库、油库、铁路和公路隧道、城市地铁、地下商业街、军事工程等。

地下工程的历史可以追溯到远古。近代的地下工程开始在采矿、交通运输、市政、工业和水工地下工程等方面得到了广泛的发展。在第二次世界大战期间，地下工程在战争防护方面的优越性受到了重视，不少国家都将一些军事设施和工厂、仓库、油库等修建在深层地下，并利用原有的地下工程作为防空掩蔽所和地下兵工厂，这在一定程度上使地下工程的建造技术得到快速发展，对地下工程的发展起到了明显的促进作用。近 30 年以来，由于一些尖端产品的生产工艺对恒温、恒湿条件的严格要求，将生产这些产品的车间设在地下更显示出地下工程的优越性。为获得更高的水头或节约高山峡谷内大面积的地面开挖工程量，许多国家修建了水电站地下厂房及其附属洞室。在一些北欧国家，为了节约地上工程建成后的运营和维护费用，常将一些工业建筑设在地下，出现了技术先进的地下工厂。地下工程上所覆盖的岩层或土层能够承担来自地下建筑物内的超压，防止和限制地下建筑物内贮存的高压气体引起的爆炸危害，因此地下贮存室广泛被采用。此外，地下工程的密闭性对防止火灾蔓延、减轻环境污染也提供了有利条件，将核废料和工业垃圾封存于深层地下的岩洞内是一种有效的处理措施。

归纳起来，地下工程可以按其使用功能分为以下几类。

(1) 工业设施：包括仓库、油库、粮库、冷库、各种地下工厂、火电站、核电站等。图 9-1 为污水处理厂，其污水处理系统大部分位于地下。

(2) 民用设施：包括各种人防工程(掩蔽所、指挥所、救护站、地下医院等)、平战时结合的地下公共建筑(地下街、车库、影剧院、餐厅、地下住宅等)。图 9-2 为日本名古屋地下商店，图 9-3 为甘肃黄土高原的窑洞民居，图 9-4 为地下停车场。

图 9-1　污水处理厂平面布局

图 9-2　日本名古屋地下商店

图 9-3　窑洞民居

图 9-4　地下停车场

(3) 交通运输设施：包括铁路和道路隧道、城市地下铁道、运河隧道、水底隧道等。图 9-5 为秦岭终南山隧道。

(4) 水工设施：包括水电站地下厂房、附属洞室以及引水、尾水等水工隧洞等。图 9-6 为向家坝水电站地下厂房。

图 9-5　秦岭终南山隧道

图 9-6　向家坝水电站地下厂房

(5) 矿山设施：包括各种矿井、水平巷道和作业坑道等。图 9-7 为地下矿井。

(6) 军事设施：包括各种永备的和野战工事、屯兵和作战坑道、指挥所、通信枢纽部、导弹发射井、军用仓库等。

(7) 市政设施：包括给排水管道、热力和电力管道、输油输气管道、通信电缆管道以及综合性市政隧道等。

图 9-7　地下矿井

9.3 隧 道 工 程

9.3.1 概述

隧道是埋置于底层中的工程建筑物，是人类利用地下空间的一种形式。1970 年国际经济合作与发展组织(Organization for Economic Cooperation and Development，OECD)的隧道会议对隧道所下的定义为：“以某种用途，在地面下用任何方法按规定形状和尺寸，修筑的断面积大于 $2m^2$ 的洞室。”

最古老的隧道是古巴比伦城连接皇宫与神庙间的人行隧道，建在公元前 2160—公元前 2180 年。该隧道长约 1km，断面为 3.6m×4.5m，施工期间将幼发拉底河水流改造，用明挖法建造。我国最早有文字记载地下人工建筑物，出现在东周初期(约公元前 700 年)。最早用作交通的隧道为“石门”隧道(见图 9-8)，位于今陕西省汉中市北约 20km 处的褒谷南口，建于东汉明帝永平九年(约公元 66 年)。近代隧道兴起于运河时代，从 17 世纪起，欧洲陆续修建了许多运河隧道。法国的马尔派司(Malpas)运河隧道建于 1678—1681 年，长 157m，它可能是最早用火药开凿的航运隧道。19 世纪 20 年代，随着铁路和炼钢工业的发展以及蒸汽机的出现，促进了隧道工程的发展。1826—1830 年英国在利物浦硬岩中修建了两座最早的铁路隧道。1843 年在英国泰晤士河修建了第一条水底道路隧道。目前世界最长的陆地铁路隧道为穿越瑞士阿尔卑斯山脉的勒奇山(Loetschberg)隧道(见图 9-9)，全长近 35km。在阿尔卑斯山还有一条更长的陆地隧道正在建设当中，这就是和勒奇山隧道平行的“圣哥达”铁路隧道，2017 年完工之后，它将成为世界上最长的铁路隧道，全长 57km。

古代使用原始工具人工挖掘，直到 19 世纪隧道施工才开始采用钻爆作业，经过一个世纪的革新，现在已发展成大型机械作业。

图 9-8　石门隧道

图 9-9　勒奇山隧道

9.3.2　隧道的分类及特点

隧道的种类繁多，从不同的角度来区分就有不同的分类方法。隧道按其用途分为交通隧道(如铁路隧道、公路隧道、水底隧道、航运隧道、人行地道等)、水工隧道(如供水力发电及农田水利用的引水隧洞、排灌隧洞等)、市政隧道(如供城市地下管网及给水和排水隧道)、军事或国防需要的特殊隧道。隧道按其所处的位置又分为山岭隧道、水底隧道及城市地下铁路隧道等。

1. 铁路隧道

铁路隧道是指修建在地下或水下并铺设铁路供机车车辆通行的建筑物。根据其所在的位置，铁路隧道可分为三大类：为缩短距离和避免大坡道而从山岭或丘陵下穿越的称为山岭隧道；为穿越河流或海峡而从河下或海底通过的称为水下隧道；为适应铁路通过大城市的需要而在城市地下穿越的称为城市隧道。这三类隧道中修建最多的是山岭隧道。我国是一个多山国家，山地、丘陵、高原等山区面积约占全国面积的三分之二。铁路穿越这些地区时，往往会遇到山岭障碍。而铁路限坡平缓，无法上升到越岭所需要的高度，同时铁路还有最小半径限制，常限于山丘地形而无法绕过，这就需要修建隧道以克服高程或平面障碍。隧道既可以使线路顺直、线路缩短，又可以减少坡度，还可以躲开各种不良的地质条件，从而提高运量和行车速度，使运营条件得到改善。

铁路隧道一般由洞口路堑(或引道)、洞口、洞身和隧道内外附属构筑物组成。隧道内的线路常采用单向坡或双向坡，单向坡适用于套线、螺旋线或较短的越岭隧道，双向坡适用于越岭隧道和水底隧道。

自英国于 1826 年起在蒸汽机车牵引的铁路上开始修建长 770m 的泰勒山单线隧道和长 2474m 的维多利亚双线隧道以来，英、美、法等国相继修建了大量铁路隧道。在 19 世纪 60 年代以前，修建隧道的方法是人工凿孔和用黑火药爆破。1861 年在修建穿越阿尔卑斯山脉的仙尼斯峰铁路隧道时，首次应用风动凿岩机代替人工凿孔。1867 年修建美国胡萨克铁路隧道时，开始采用硝化甘油炸药代替黑火药，使隧道施工技术及速度得到了进一步发展，其中较长的瑞士和意大利间的辛普朗铁路隧道长 19.8km。20 世纪 60 年代以来，隧道机械化施工水平有了很大提高，全断面液压凿岩台车和其他大型施工机具相继用于隧道施工，喷锚技术的发展和新奥法的应用为隧道工程开辟了新的途径，掘进机的采用彻底改变了隧道开挖的钻爆方式，盾构构造不断完善，已成为松软、含水地层修建隧道最有效的工具。

1887—1889 年中国在台湾省台北至基隆窄轨铁路上修建的狮球岭隧道(见图 9-10)，是中国的第一座铁路隧道，长 261m。秦岭隧道(见图 9-11)是中国最长的铁路隧道，位于西(安)(安)康铁路青岔车站和营盘车站之间，由两座基本平行的单线隧道组成，两线间距为 30m，其中一号线隧道全长 18 460m；二号线隧道全长 18 456m。截止到中华人民共和国成立初期，我国铁路上共有 400 余座铁路隧道，总延长 100 多千米。中华人民共和国成立后，我国迅速改变了旧中国铁路分布不合理的现象，在西南和西北等多山的高原地区修建了大量铁路隧道，到 1998 年年底，我国有铁路隧道 6800 余座，全长 3667km，成为世界上铁路隧道最多的国家。表 9-1 为世界铁路隧道长度排名。

图 9-10　狮球岭隧道

图 9-11　秦岭隧道

表 9-1　世界铁路隧道长度排名

排　名	隧道名称	所在国家	长度/m	线　数	修建时间/年
1	勒奇山隧道	瑞士	34 000	双	1994—2005
2	大清水	日本	22 300	双	1971—1979
3	辛普朗一号	瑞士-意大利	19 803	单	1898—1906
4	辛普朗二号	瑞士-意大利	19 323	单	1912—1922
5	亚平宁	意大利	18 579	双	1920—1934
6	秦岭一号线	中国	18 460	双	1997—2003

注：本表中不包括海底铁路隧道。

2. 公路隧道

公路隧道又称道路隧道，是指修筑在地下供汽车行驶的通道，一般还兼作管线和行人等通道。

公路隧道的平面线形和普通道路一样，根据公路规范要求进行设计。隧道平面线形一般采用直线，避免曲线。如必须设置成曲线时，应尽量采用大半径曲线，以确保视距。公路隧道的纵断面坡度，由隧道通风、排水和施工等因素确定，采用缓坡为宜。隧道的纵坡通常应不小于 0.3%，并不大于 3%。隧道如从两个洞口对头掘进，为便于施工排水，可采用“人”字坡。单向通行时，设置向下的单坡对通风有利。

公路隧道的主体建筑物一般由洞身、衬砌和洞门组成，在洞口容易坍塌的地段，还加建明洞。隧道的附属构筑物有防水和排水设施、通风和照明设施、交通信号设施以及应急设施等。公路隧道设计通常先进行方案设计，然后进行隧道的平面和纵断面、净空、衬砌等具体设计。

世界最长的公路隧道是挪威西部 24.5km 长的拉达尔隧道(见图 9-12)，于 1995 年 3 月开始动工兴建，2000 年 11 月 27 日正式通车，其横剖面如图 9-13 所示。该隧道建成使挪威西部到首都奥斯陆的公路交通大为改观。我国建国以前仅有十余座道路隧道，最长不超过 200m。为了开发西部和进一步繁荣中东部经济，我国在 21 世纪大力推进铁路和高等级公路的路网建设，高等级公路向山区推进，使得大量公路隧道修建起来。目前，我国道路隧道的数量已达 1684 座，总长 628km 以上。

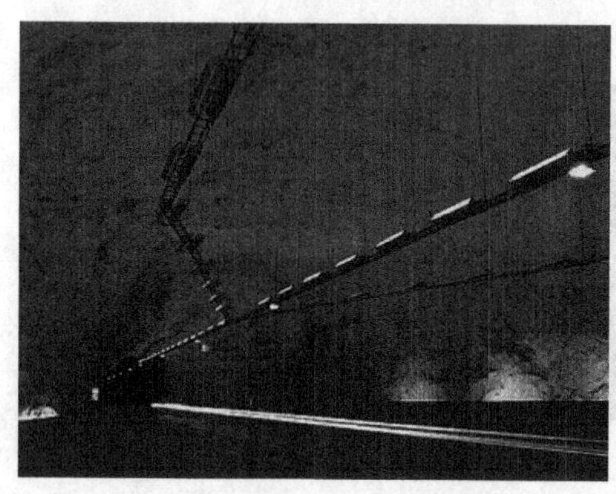

图 9-12　拉达尔隧道

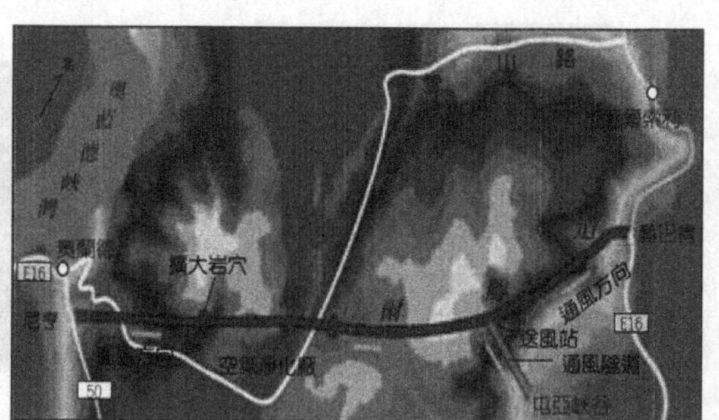

图 9-13　拉达尔隧道横剖面图

表 9-2 为世界公路隧道长度排名情况。

表 9-2　世界公路隧道长度排名

隧道类型	排　名	隧道名称	长度/m	国　家
双洞公路隧道	1	终南山隧道	18 020	中国
	2	关越隧道	10 900	日本
	3	普拉布什隧道	10 300	奥地利
单洞公路隧道	1	洛达尔隧道	24 500	挪威
	2	圣哥达隧道	16 900	瑞士
	3	弗儒雷斯隧道	13 200	意大利

汽车排出的废气含有多种有害物质，如一氧化碳、氮氧化合物、碳氢化合物、亚硫酸气体和烟雾粉尘，如果通风不畅，会造成隧道内空气污染。一氧化碳浓度很大时，会使人体中毒，危及生命。而且烟雾会恶化视野，降低车辆安全行驶的视距。公路隧道空气污染

造成危害的主要原因是一氧化碳，用通风的方法从洞外引进新鲜空气冲淡一氧化碳的浓度以达到卫生标准，即可使其他因素处于安全浓度(见图 9-14)。

隧道通风方式的种类很多，可按送风形态、空气流动状态、送风原理等划分，如图 9-15 所示。

图 9-14　公路隧道通风

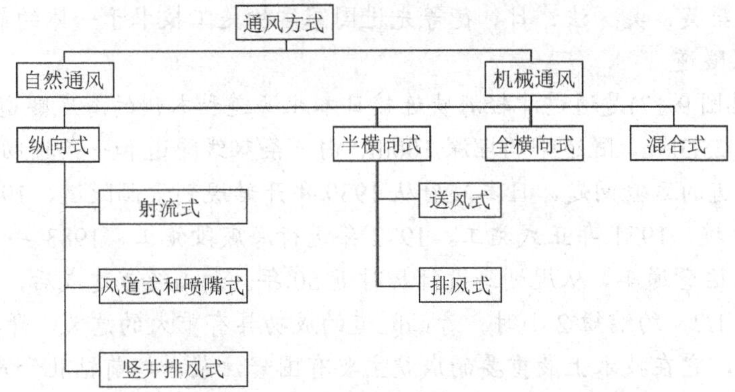

图 9-15　公路隧道通风方式分类

3. 水底隧道

水底隧道是指修建在江河、湖泊、海港或海峡底下的隧道。它为铁路、城市道路、公路、地下铁道以及各种市政公用或专用管线提供穿越水域的通道，有的水底道路隧道还设有自行车道和人行通道。水底隧道与桥梁工程相比，具有隐蔽性好、平时与战时的畅通性好、抗自然灾害能力强，并对水面航行无任何妨碍的优点，但其造价较高。

17 世纪起，欧洲修建了许多运河隧道，其中法国魁达克运河隧道长 157km。1927 年美国纽约于哈德逊河底建成霍兰(Holland)隧道，次年又建成世界上第一条沉管法水底隧道博赛(Bosey)隧道。目前世界上已有水底隧道 100 多座，长度较大的一般为海底隧道，已建成最长的海底隧道是日本于 20 世纪 70 年代至 80 年代中修建的青函海底隧道，表 9-3 列出了世界主要海底隧道的概况。我国自 20 世纪 60 年代开始研究用盾构法修建黄浦江水底隧道。上海第一条越江隧道打浦路隧道于 1965 年开始施工，并于 1981 年建成通车。我国第一条沉管隧道也于 20 世纪 70 年代初期在上海建成。1982 年中国台湾省高雄市建成一条沉管水底公路隧道。20 世纪 80 年代后期，我国城市水底隧道的修建已进入发展时期。

表 9-3　世界主要海底隧道一览表

隧道名称	所在国家	长度/km	使用情况
青函隧道	日本	54	铁路，已通车
英法海峡隧道	英国-法国	50	铁路，已通车
直布罗陀海峡隧道	摩洛哥-西班牙	60	铁路，规划中
爪哇和苏门答腊隧道	印度尼西亚	50	铁路，规划中
日韩隧道	日本-韩国	250	铁路、公路，规划中

【知识拓展】

世界著名海底隧道简介

1. 英法海底隧道

1993 年建成的英法海底隧道(见图 9-16)，全长 48.5km，海底段 37.5km，隧道最大埋深 100m。海峡隧道由西条外径 8.6m 的铁路隧道和一条外径 5.6m 的服务隧道组成。英法海底隧道的建成，是集英、美、法、日、德等先进国家盾构施工技术于一体的最高成就。

2. 青函海底隧道

青函隧道(见图 9-17)是通过津轻海峡连接日本北海道和本州的海底隧道，全长 53.87km，其中海底部分长 23.3km，隧道平均埋深 100m，由一条双线隧道和一条辅助坑道组成。为解决从本州向北海道的运输问题，日本政府从 1939 年开始规划青函隧道，1946 年开始调查，1964 年开始挖导坑，1971 年正式施工，1972 年进行海底段施工，1983 年 1 月导坑贯通，1988 年 3 月正式运营通车，从规划到设计历时近 50 年。青函隧道建成后，青森到函馆间的运输时间节省了 1/2，约缩短 2 小时。青函隧道的成功具有重大的意义，开拓了长距离修建海底隧道的历史，它在技术上最重要的成就主要有围岩注浆、超前钻孔和声波探测。

图 9-16　英法海底隧道

图 9-17　青函隧道

4. 地下铁道

地下铁道简称地铁，是在城市地下的电力机车牵引的铁道，通常设在城市的地面下，也有从地下延伸至地面的，有时还升高到高架桥上。地下铁道是解决大城市交通拥挤、交通堵塞等问题，且能大量快速地运送乘客的一种城市交通措施。它可以使很大一部分地面客流转入地下，可以高速行车，且可以缩短车次间隔时间，节省了乘车时间，便利了乘客的活动。在战时，地铁还可以起到人防的功能。

地下铁道是地下工程的一种综合体。其组合包括区间隧道、地铁车站和区间设备段等设施。地下铁道所有设备涉及各种不同的技术领域。地铁的区间隧道是连接相邻车站之间的建筑物。它在地铁线路的长度与工程量方面均占较大的比重。区间隧道衬砌结构内应具有足够空间，以供车辆通行和铺设轨道、供电线路、通信和信号、电缆和消防、排水与照明装置使用。

世界上首条地下铁路系统是 1863 年在英国开通的“伦敦大都会铁路”(Metropolitan Railway)(见图 9-18)，其干线长度约 6.5km。当时电力尚未普及，所以即使是地下铁路也只能用蒸汽机车。由于机车释放出的废气对人体有害，所以当时的隧道每隔一段距离便要有和地面打通的通风槽。现存最早的钻挖式地下铁路则在 1890 年开通，亦位于伦敦，连接市中心与南部地区。最初铁路的建造者计划使用类似缆车的推动方法，但最后用了电力机车，使其成为第一条电动地铁。早期在伦敦市内开通的地下铁也于 1906 年全部电气化。中国最早的一条地铁为 1965 年开工建造的北京地铁。1965 年 7 月 1 日，北京的第一条地铁开工，1969 年 10 月 1 日第一条地铁线路建成通车，使北京成为中国第一个拥有地铁的城市。至今，地铁已经成为我国大城市公共交通的重要组成部分。地下铁道在大城市公共交通中起到的作用越来越重要。

图 9-18　伦敦大都会铁路

地下铁道的优越性主要有以下几点：①行车速度快，地铁不受行车路线的干扰，其行驶速度为地面公共交通工具的 2～4 倍；②运输成本低；③安全、可靠、舒适；④能合理利用城市的地下空间，保护城市景观和环境。当然，地铁的工程造价是比较高的，我国深圳特区建设的地铁造价是每公里 5 亿元，其中土木占 40%，机电占 21%，信息占 8%，其他如拆迁费用等占 31%。广州、上海等城市已建成的地铁造价则更高些，每公里为 6～7 亿元。

地下铁道的建筑物主要由车站、连接各车站的区间隧道和出入口等附属建筑物组成。

1)　地铁车站

从总体规划、设备的配置、结构形式及施工方法等方面而言，车站是地下铁道中较为复杂的建筑物，是大量乘客的集散地，应能保证乘客迅速而方便地上下或换乘，并要求具有良好的通风、照明、清洁的环境和建筑上的艺术性。车站在线路起终点和中心地区的任务是不同的，因此各车站的规模也不同。一般情况下，线路起终点附近的车站多处于郊区，而中心地区的车站多位于城市的繁华地区，因此可以把车站分为郊区站、城市中心站、联络站和待避站等。郊区站的站间距一般较长，在 1500～2000m，站的位置应与公共汽车站临近；城市中心站人流较为密集，一般站间距为 700～1500m，其中设置的站台、台阶、自动扶梯等设施要有足够的容量，且中心站一般要与相邻的大楼地下室尽可能连接，以便快速疏散客流。联络站是指两条或两条以上线路交叉及相邻时设置的车站。地铁的联络站都是规模相当大的地下车站，是城市交通网的重要枢纽。

地铁车站按形态上可以分为单层、双层和多层；按站台形式还可以分为岛式车站、侧式车站和混合式车站。

2) 区间隧道

区间隧道是连接各车站的隧道，其内部设置列车运行及安全检查用的各种设施，如轨道、电车线路、标志、通信及信号电缆、待避洞、灭火栓、照明设施、通风设施等。

区间隧道的横断面一般分为箱形和圆形两种。横断面形式的选择主要取决于埋深、地质条件和施工方法等因素。明挖法多采用箱形断面，这种断面结构经济、施工简便，其衬砌材料大部分为钢筋混凝土。盾构法则采用圆形断面，衬砌材料可采用铸铁或钢筋混凝土管片。

3) 出入口建筑

出入口建筑用以解决车站和地面之间的联系，一般设有地面站厅、地面出入口、自动扶梯斜隧道和地面牵出线。

地铁线路网是由若干条地铁线路所组成，是一个技术上独立的客运网，也是整个城市交通运输的组成部分。它的规划应从城市的发展远景和城市交通运输整体部署出发，拟订各种类型交通工具的综合分工方案，从而估计出地铁近期和远期的客运量、车站位置和规模等主要指标，以供制定新线路和已有线路的扩建规划。在确定一条新线路的方向时，要考虑城市各区的经济发展、居民中心区的分布、现有线路和未来各线路的方向以及客流量大小等。地铁路网的形式一般和城市街道网的形式相适应。车站应设在人流集散量较多的地点，如主要街道的交叉口、广场、火车站、体育场、公园附近及地铁线路交叉处。图 9-19为北京地铁线路图。

根据地铁线路所处的位置，可分为地下、地面及高架线路。地下线路是地铁线路的基本形式，按隧道距地面的位置，可分为浅埋和深埋两种。浅埋地铁一般是将线路埋设在街道之下。车站隧道的净空高度要比区间隧道大，为保证车站隧道顶部有最小厚度的回填层，浅埋地铁车站要较区间隧道埋得深一些，使车站设置在线路纵剖面的低点。深埋地铁可不受城市地面建筑物的影响，因此，多数线路在平面上都为直线，转弯处可采用大半径曲线，使列车运行平稳。地面线路一般不设在城市街道干线范围内，而是修建在居民较少的城郊，有的地面线路的地铁车站与郊区的铁路车站相邻或连成一体，以方便上下乘客。高架线路则设置在钢或钢筋混凝土建造的高架线路桥上。

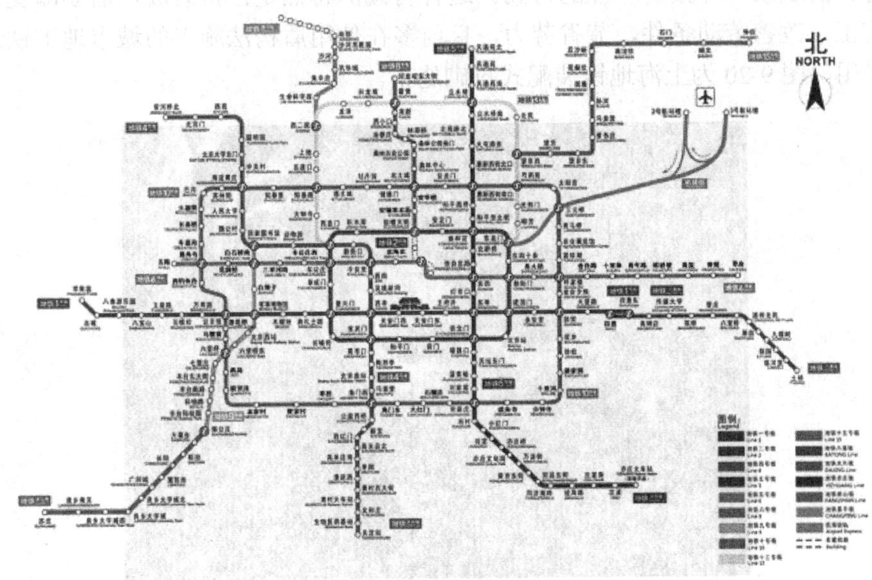

图 9-19　北京地铁线路图

9.3.3　隧道结构构造

隧道可分为主体建筑物和附属建筑物。主体建筑物是为了保持隧道的稳定，保证隧道正常使用而修建的，主要由洞身衬砌和洞门构造物组成。附属建筑物是为了保证隧道正常使用所需的各种辅助设施，如铁路隧道供过往行人及维修人员避让列车而设的避车洞，长隧道中为了加强洞内外空气更换而设的机械通风设施以及必要的消防、报警装置等。

1. 衬砌结构

开挖后的隧道，为了保持围岩的稳定性，一般需要支护和衬砌。衬砌的结构形式，主要根据地质地形条件，由结构受力的合理性、施工方法等因素来确定。

1)　整体式混凝土衬砌

隧道开挖后，以较大厚度和刚度的整体模筑混凝土作为隧道的结构。整体式衬砌按照工程类别、不同围岩类别采用不同的衬砌厚度，其形式有直墙式衬砌和曲墙式衬砌两种。

直墙式衬砌形式通常用于地质条件较好，以垂直围岩压力为主要计算荷载，水平围岩压力很小的情况。它主要适用于Ⅰ～Ⅲ级围岩。直墙式衬砌由上部拱圈、两侧竖直边墙和下部铺底三部分组合而成。

曲墙式衬砌适用于地质较差，有较大水平围岩压力的情况。它主要适用于Ⅳ级及以上的围岩或Ⅲ级围岩双线。多线隧道也采用曲墙有仰拱的衬砌。曲墙式衬砌由顶部拱圈、侧面曲边墙和底板(或铺底)组成。除在Ⅳ级围岩无地下水，且基础不产生沉降的情况下可不设仰拱，只做平铺底外，一般均设仰拱，以抵御底部的围岩压力和防止衬砌沉降，并使衬砌形成一个环状的封闭整体结构，以提高衬砌的承载能力。

2)　装配式衬砌

装配式衬砌是将衬砌分成若干块构件，这些构件在现场或工厂预制，然后运到坑道内用机械将其拼装成一环接着一环的衬砌。这种衬砌的特点是：拼装成环后立即受力，便于机械化施工，改善劳动条件，节省劳力，目前多在使用盾构法施工的城市地下铁道和水底隧道中采用。图 9-20 为上海地铁装配式衬砌施工。

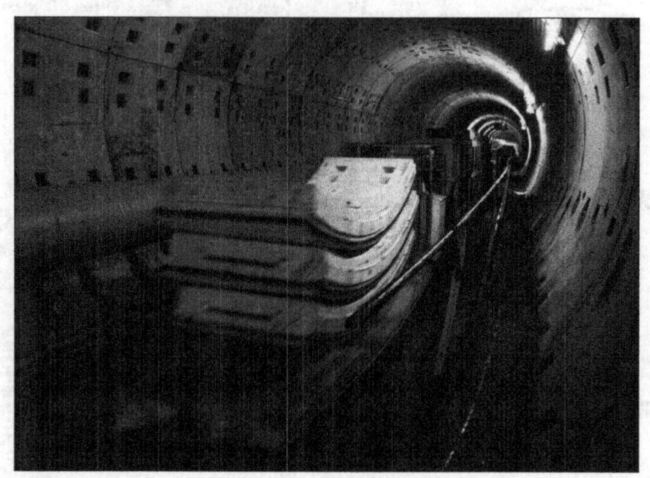

图 9-20 装配式衬砌

3) 喷锚式衬砌

喷锚式衬砌是指喷锚结构既作为隧道临时支护，又作为隧道永久结构的形式。它具有隧道开挖后衬砌及时、施工方便和经济的显著特点，特别是纤维喷射混凝土技术显著改善了喷射混凝土的性能，在围岩整体性较好的军事工程、各类用途的使用期较短及重要性较低的隧道中广泛使用。在公路、铁路隧道设计规范中，都有根据隧道围岩地质条件、施工条件和使用要求可采用喷锚衬砌的规定。

4) 复合式衬砌

复合式衬砌由初期支护和二次支护组成。初期支护是限制围岩在施工期间的变形，达到围岩的暂时稳定；二次支护则是提供结构的安全储备或承受后期围岩压力。图 9-21 为复合式衬砌简图。

复合衬砌的设计，目前以工程类比为主，理论验算为辅，结合施工，通过测量、监控取得数据，不断修改和完善设计。复合衬砌设计和施工密切相关，应通过量测及时支护，并掌握好围岩和支护的形变和应力状态，以便最大限度地发挥由围岩和支护组成的承载结构的自承能力。通过量测，掌握好断面的闭合时间；保证施工期安全。确定恰当的支护标准和合适的二次衬砌时间，达到作用在承载结构上的形变压力最小，且又十分安全和稳定。

两层衬砌之间宜采用缓冲、隔离的防水夹层。其目的是，当第一层产生形变及形变压力较大时，仍给予极少量形变的可能，可降低形变压力。而当一次衬砌支护力不够时，可将少量形变压力均匀地传布到二次衬砌上，并依靠二次衬砌进一步制止继续变形，且不使一次衬砌出现裂缝时，二次衬砌也出现裂缝。由于二层衬砌之间有了隔离层(即防水夹层)，则防水效果良好，且可减少二次衬砌混凝土的收缩裂缝。

在确定开挖尺寸时，应预留必要的初期支护变形量，以保证初期支护稳定后二次衬砌的必要厚度。当围岩呈“塑性”时，变形量是比较大的。由于预先设定的变形量与初期支护稳定后的实际变形量往往有差距，故应经常量测校正，使延续各衬砌段预留变形量更符合围岩及支护变形实际。

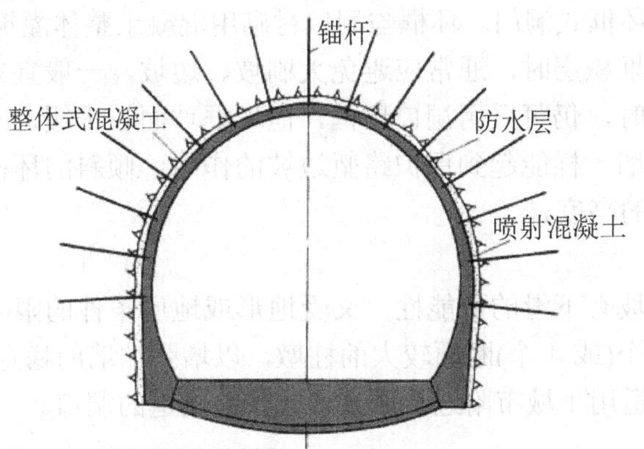

图 9-21　复合式衬砌简图

2. 洞门

洞门是隧道两端的外露部分，也是联系洞内衬砌与洞口外路堑的支护结构，其作用是保证洞口边坡的安全和仰坡的稳定，引离地表流水，减少洞口土石方开挖量。洞门也是标志隧道的建筑物，因此，应与隧道规模、使用特性以及周围建筑物、地形条件等相协调。

由于隧道洞口所处的地形、地质条件不同，洞门形式也有所不同。洞门主要有以下这几种。

1)　端墙式洞门

端墙式洞门适用于岩质稳定的Ⅳ类以上围岩和地形开阔的地区，是最常使用的洞门形式，如图 9-22 所示。端墙的作用是抵抗山体纵向推力及支持洞口正面上的仰坡，保持其稳定。

2)　翼墙式洞门

翼墙式洞门适用于地质较差的Ⅲ类以下围岩，以及需要开挖路堑的地方。翼墙式洞门由端墙及翼墙组成。翼墙是为了增加端墙的稳定性而设置的，同时对路堑边坡也起支撑作用。其顶面通常与仰坡坡面一致，顶面上一般均设置水沟，将端墙背面排水沟汇集的地表水排至路堑边沟内，如图 9-23 所示。

图 9-22　端墙式洞门

图 9-23　翼墙式洞门

3) 环框式洞门

当洞口岩层坚硬、整体性好、节理不发育，路堑开挖后仰坡极为稳定，并且没有较大的排水要求时宜采用环框式洞门。环框与洞口衬砌用混凝土整体灌筑，如图 9-24 所示。

当洞口为松软的堆积层时，通常应避免大刷坡、边坡，一般宜采用接长明洞，恢复原地形地貌的办法。此时，仍可采用洞口环框，但环框坡面较平缓，一般与自然地形坡度相一致。环框两翼与翼墙一样能起到保护路堑边坡的作用。倾斜的环框还有利于向洞内散射自然光，增加入口段的亮度。

4) 柱式洞门

当地形较陡，仰坡有下滑的可能性，又受地形或地质条件的限制，不能设置翼墙时，可在端墙中部设置 2 个(或 4 个)断面较大的柱墩，以增强端墙的稳定性，如图 9-25 所示。柱式洞门比较美观，适用于城市附近、风景区或长大隧道的洞口。

图 9-24 环框式洞门

图 9-25 柱式洞门

由于隧道洞口段受力复杂，除了受有横向的垂直及水平荷载外，还受有纵向的推力，所以《铁路隧道设计规范》规定：单线铁路洞口应设置不小于 5m 长的模筑混凝土以加强衬砌，双线和多线隧道应适当加长，洞口宜与洞身整体衬砌。

综上所述，洞门的形式较多，选择何种洞门形式应根据洞口的地形、地质条件、隧道的长度和所处的位置等确定，特别要注意洞口施工后地形改变的特点。

3. 明洞

明洞是隧道的一种变化形式，它用明挖法修筑。明洞一般修筑在隧道的进出口处，当遇到地质差且洞顶覆盖层较薄，用暗挖法难以进洞时，或洞口路堑边坡上有落石而危及行车安全时，均需要修建明洞。它是隧道洞口或线路上起防护作用的重要建筑物，在铁路线上使用的较多。

明洞的结构类型常因地形、地质和危害程度的不同，有多种形式，采用最多的为拱式明洞和棚式明洞两种。

1) 拱式明洞

拱式明洞(见图 9-26)由拱圈、边墙和仰拱组成，它的内轮廓与隧道相一致，但结构截面的厚度要比隧道大一些。

拱式明洞可分为以下几种。

(1)　路堑式对称型。

这种明洞适用于路堑边坡处于对称或接近对称，边坡岩层基本稳定，仅防止边坡有少量坍塌、落石，或用于隧道洞口岩层破碎，覆盖层较薄而难以用暗挖法修建隧道时。这种明洞承受对称荷载。拱、墙均为等截面，边墙为直墙式。洞顶做防水层，并在其上做纵向水沟，以排除地表流水。

(2)　路堑式偏压型。

这种明洞适用于两侧边坡高差较大的不对称路堑。它承受不对称荷载，拱圈为等截面，边墙为直墙式，外侧边墙厚度大于内侧边墙的厚度。

(3)　半路堑式偏压型

这种明洞适用于地形倾斜，低侧处路堑外侧有较宽敞的地面供回填土石，以增加明洞抵抗侧向压力的能力。这种明洞承受偏压荷载，拱圈等厚，内侧边墙为等厚直墙式，外侧边墙为不等厚斜墙式。

(4)　半路堑式单压型。

这种明洞适用于傍山隧道洞口或傍山线路上的半路堑地段。因外侧地形狭小，地面陡峻，无法回填土石以平衡内侧压力。这种明洞荷载不对称，承受偏侧压力，拱圈等截面，内侧边墙为等厚直墙，外侧边墙为设有耳墙的不等厚斜墙。

2)　棚式明洞

有些傍山隧道，地形的自然横坡比较陡，外侧没有足够的场地设置外墙及基础或确保其稳定，这时采用棚式明洞，如图 9-27 所示。

图 9-26　拱式明洞

图 9-27　棚式明洞

棚式明洞常见的结构形式有盖板式、刚架式和悬臂式 3 种。

(1)　盖板式明洞。

盖板式明洞由内墙、外墙及钢筋混凝土盖板组成简支结构。其上回填土石，以保护盖板不受山体落石的冲击。这种明洞的内侧应置于基岩或稳定的地基上，一般为重力式墩台结构，厚度较大，以抵抗山体的侧向压力。

(2) 刚架式明洞。

当地形狭窄，山坡陡峻，基岩埋置较深而上部地基稳定性较差时，为了使基础置于基岩上且减小基础工程，可采用刚架式外墙，此时明洞称为刚架式明洞。该明洞主要由外侧刚架，内侧重力式墩台结构、横顶梁、底横撑及钢筋混凝土盖板组成，如图 9-28 所示。

(3) 悬臂式明洞。

对稳定而陡峻的山坡，外侧地形难以满足一般棚洞的地基要求，且落石不太严重时，可修建悬臂式明洞。它的内墙为重力式，上端接筑悬臂式横梁，其上铺以盖板，在盖板的内端设平衡重来维持结构受外荷载作用下的稳定性，同时为了保证棚洞的稳定性，要求悬臂必须伸入稳定的基岩内。

4. 附属建筑物

为了使隧道正常使用，保证列车安全运营，除上述主体建筑物外，还要修建一些附属建筑物，其中包括防排水设施、电力及通信信号的安放设施、运营通风设施等。

1) 防排水设施

保持隧道干燥是使其能正常运营的重要条件之一。但隧道内经常有一些地下水渗透下来，且维修工作也会带进一些废水。隧道漏水易引起漏电事故和使隧道内各种设施锈蚀并失效。因此隧道的防排水是隧道设计、施工和运营的一个重要问题。

隧道的永久性防排水，经过理论和实践经验的总结，提出了“截、防、堵、排结合，因地制宜，综合治理”的原则。

2) 避车洞

当列车通过隧道时，为了保证洞内行人、维修人员及维修设备的安全，在隧道两侧边墙上交错均匀修建的人员躲避及放置车辆、料具的洞室叫避车洞，如图 9-29 所示。时速 200km 以上的高速铁路隧道，避车洞的设置将从空气力学上影响高速运行的列车，而高速运行的列车将产生强烈的列车风。采用较大的隧道内净空后，在隧道内净空轮廓范围内设置宽 1.2m 的人员待避区时，不再设置避车洞。

图 9-28 刚架式明洞

图 9-29 避车洞

9.3.4 隧道施工方法

隧道施工是指修建隧道及地下洞室的施工方法、施工技术和施工管理的总称。隧道施工过程通常包括：在地层内挖出土石，形成符合设计断面的坑道，进行必要的支护和衬砌，控制坑道围岩变形，保证隧道施工安全和长期安全使用。

隧道施工方法的选择主要依据工程地质和水文地质条件，并结合隧道断面尺寸、长度、衬砌类型、隧道的使用功能和施工技术水平等因素综合考虑而确定。所选择的施工方法也应体现出技术先进、经济合理及安全适用。根据隧道穿越地层的不同情况和目前隧道施工方法的发展，隧道施工方法可分为以下几类。

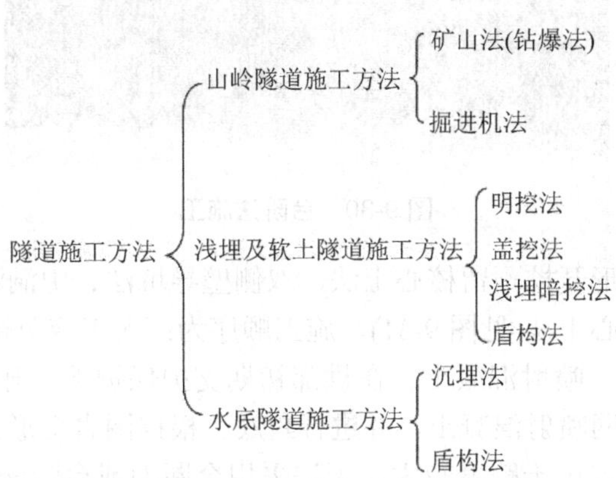

1. 主要开挖方法

隧道施工就是要挖除坑道范围内的岩体，并尽量保持坑道围岩的稳定。显然，开挖是隧道施工的第一道工序。在坑道的开挖过程中，围岩稳定与否，虽然主要取决于围岩本身的工程地质条件，但无疑开挖方法对围岩稳定状态有着直接而重要的影响。

隧道开挖方法按开挖隧道的横断面分布情况来分，可分为全断面开挖法、台阶开挖法、分部开挖法等。

全断面开挖法就是按照设计轮廓一次爆破成形，然后修建衬砌的施工方法。其适用条件如下。

(1) Ⅰ～Ⅳ级围岩，在用Ⅳ级围岩时，围岩应具备从全断面开挖到初期支护前这段时间内，保持其自身稳定的条件。

(2) 有钻孔台车或自制作业台架及高效率装运机械设备。

(3) 隧道长度或施工区段长度不宜太短，根据经验一般不应小于 1km，否则采用大型机械化施工，其经济性较差。

采用全断面一次开挖法，必须注意机械设备的配套，以充分发挥机械设备的效率。机械设备选型时应遵循可靠性、经济性、配套性等原则。

台阶开挖法是先开挖上半断面，待开挖至一定长度后再同时开挖下半断面，上、下半断面同时并进的施工方法，如图 9-30 所示。按台阶长短有长台阶、短台阶和超短台阶 3 种。近年来由于大断面隧道的设计，又有 3 台阶临时仰拱法，甚至多台阶法。其适用条件如下。

(1) 初期支护形成闭合断面的时间要求，围岩越差，闭合时间要求越短。

(2) 上断面施工所用的开挖、支护、出碴等机械设备施工场地大小的要求。

在软弱围岩中应以前一条为主，兼顾后者，确保施工安全。在围岩条件较好时，主要是考虑如何更好地发挥机械效率，保证施工的经济性，故只考虑后一条件。

图 9-30　台阶法施工

分部开挖法包括环形开挖预留核心土法、双侧壁导坑法、中洞法、中隔壁法等。

(1) 环形开挖留核心土法(见图 9-31)。施工顺序为：人工或单臂掘进机开挖环形拱部，架立钢支撑，挂钢丝网，喷射混凝土。在拱部初期支护保护下，开挖核心土和下半部，随即接长边墙钢支撑，挂网喷射混凝土，并进行封底。根据围岩变形，适时施作二次衬砌。

(2) 双侧壁导坑法。由于跨度较大，无法采用全断面或台阶法开挖，故采用先开挖隧道两侧导坑，相当于先开挖 2 个小跨度的隧道，并及时施作导坑四周初期支护，再根据地质条件、断面大小，对剩余部分断面进行一次或二次开挖。

(3) 中洞法。适用于双连拱隧道，采用先开挖中洞并支护，在中洞内施作隧道中墙混凝土，后开挖两侧的施工方法。

(4) 中隔壁法(见图 9-32)。中隔墙开挖时，应沿一侧自上而下分为二或三部进行，每开挖一步均应及时施作锚喷支护、安设钢架、施作中隔壁，底部应设临时仰拱。中隔壁墙依次分步联结而成，之后再开挖中隔墙的另一侧，其分步次数及支护形式与先开挖的一侧相同。

图 9-31　环形开挖留核心土法

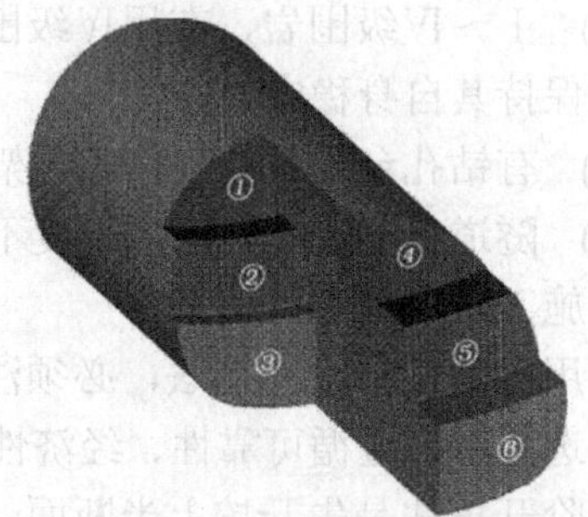

图 9-32　中隔壁法

2. 地铁施工方法

地下铁道隧道的施工方法主要有明挖法、盾构法和浅埋暗挖法 3 种，具体施工方法选择时，要根据结构形状、线形、地下埋设物及其建筑物、地质、地形、施工技术与环境、工程技术经济指标等进行确定。

1)　明挖法

明挖法是从地表面向下开挖，在预定位置修筑结构物方法的总称，如图 9-33 所示。在城市地下工程中，特别是在浅埋的地下铁道工程中，获得广泛应用。明挖法适用于地形平坦以及埋深小于 30 米的场合，并可以适应不同类型的结构形式。在明挖法施工中，基坑维护结构常采用工字钢桩法或地下连续墙法。

明挖法具有施工方法简单、技术成熟、工程进度快、工程造价较低和能耗较少等优点。其缺点在于施工过程受外界气候条件的影响较大；施工对城市地面交通和居民正常生活有较大影响，易产生噪声、粉尘及废弃泥浆等污染；需要拆除工程影响范围内的建筑物和地下管线；在饱和的软土地层中，深基坑开挖引起的地面沉降较难控制等。

2)　盾构法

盾构法是使用盾构机(见图 9-34)为施工机械，在地层中修建隧道的一种暗挖方式施工方法。施工时在盾构机前端切口环的掩护下开挖土体，在盾尾的掩护下拼装衬砌(管片或砌块)。在挖去盾构前面土体后，用盾构千斤顶顶住拼装好的衬砌，将盾构机推进到挖去土体的空间内，在盾构推进距离达到一环衬砌宽度后，缩回盾构千斤顶活塞杆，然后进行衬砌拼装，再将开挖面挖至新的进程。如此循环交替，逐步延伸而建成隧道。

图 9-33　地铁明挖法施工

图 9-34　盾构机

盾构法施工已有 150 余年的历史，它是在闹市区的软弱地层中修建地下工程最好的施工方法之一。近年来，随着盾构机械的不断发展，盾构法适应大范围的工程地质和水文地质条件的能力不断提高，已经成为城市地下空间开发利用的有效施工手段。

图 9-35 所示为盾构法施工示意图。

3)　浅埋暗挖法

浅埋暗挖法是中国工程师在新奥法的基础上，结合中国国情创立的施工方法。浅埋暗挖技术的首次应用是在北京地铁复兴门折返线工程中。浅埋暗挖法的工艺流程和技术要求主要是针对埋深较浅、松散不稳定的地层和软弱破碎岩层的施工提出的。该方法强调对地层的预支护和预加固。

在区间隧道的开挖支护施工中，浅埋暗挖法要严格执行“管超前、严注浆、短开挖、强支护、早封闭、勤量测”的 18 字施工原则。管超前即在工作面开挖前，沿隧道拱部周边按设计打入超前小导管；严注浆即在打设超前小导管后注浆加固地层，使松散、松软的土体胶结成整体，增强土体的自稳能力；短开挖即每次开挖循环进尺要短，开挖和支护时间尽可能缩短；强支护即采用格栅钢架和喷射混凝土进行较强的早期支护，以限制地层变形；早封闭即开挖后初期支护要尽早封闭成环，以改善受力条件；勤量测即在施工工程中动态跟踪测量围岩及结构的变化情况，以确保施工安全。在施工工序上要坚持“开挖一段、支护一段、封闭一段”的基本工艺。

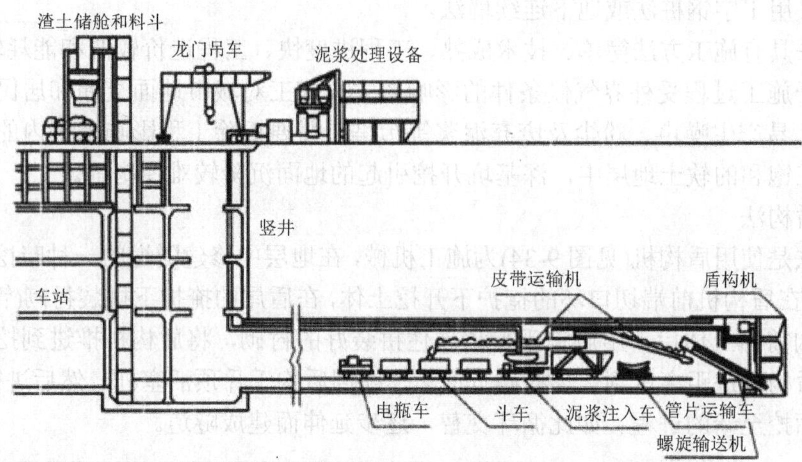

图 9-35　盾构法施工示意图

思考题

1. 地下空间的特点是什么？
2. 什么叫地下工程？其包含了哪些种类？
3. 隧道工程的定义是什么？隧道种类有哪些？
4. 地下铁路的优越性有哪些？
5. 地下铁路由哪几部分组成？
6. 地下铁路隧道的施工方法有哪些？

第10章 机场工程

【学习重点】

- 机场工程的概况与基本组成。

【学习目标】

- 掌握机场工程的基本组成部分。
- 了解机场工程中的主要构筑物。

10.1 概　　述

机场工程是规划、设计和建造飞机场等各项设施的统称，在国际上称航空港。机场是航空运输的基础设施，通常指在陆地上或水面上划定的一块区域(包括各项建筑物、装备和设备)，为保证飞机的起飞、着陆等各种活动。机场内及其附近设有跑道、滑行道、停机坪、旅客航站、塔台、飞机库，以及无线电、雷达等多种设施(见图 10-1)。

图 10-1　机场工程

自古以来，人们就羡慕鸟类在天空自由飞翔的本领，人们也一直努力不懈地探索飞上蓝天的奥秘。中外历史上也记载了许多关于人与飞行的幻想与真实的故事。美国莱特兄弟制造双翼飞机，1903 年 12 月 17 日在北卡罗来纳州的基蒂霍克附近飞行了 36.38m，这是人类首次进行的飞机飞行。我国飞行家冯如在美国自制飞机，1909 年 9 月 21 日试飞成功，这是中国人首次驾驶飞机上天。航空工业的发展已是 20 世纪中重要的科技进步之一。随着我国经济的迅速发展，航空运输量迅猛增长，需要修建的机场很多。随之而来，机场规划、跑道设计方案、航站区规划、机场维护及机场的环境保护等日益成为人们关注的问题。

20 世纪初，人类开始了以飞机作为交通工具的新型运输方式，同时有了供飞机起降和地面活动的固定场所——飞机场。随着飞机、航空技术和航空运输的发展，使得对保证飞机在飞机场起飞、着陆和地面活动所需各项地面设施的要求不断增多，飞机场规模一再增大，技术日趋复杂。20 世纪 80 年代，世界上一些大型的现代化国际飞机场相继出现，占地在 1500 公顷以上，主跑道长度达 4000m，旅客航站面积超过 20 万米，年起降飞机超过 20 万架次，年旅客流量接近甚至超过 4500 万人次，年货运量达 60 万吨，机场工作人员达 5 万人。现代化机场工程已成为包含庞大的土木工程和复杂的科学技术设施的综合性建设项目。

10.2　机场的划分及组成

10.2.1　机场的划分

机场根据跑道的长度和机场的范围以及相应的技术设施等来划分等级，跑道结构是主

要依据。其具体划分如下。

(1) 机场根据跑道结构来划分，土质、草皮、戈壁性质的跑道属四级机场；碎石、沥青结构的跑道属三级机场；混凝土、碎石混合性质的跑道属二级机场或一级机场。

(2) 机场的等级不同，可起降的飞机机型不一样，承载能力也就不同。机场根据执行任务性质，可分为运输机场和通用机场。运输机场主要用来营运客货，通用机场多为工农业或其他小型飞机季节性和临时使用，必要时运输机场可替代通用机场。

(3) 根据其规模、航程机场可分为国际机场、干线机场和支线机场。其中国际机场是指供国际航线用，并设有海关、边防检查、卫生检疫、动植物检疫、商品检验等联检机构的机场，如旧金山国际机场(见图 10-2)及首都国际机场(见图 10-3)。干线机场是指省会、自治区首府及重要旅游、开发城市的机场，如烟台蓬莱机场(见图 10-4)。支线机场(又称地方航线机场)是指各省、自治区内地面交通不便的地方所建的机场，其规模通常较小，如喀什机场(见图 10-5)。

图 10-2 旧金山国际机场

图 10-3 首都国际机场

图 10-4 烟台蓬莱机场

图 10-5 喀什机场

相应的民航运输飞机可分为干线运输机和支线运输机两类。干线运输机指载客量超过 100 人，航程大于 3000km 的大型运输机。支线运输机指载客量少于 100 人，航程为 200～400km 的中心城市与小城市间及小城市之间的运输机。

(4) 为了使机场各种设施的技术要求与运行的飞机性能相适应，还规定了民航机场的飞行区等级，称为飞行区等级(见表 10-1)。飞行区等级用两个部分第一要素的代号和第二要素的代号组成的编码来表示。第一部分数字表示飞机性能所相应的跑道性能和障碍物的限制；第二部分字母表示飞机的尺寸所要求的跑道和滑行道的宽度，数字表示相应飞机的最大翼展和最大轮距宽度，如 B757-200 飞机需要的飞行区等级为 4D。

表 10-1　民航飞行区分级表

第一要素		第二要素		
序　号	飞机基准飞行场地长度/m	代　号	翼　展	主要起落架外轮外侧间距/m
1	<800	A	<15	<4.5
2	800～1200	B	12～24	4.5～6
3	1200～1800	C	24～36	6～9
4	≥1800	D	36～52	9～14
		E	52～65	9～14

10.2.2　机场的组成

一个大型完整的机场由空侧和陆侧两个区域组成，航站楼则是这两个区域的分界线。民航机场的空侧主要由飞行区(含机场跑道、滑行道、机坪、机场净空区)、旅客航站区、货运区、机务维修设施、供油设施、空中交通管制设施、安全保卫设施、救援和消防设施等组成。陆侧则由行政办公区、生活区、辅助设施、后勤保障设施、地面交通设施等以及机场空域组成。图 10-6 为呼和浩特白塔机场平面图，图 10-7 为机场的组成示意图。

图 10-6　呼和浩特白塔机场平面图

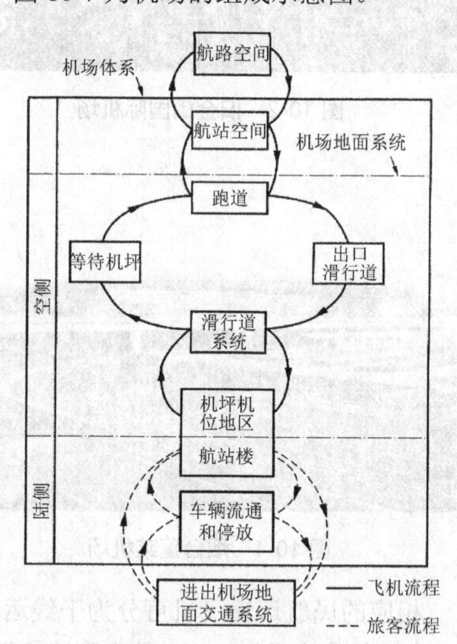

图 10-7　机场的组成

10.3　机场工程的主要构筑物

10.3.1　机场跑道

飞行区是机场工程的基本项目，在大型飞机场，飞行区工程作业面积至少有 150~200 公顷，甚至超过 1000 公顷。所需砂石材料少的也有 30 万吨，多的在 200 万吨以上。飞机场道面对强度、平整度、粗糙度、土基和基层的强度、密实性方面均有严格的要求。这是为了满足飞机重量大、轮胎压力高、滑跑速度大、密闭的飞机舱不允许因道面不平产生过大的颠簸、飞机着陆时对道面的巨大冲击力及防止雨天积水发生飞机飘滑危险等的各种需要。

机场飞行区一般包括跑道、升降带、滑行道、停机坪及相应的各种标志、灯光助航设施和排水系统等，其中跑道是最关键的项目。机场跑道如图 10-8 所示。

图 10-8　机场跑道

1. 跑道体系的组成

跑道体系包括跑道、道肩、跑道端的安全区、净空道、停止道、升降带等。除跑道外，其他部分是起辅助作用的设施。

(1) 机场的跑道直接供飞机起飞滑跑和着陆滑跑之用。飞机在起飞时，必须先在跑道上进行起飞滑跑，边跑边加速，一直加速到机翼的上升力大于飞机的重量，飞机才能逐渐离开地面。飞机降落时速度很大，必须在跑道上边滑跑边减速才能逐渐停下来。所以飞机对跑道的依赖性非常强。如果没有跑道，地面上的飞机无法飞行，飞行的飞机也无法落地，因此，跑道是机场上最基本的构筑物。

(2) 跑道道肩，作为跑道和土质地面之间过渡用，以减少飞机一旦冲出或偏离跑道时有损坏的危险，也有减少雨水从邻近土质地面渗入跑道下基础的作用，确保土基强度。道肩一般用水泥混凝土或沥青混凝土筑成，由于飞机一般不在道肩上滑行，所以道肩的厚度要薄一些。

(3) 停止道，设在跑道端部，飞机中断起飞时能在停止道上面安全停止。设置停止道可以缩短跑道的长度。

(4) 机场升降带，跑道两侧的升降带土质地区，主要保障飞机在起飞、着陆滑跑过程中一旦偏出跑道时的安全，机场升降带不允许有危及飞机安全的障碍物。

(5) 跑道端的安全区，设置在升降区两端，用来减少起飞、着陆时飞机偶尔冲出跑道以及提前接地时的安全之用。

(6) 净空道，机场设置净空道是确保飞机完成初始爬升(高 10.7m)之用的。净空道设在跑道两端，其土地由机场当局管理，以确保不会出现危及飞机安全的障碍物。

2. 机场跑道的分类

机场跑道按其作用划分，可以分为主要跑道、辅助跑道和起飞跑道。其具体作用如表 10-2 所示。

表 10-2 机场跑道按作用的分类

跑道类型	跑道作用
主要跑道	条件许可时比其他跑道优先使用的跑道，按机场最大机型的要求修建，长度较长，承载力较高
辅助跑道	因受侧风影响时，飞机不能在主跑道上起飞、着陆时，供辅助起降用的跑道，由于飞机在辅助跑道上起降都有逆风影响，其长度比主要跑道要短
起飞跑道	只供飞机起飞用的跑道

机场跑道又可以根据其配置的无线电导航设备情况分为非仪表跑道和仪表跑道。非仪表跑道指的是只能提供飞机用目视进近程序飞行的跑道；而仪表跑道指的是可提供飞机用仪表进近程序飞行的跑道。仪表跑道又可分为非精密进近跑道和精密进近跑道。

3. 跑道布置方案

跑道构形是指跑道的数量、位置、方向和使用方式，跑道构形除了取决于交通量需求外，还受气象条件、地形、周围环境等的影响。一般跑道构形有以下 5 种(见图 10-9)。

(1) 单条跑道：单条跑道是大多数机场跑道构形的基本形式。

(2) 两条平行跑道：两条跑道中心线间距根据所需保障的起降能力确定，若有条件，其间距不宜大于 1525m，以便较好地保障安全，同时协调远近。

(3) 两条不平行或交叉的跑道：下列情况时需要设置两条不平行或交叉的跑道。

① 需要设置两条跑道，但是地形条件或其他原因无法设置平行跑道。

② 当地风向较分散，单条跑道不能保障风力负荷大于 95%时。

(4) 多条平行跑道。

(5) 多条平行及不平行跑道或交叉跑道。

航站区的位置应布置在从航站区到跑道起飞端之间的滑行距离最短的地方，并尽可能使着陆飞机的滑行距离也最短。

对于单条跑道，如果在每个方向的起飞和着陆次数大致相等，航站区应设在跑道中部位置，如图 10-9(a)所示，则不论哪一端用于起飞，其滑行距离均相等，并且也便于从各个方向着陆。

在设置两条平行跑道的情况下，如果飞机起飞和着陆可以在两个方向进行，航站区应设在两条跑道的中间部位最合适，如图 10-9(b)所示，如果一条跑道只用于着陆，而另一条跑道只用于起飞，则平行跑道的端部宜错位布置，航站区应设置在如图 10-9(c)所示的位置上，使起飞或着陆的滑行距离都减短。

如果风向要求多个方向的跑道时，宜把航站区设在交叉跑道的中间，如图 10-9(d)所示。航站区不宜放在两条跑道的外侧，因为这样一方面增加了滑行距离，另一方面飞机在滑行到另一条跑道时需穿越正在使用的邻近跑道。

采用 4 条平行跑道时，宜规定两条跑道专用于着陆，两条跑道专用于起飞，并规定邻近航站区的两条跑道用于起飞，如图 10-9(e)所示。

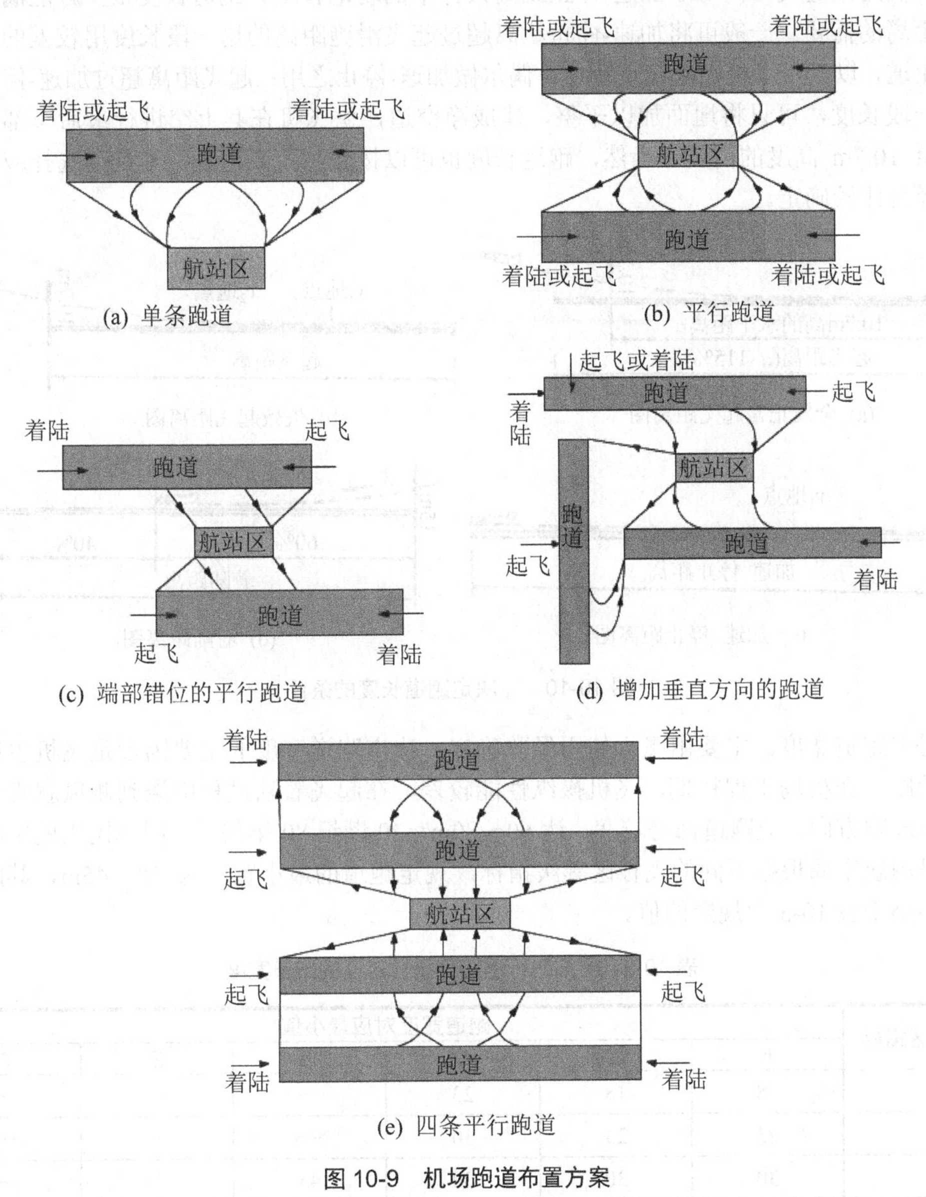

图 10-9　机场跑道布置方案

4. 机场跑道的长度、宽度及坡度

跑道的长度是影响机场规模大小的一个关键参数，也是衡量飞行区是否满足飞机起降要求的关键参数。跑道长度是按飞机起飞全重、海拔高程、气温、跑道平均坡度，计算所需的起飞距离、加速-停止距离、平衡场地长度、着陆距离，根据各项综合条件最后确定，如图 10-10 所示。其中，起飞距离包括飞机发动机全部正常工作时的起飞距离(见图 10-10(a)的全发正常起飞距离)及飞机加速到 v_1 时一台发动机失效，仍继续起飞时所需的起飞距离(见图 10-10(b)的一发失效起飞距离)。

加速-停止距离是指飞机加速到 v_1 时，一台发动机失效，减速至停止所需的距离。平衡场地长度是指起飞距离等于加速-停止距离条件下的场地长度。跑道长度至少应能满足起飞滑跑距离的需要。一般可将加速-停止距离超过起飞滑跑距离的这一段长度用较差的材料建成停止道，以满足飞机在起飞过程中，偶尔做加速-停止之用；起飞距离超过加速-停止距离的这一段长度，可只将地面加以平整，建成净空道，供飞机在其上空进行最后一部分起飞爬升至 10.7m 高度的需要。当然，跑道长度也可以按起飞距离建设，其具体选择应根据全面的经济比较确定。

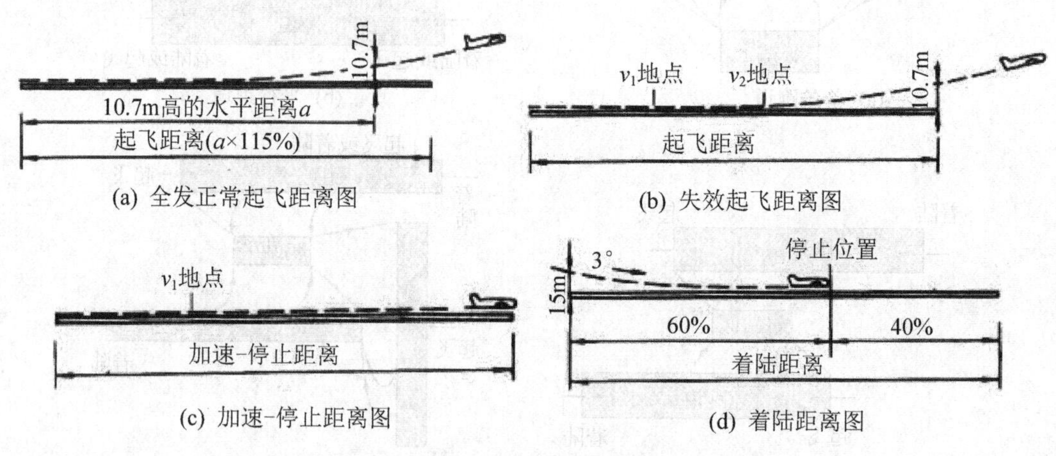

图 10-10 决定跑道长度的条件

对于跑道宽度，主要由飞行使用经验确定，决定跑道宽度的主要因素是飞机主起落架外轮轮距。在机场工程初期，飞机操纵性能较差，在起飞着陆过程中遇到侧风就难以保持准确的滑跑方向，故跑道修得较宽，达 60～80m。20 世纪 80 年代后，国际民用航空组织和中国民用航空局根据不同的飞行区等级指标，规定跑道的最小宽度为 18～45m，其跑道宽度应不小于表 10-3 中规定的值。

表 10-3 不同飞行区等级指标对应的跑道宽度

飞行区指标	跑道宽度对应最小值					
	A	B	C	D	E	F
1°	18	18	23	—	—	—
2°	23	23	30	—	—	—
3°	30	30	30	45	—	—
4°	—	—	45	45	45	60

此外，机场跑道也有坡度的要求，包括纵坡和横坡。跑道对纵坡的要求包括飞行安全需要和运行需要两个方面。对于飞行安全需要方面，要求在高出跑道表面一定视线高度处任意一点，能通视跑道全长一半以外的另一相对应高度处的其他点；对于运行需要方面，要求跑道各部有最大纵坡的限制，以及当必须变坡时，应按规定竖曲线半径设置竖曲线。此外，跑道横坡应能保证道面排水通畅，不因道面积水使飞机产生“飘滑”现象。我国对一级机场的纵坡限制是跑道两端各长 1/4 的部分不大于 0.5%，其他部分不大于 1%，而坡度变化不大于 1%；横坡限制是不大于 1.5%，不小于 0.8%。

5. 机场跑道道面

机场跑道道面一般是在天然土基和基层顶面用筑路材料铺筑的一层或多层的人工结构物，应具有一定的强度、平坦度、粗糙度和稳定性，保证飞机起降的安全。

道面的强度指的是整体结构应具有对于变形的抵抗能力和抗弯、抗压及抗磨耗的能力。飞机场道面的结构强度要求与飞机轮胎压力及荷载特性有关。根据飞机施加于道面的轮胎压力及荷载特性的不同，对道面强度的要求也各不相同，一般可分为关键地区、非关键地区和过渡地区。

机场跑道道面平坦度不良时，不仅使旅客不舒适，而且会导致飞机起落架和其他部分的结构损坏，甚至发生事故。道面结构强度与飞机全重、起落架及轮子布局、胎压和运行频率有关，道面每个点所承受的载荷和重复次数各不相同，因此跑道各部位道面的厚度也不相同。从纵向看，跑道两端比中间厚；从横向看，跑道两侧比中间 25～30m 范围内的道面薄。

跑道表面要具有一定的粗糙度，保证机轮与道面之间产生一定的摩擦力，以防止在跑道潮湿、积水时发生机轮打滑、失控，造成事故。跑道使用一段时间后，如道面变得过于光滑，则可在跑道上刻槽、加铺多孔磨阻层或颗粒封层。图 10-11 为机场跑道道面施工。

图 10-11 机场道面施工

10.3.2 机场航站区

旅客航站区的规划与设计是机场工程的又一重要方面。旅客航站区主要由航站楼、站坪及停车场所组成。航站区的设计涉及位置、形式、建筑面积等要素，如图 10-12 所示。

图 10-12　沈阳桃仙机场航站楼

1. 航站楼

航站楼供旅客完成从地面到空中或从空中到地面转换交通方式之用，是机场的主要建筑。通常航站楼由以下几项设施组成。

(1) 连接地面交通的设施：上下汽车的车边道及公共汽车站等。

(2) 办理各种手续的设施：旅客办票、安排座位、托运行李的柜台以及安全检查、海关、边检(移民)柜台等。

(3) 连接飞机的设施：候机室、登机设施等。

(4) 航空公司营运和机场必要的管理办公室与设备等。

(5) 服务设施：餐厅、商店等。

航站楼的布局包括竖向布局和平面布局。航站楼的竖向布局主要是考虑把出发和到达的旅客客流分开，以方便旅客和提高运行效率，视旅客量的多少、航站楼可使用的土地面积和地面系统等情况，可以将航站楼布置为一层、一层半和两层或多层形式。

航站楼的建筑面积根据高峰小时客运量确定。面积配置标准与机场性质、规模及经济条件有关。目前我国可以考虑采用的国内航班为 14～26m^2/人，国际航班为 28～40 m^2/人。航站楼内景，如图 10-13 所示。

图 10-13　航站楼内景

2. 航站区其他构筑物

站坪或称客机坪，是设在航站楼前的机坪，供客机停放、上下旅客、完成起飞前的准备和到达后各项作业使用。在大型飞机场，规划专门的地段，设置货物航站及货运停机坪，用以处理大量的航空运输货物和邮件，如图 10-14 所示。

图 10-14　站坪

机场停车场设在机场的航站楼附近，若停放车辆很多且土地紧张，宜采用多层车库。停车场建筑面积主要根据高峰小时车流量、停车比例及平均每辆车所需面积确定。高峰小时车流量可以根据高峰小时旅客人数、迎送者、出入机场的职工与办事人员数以及平均每辆车载容量确定。

机场货运区供货运办理手续、装卸货、临时储存、交货等用，主要由业务楼、货运库、装卸场及停车场组成。货运手段有客机带运和货机载运两种。客机带运通常在客机坪上进行。货机载运通常在货机坪上进行。货运区应与旅客航站区及其他建筑物有适当的距离，以便将来的发展。

机场管制塔台简称塔台(见图 10-15)，是飞机场航站区的重要建筑物，是飞机场管理、控制各项飞行业务的中心，负责对将要起飞的飞机发给许可飞行的指令，提供关于航路、机场气象、飞行情报等信息。塔台有时为一座单独的建筑物，但也可与旅客航站或终端空中交通管制机构合建，它通常是飞机场上最高的建筑。

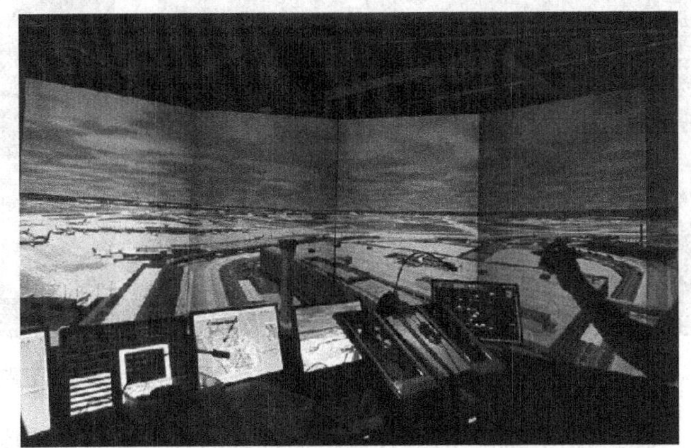

图 10-15　机场管制塔台

10.4 现代化机场工程

早期的航空运输机场往往建在城市附近，这与当时的飞机条件和技术要求是相适应的。图 10-16 是直布罗陀机场跑道，由于历史地理条件限制的原因，直布罗陀机场跑道和市镇道路连在了一起。

图 10-16 直布罗陀机场

但在城市发展的同时，航空运输也以更快的速度发展，不但飞机场数目大量增加，而且飞机场的规模不断扩大，技术设施日趋精密复杂。其结果是无论新建飞机场选址，还是旧飞机场改造、扩建等与工农业其他建设出现相互干扰或相互排斥的局面，特别是在建设用地、净空限制、噪声影响和电气、电子干扰等方面。图 10-17 是亚特兰大机场的第五跑道，该跑道位于一条双向 10 车道的公路之上，是全球最大的机场跑道桥。在施工开始前，操作方甚至在 5 英里外架设了传送带，运输造桥所需填充物以保证桥梁 590t 的承重。

图 10-17 亚特兰大机场第五跑道

鉴于航空运输区别于其他运输方式的最大优势是速度，是节省时间，但是如果飞机场距离市区过远，来往花费的地面交通时间过多，以致抵消了空中的时间节约，也就失去了

航空运输的优势，这在短程、中程航程上更为显著。这个问题已经日渐引起了有关各方面的重视。比如，将飞机场的选址、布局和各项技术要求，纳入城市总体规划工作中。如图 10-18 所示的海上机场的兴起，不仅能减轻地面的空运压力，减少飞机噪声和废气对城市的污染，而且还可以使飞行员视野开阔，保证起飞和降落时的安全。

图 10-18　海上机场

飞机制造部门研制生产的新型运输飞机，在加强飞机的安全性能、减少燃油消耗、增加运载能力的同时，要提高起降能力，减少或至少不再增长起飞滑跑距离，降低噪声等级、减轻大气污染等。来往飞机场的地面交通工具，则向高速公路、高速有轨车等大容量快速交通的方向发展。如图 10-19 所示的丰沙尔机场位于葡萄牙属地马德拉群岛，由于该处土地极其稀缺，机场跑道采用 180 根柱子牢牢地撑起跑道，摒弃钢混填塞，使得桥下可以成为巨型停车场。

图 10-19　丰沙尔机场延长跑道

2008 年 3 月投入使用的首都机场国际机场 3 号航站楼(简称 T3 航站楼)是我国目前投资建设的最大机场，工程总投资 167 亿元，设计方案为寓意为“龙”形的设计方案，如图 10-20 所示。航站楼功能上强调了高效、舒适，审美上崇尚简单明了，是 2008 年北京奥运会重要的配套项目。T3 航站楼主楼工程于 2004 年 3 月 28 日开工，工程的建筑面积约 100 万 m^2，新建一条长 3800m、宽 60m 的跑道，能满足世界上最大的空客 A380 飞机起降。2500m

长的快捷旅客运输系统、自动分拣和高速传输行李系统，高度集成和可靠的信息系统以及71个近机位、26个远机位使3号航站楼成为一个现代化的大型旅客中转中心。

图 10-20　首都国际机场 3 号航站楼

计算机技术的惊人进展，在飞机研制和设计、飞行稳定性控制、空中交通管制自动化、航行管理、气象服务、导航、通信、燃油管理、旅客机票处理、行李交运处理，甚至建筑物设备管理等各方面日益发挥作用。此外，研究改进飞机加油和机坪服务设施的可能性，可以缩短飞机在站坪机位的停靠时间。

思 考 题

1. 机场工程的定义是什么？包含哪些方面的内容？
2. 机场构造物有哪些？其各自的作用是什么？
3. 探讨现代化机场工程面临的机遇和挑战。

第11章 水利工程

【学习重点】

- 水利工程的概念、特点、类型及发展趋势。
- 水利枢纽与水工建筑物的组成及构造特点。
- 水工隧洞与坝下涵管的构造。

【学习目标】

- 掌握水利工程的基本概念及类型。
- 了解水利枢纽与水工建筑物、水工隧洞与坝下涵管各组成部分及其构造特点。

11.1 水利工程概述

11.1.1 基本概念

水利工程是用于控制和调配自然界的地表水和地下水，是为除害兴利而修建的工程。水利工程通过修建坝、堤、溢洪道、水闸、进水口、渠道、渡漕、筏道、鱼道等不同类型的水工建筑以实现其目标(见图 11-1)。水利事业随着社会生产力的发展而不断发展，已成为人类社会文明和经济发展的重要支柱。

图 11-1 典型水利工程的水工建筑物

水利活动起源很早，文字记载可以追溯到六七千年前，水利在中国有着重要地位和悠久历史，历代有为的统治者，都把兴修水利作为治国安邦的大计。如四川的都江堰、关中的郑国渠、沟通长江与珠江水系的灵渠及京杭大运河等都是我国古代水利工程的代表(见图 11-2)。

图 11-2 都江堰与京杭大运河淮安船闸

伴随着各种新型建筑材料、设备、技术，如水泥、钢材、动力机械、电气设备和爆破技术等的发明和应用，人类改造自然的能力大大提高。而人口的大量增长，城市的迅速发展，也对水利提出了新的要求。19 世纪末，人们开始建造水电站和大型水库以及综合利用的水利枢纽，水利工程也随着水文学、水力学、应用力学等基础学科的进步逐渐向大规模、高速度和多目标开发的方向发展。

11.1.2　水利工程的特点

水利工程具有下列特点。

(1)　很强的系统性和综合性。单项水利工程是同一流域、同一地区内各项水利工程的有机组成部分，这些工程既相辅相成，又相互制约。单项水利工程自身往往是综合性的，各服务目标之间既紧密联系，又相互矛盾。水利工程和国民经济的其他部门也是紧密相关的。规划设计水利工程必须从全局出发，系统地、综合地进行分析研究，才能得到最经济合理的优化方案(见图 11-3)。

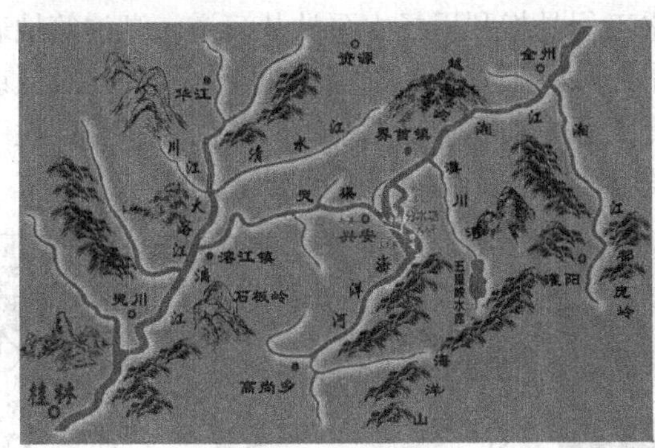

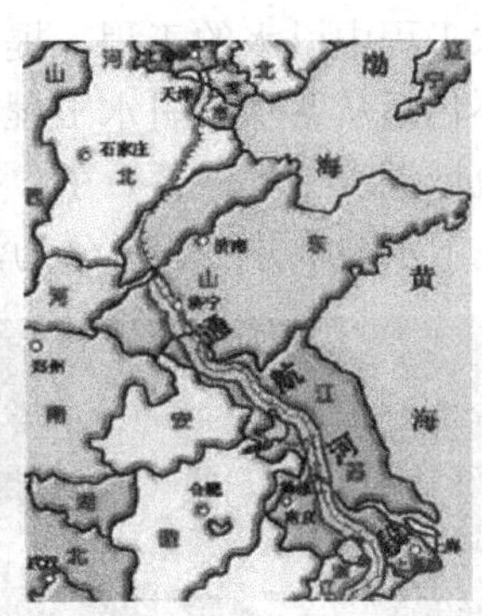

图 11-3　灵渠水系总揽图及京杭大运河流经区域

(2)　对环境有很大影响。水利工程不仅通过其建设任务对所在地区的经济和社会发生影响，而且对江河、湖泊以及附近地区的自然面貌、生态环境、自然景观，甚至对区域气候，都将产生不同程度的影响。规划设计时必须对这种影响进行充分估计，充分发挥水利工程的积极作用，消除其消极影响。

(3)　工作条件复杂。水利工程中各种水工建筑物都是在难以确切把握的气象、水文、地质等自然条件下进行施工和运行的，承受水的推力、浮力、渗透力、冲刷力等多种荷载的作用，工作条件较其他建筑物更为复杂。图 11-4 是部分水利工程事故的照片。

图 11-4　水利工程决堤事故

(4)　水利工程的效益具有不确定性，根据每年水文状况的不同而效益不同，农田水利工程还与气象条件的变化有密切联系。

(5) 水利工程一般规模大，技术复杂，工期较长，投资多。我国对拟兴建的水利工程项目，要严格遵守基本建设程序，做好前期工作，并纳入国家各级基本建设计划后才能开工。水利工程建设程序一般分为两大阶段：工程开工前为前期工作阶段，包括河流规划、可行性研究、初步设计、施工图设计等；工程开工后到竣工验收为施工阶段，包括工程招标、工程施工、设备安装、竣工验收等。

11.1.3 水利工程的类型及分类

水利工程的内容很多(见图11-5)，其中蓄水工程指水库和塘坝，不包括专为引水、提水工程修建的调节水库。引水工程是指从河道、湖泊等地表水体自流引水的工程，不包括从蓄水、提水工程中引水的工程。提水工程是指利用扬水泵站从河道、湖泊等地表水体提水的工程，不包括从蓄水、引水工程中提水的工程。调水工程是指水资源一级区或独立流域之间的跨流域调水工程，蓄、引、提工程中均不包括调水工程的配套工程。地下水源工程是指利用地下水的水井工程，分为浅层地下水和深层承压水。

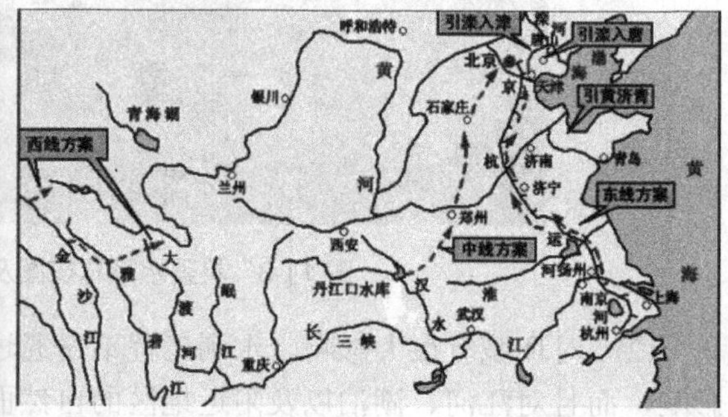

图 11-5 三峡工程蓄水及南水北调输水线路

水利工程的类型按其使用目的和服务对象分类，如表 11-1 所示。

表 11-1 水利工程按其使用目的和服务对象分类

水利工程类型	作 用
防洪工程	起防止洪水灾害的作用
灌溉和排水工程	起防止旱、涝、渍灾，为农业生产服务的作用
水力发电工程	起将水能转化为电能的作用
港口工程	起改善和创建航运条件的作用
水土保持工程	起防止水土流失的作用
环境水利工程	起防止水质污染和维护生态平衡的作用
水利枢纽工程	同时为防洪、灌溉、发电、航运等多种目标服务

11.1.4 水利工程发展趋势

水利工程的水工建筑物向高水头、大容量、新材料、新结构等方向发展。随着施工技术的不断提高和大型、高效施工机械及高速、大容量电子计算机的采用，高拱坝、高土石坝、碾压混凝土坝、深埋隧洞及大型地下建筑物等的设计和研究将会有较快的进展。预制构件装配化的中小型水工建筑物、水工建筑物监测和管理调度技术等也将随之有较大发展。

当前世界多数国家出现人口增长过快、水资源不足、城镇供水紧张、能源短缺、生态环境恶化等重大问题，都与水有密切联系。水灾防治、水资源的充分开发利用成为当代社会经济发展的重大课题。水利工程的发展趋势主要是：①防治水灾的工程措施与非工程措施进一步结合，非工程措施的地位越来越重要；②水资源的开发利用进一步向综合性、多目标发展；③水利工程的作用，不仅要满足日益增长的人民生活和工农业生产发展的需要，而且要更多地为保护和改善环境服务；④大区域、大范围的水资源调配工程，如跨流域引水工程，将进一步发展；⑤由于新的勘探技术、新的分析计算和监测试验手段以及新材料、新工艺的发展，复杂地基和高水头水工建筑物将随之得到发展，当地材料将得到更广泛的应用，水工建筑物的造价将会进一步降低；⑥水资源和水利工程的统一管理、统一调度将逐步加强。世界大型水电站排名如表 11-2 所示。

表 11-2　全球大型水电站排行表

排名	国名	电站名称	所在河流	装机容量/万 kW	年发电量/(亿 kW·h)	开始发电年份
1	中国	三峡	长江	1820	847	2003
2	巴西、巴拉圭	伊泰普	巴拉那河	1260	710	1984
3	美国	大古力	哥伦比亚河	1083	203	1942
4	委内瑞拉	古里	卡罗尼河	1030	510	1968
5	巴西	图库鲁伊	托坎廷斯河	800	324	1984
6	加拿大	拉格兰得二级	拉格兰得河	733	358	1979
7	俄罗斯	萨扬舒申斯克	叶尼塞河	640	237	1978
8	俄罗斯	克拉斯诺亚尔斯克	叶尼塞河	600	204	1968
9	加拿大	丘吉尔瀑布	丘吉尔河	523	345	1971

溪洛渡水电站是我国仅次于三峡工程的又一世界级巨型水电站(见图 11-6)，前期准备工程于 2003 年 8 月开始，主体工程于 2005 年正式开工建设。它是一座以发电为主，兼有拦沙、防洪和改善下游航运条件等综合效益的水电工程，是金沙江上即将升起的一颗璀璨的明珠。大坝采用混凝土双曲拱坝，坝高 276m，系世界最高大坝。18 台 70 万 kW 发电机组总装机容量 1260 万 kW，年平均发电量 571.2 亿 kW·h，建成后期装机容量和年平均发电量的规模将排世界第三。

溪洛渡水电站有高拱坝、高水头、高地震带和大型洞室群的开挖等特点，技术上非常有挑战性，既是国家实施西部大开发战略的重大举措，同时又能缓解我国经济高速发展中日益突出的电力紧张问题，对有效改善国家电网结构，促进东、中、西部优势互补、协调发展等具有十分重大的意义。

图 11-6　溪洛渡水电站

11.2　水利枢纽和水工建筑物

11.2.1　水利枢纽

水利枢纽工程是修建在同一河段或地点，共同完成以防治水灾、开发利用水资源为目标的不同类型水工建筑物的综合体(见图 11-7)。它是水利工程体系中最重要的组成部分，一般由挡水建筑物、泄水建筑物、进水建筑物以及必要的水电站厂房、通航、过鱼、过木等专门性的水工建筑物组成。按承担任务的不同，水利枢纽可分为防洪枢纽、灌溉(或供水)枢纽、水力发电枢纽和航运枢纽等(见图 11-8)。多数水利枢纽承担多项任务，称为综合性水利枢纽。

图 11-7　向家坝水利枢纽

图 11-8　葛洲坝水利枢纽与桂平航运枢纽

水利枢纽工程常按其规模、效益和对经济、社会影响的大小进行分级，并对枢纽中的建筑物按其重要性进行分级。对级别高的建筑物，在抗洪能力、强度和稳定性、建筑材料、运行的可靠性等方面都要求高一些，反之则要求低一些。我国水利水电枢纽工程(山区、丘陵区部分)的分级指标如表 11-3 所示。

表 11-3　中国水利枢纽工程分级指标

工程等级	工程规模	分级指标				
		水库总库容/亿立方米	防洪		灌溉面积/万亩	水电站装机容量/万 kW
			保护城镇及工矿区	保护农田面积/万亩		
一	大(1)型	>10	特别重要城市、工矿区	>500	>150	>75
二	大(2)型	10～1	重要城市、工矿区	500～100	150～50	75～25
三	中型	1～0.1	中等城市、工矿区	100～30	50～5	25～2.5
四	小(1)型	0.1～0.01	一般城镇、工矿区	<30	5～0.5	2.5～0.05
五	小(2)型	0.01～0.001	—	—	<0.5	<0.05

其中，总库容是指校核洪水位以下的水库静库容；分级指标中有关防洪、灌溉两项是指防洪或灌溉工程系统中的重要骨干工程。

11.2.2　水工建筑物

一般水利工程如图 11-9 所示，水利工程的基本组成是各种水工建筑物，包括挡水建筑物、泄水建筑物、进水建筑物、输水建筑物、河道整治建筑物、水电站建筑物、渠系建筑物、过坝设施等。不论是治理水害还是开发水利，都需要通过一定数量的水工建筑物来实现，达到控制和调节水流、防治水害、开发利用水资源的目的。

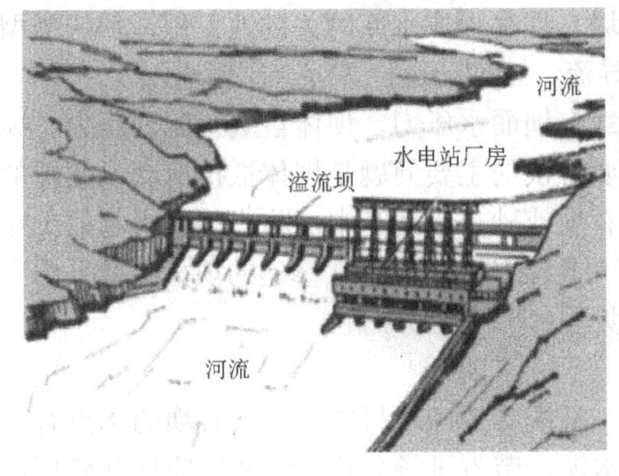

图 11-9　一般水利工程

为使水工建筑物的安全度与其重要性和工程造价相协调，即在保证一定安全度的前提下，做到经济合理，需要对枢纽中的各个建筑物按其作用和重要性进行分级。对不同级别的建筑物，在抗御洪水能力、强度和稳定安全系数、建筑材料和运行可靠性等方面应有不同的要求。级别高，要求也高；级别低，则可适当降低要求。我国水工建筑物分为 5 级，具体级别划分如表 11-4 所示。

表 11-4　中国水工建筑物级别的划分

工程等别	永久性建筑物级别		临时性建筑物级别
	主要建筑物	次要建筑物	
一	1	3	4
二	2	3	4
三	3	4	5
四	4	5	5
五	5	5	—

水利工程中的水工建筑物可分为永久性建筑物和临时性建筑物，其中永久性建筑物指的是水利枢纽工程运行期间使用的建筑物，根据其重要性分为主要建筑物、次要建筑物。主要建筑物指的是失事后将造成下游灾害或严重影响工程效益的建筑物，如坝、泄洪建筑物、输水建筑物及电站厂房等。次要建筑物指的是失事后不致造成下游灾害或对工程效益影响不大并且易于修复的建筑物，如失事后不影响主要建筑物和设备的挡土墙、导流墙、护岸等。临时性建筑物是指水利枢纽工程施工期间所使用的建筑物，如围堰、导流隧洞、导流明渠等。

按照功能，水工建筑物大体分为 3 类：挡水建筑物、泄水建筑物和专门水工建筑物。此外，还有专门为某一目的服务的水工建筑物，如专为河道整治、通航、过鱼、过木、水力发电、污水处理等服务的具有特殊功能的水工建筑物。水工建筑物以多种形式组合成不同类型的水利工程。

1. 挡水建筑物

挡水建筑物是指具有阻挡或拦束水流、拥高或调节上游水位的建筑物。一般横跨河道者称为坝，沿水流方向在河道两侧修筑者称为堤。坝是形成水库的关键性工程，坝的类型根据坝址的自然条件、建筑材料、施工场地、导流、工期、造价等综合比较选定。

坝是主要的挡水建筑物之一，它的主要荷载有坝面水压力、坝体自重、泥沙压力、冰压力、温度荷载以及地震荷载等。坝的设计中要解决的主要问题是坝体抵抗滑动或倾覆的稳定性、防止坝体自身的破裂和渗漏。但在土石坝或砂、土地基中，防止渗流引起的土颗粒移动破坏(即所谓的“管涌”和“流土”)占有更重要的地位，近代修建的坝大多数采用当地土石料填筑的土石坝或用混凝土灌筑的重力坝。

1)　土石坝

土石坝包括土坝、堆石坝、土石混合坝等，又统称为当地材料坝。土石坝的优点有：①筑坝材料可以就地取材，可节省大量钢材和水泥，节省进场公路；②能适应地基变形，对地基的要求比混凝土坝要低；③结构简单，工作可靠，便于维修和加高、扩建；④施工技术简单，工序少，便于组织机械化快速施工。其不足之处是：①坝顶不能过流，必须另开溢洪道，施工导流不如混凝土坝便利，对防渗要求高；②加之剖面大，填筑量大而且施工容易受季节影响。

土石坝的施工一般是经过抛填、辗压等方法堆筑形成挡水坝。当坝体材料以土和砂砾为主时，称土坝；以石渣、卵石、爆破石料为主时，称堆石坝；当两类当地材料均占相当比例时，称土石混合坝。土石坝一般由坝体、防渗体、排水体、护坡 4 部分组成。

(1) 坝体：坝的主要组成部分。坝体在水压力与自重作用下主要靠坝体自重维持稳定。

(2) 防渗体：主要作用是减少自上游向下游的渗透水量，一般有心墙、斜墙、铺盖等。

(3) 排水体：主要作用是引走由上游渗向下游的渗透水，增强下游护坡的稳定性。

(4) 护坡：防止波浪、冰层、温度变化和雨水径流等对坝体的破坏。

土石坝的施工可以采用碾压、水力冲填、水中填土式和定向爆破等，按材料在坝体内的配置和防渗体的位置分类如表 11-5 所示。

表 11-5 土石坝的类型及特点

土石坝类型	坝体材料及特点
均质土坝	坝体剖面的全部或绝大部分由一种土料填筑 优点：材料单一，施工简单 缺点：当坝身材料黏性较大时，雨期或冬季期施工较困难
塑性心墙坝	用透水性较好的砂或砂砾石做坝壳，以防渗性较好的黏性土作为防渗体设在坝的剖面中心位置，心墙材料可用黏土，也可用沥青混凝土和钢筋混凝土 优点：坡陡，坝剖面较小，工程量少，心墙占总方量比重不大，因此施工受季节的影响相对较小 缺点：要求心墙与坝壳大体同时填筑，干扰大，一旦建成，难修补
塑性斜墙坝	防渗体置于坝剖面的一侧 优点：斜墙与坝壳之间的施工干扰相对较小，在调配劳动力和缩短工期方面比心墙坝有利 缺点：上游坡较缓，黏土量及总工程量较心墙坝大，抗震性及对不均匀沉降的适应性不如塑性心墙坝
多种土质坝	坝址附近有多种土料用来填筑的坝
土石混合坝	如坝址附近砂、砂砾不足，而石料较多，上述多种土质坝的一些部位可用石料代替砂料

堆石坝可按防渗体设置的部位、施工方法及运用方式等进行分类，堆石坝的主要形式如图 11-10 所示。

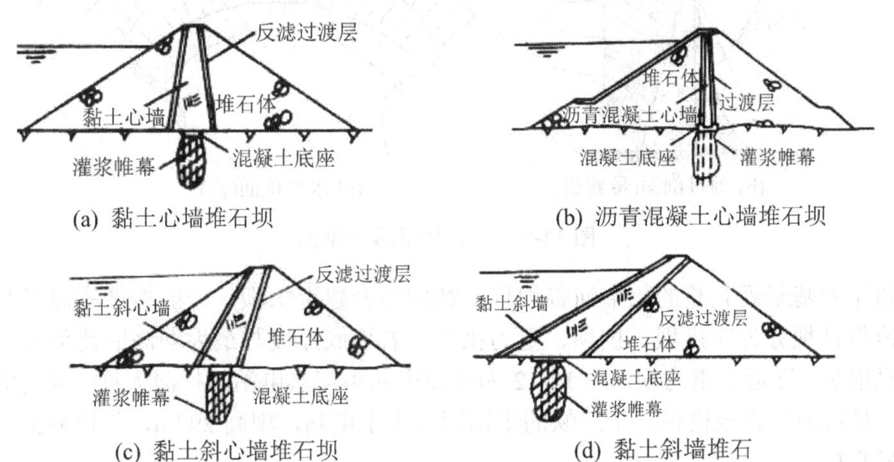

图 11-10 堆石坝的类型

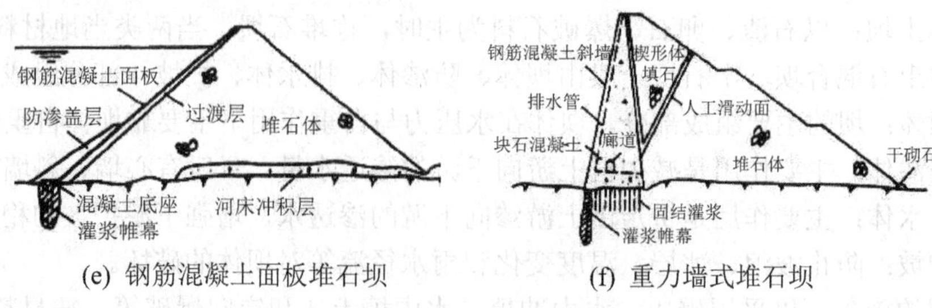

(e) 钢筋混凝土面板堆石坝　　(f) 重力墙式堆石坝

图 11-10　堆石坝的类型(续)

2)　混凝土坝

混凝土坝可分为重力坝、拱坝和支墩坝 3 种类型。重力坝依靠坝体自重与基础间产生的摩擦力来承受水的推力而维持稳定。其优点是结构简单，施工较容易，耐久性好，适宜于在岩基上进行高坝建筑，便于设置泄水建筑物。

当河谷狭窄时，可采用平面上呈弧线的拱坝。拱坝为一空间壳体结构(见图 11-11)，平面上呈拱形，凸向上游，利用拱的作用将所承受的水平载荷变为轴向压力传至两岸基岩，两岸拱座支撑坝体，保持坝体稳定。拱坝具有较高的超载能力，拱坝对地基和两岸岩石要求较高，施工上亦较重力坝难度大。

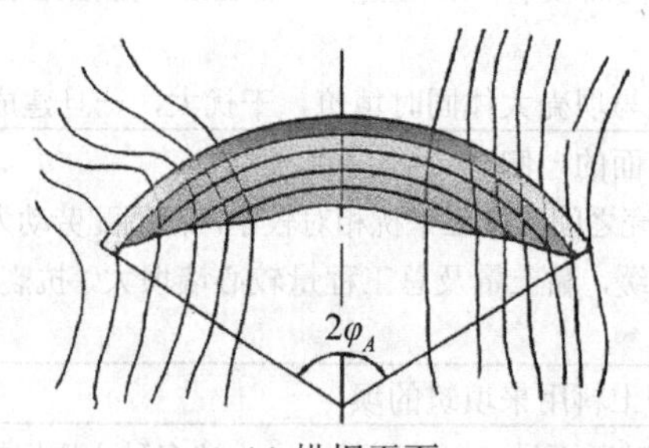

(a) 拱坝平面

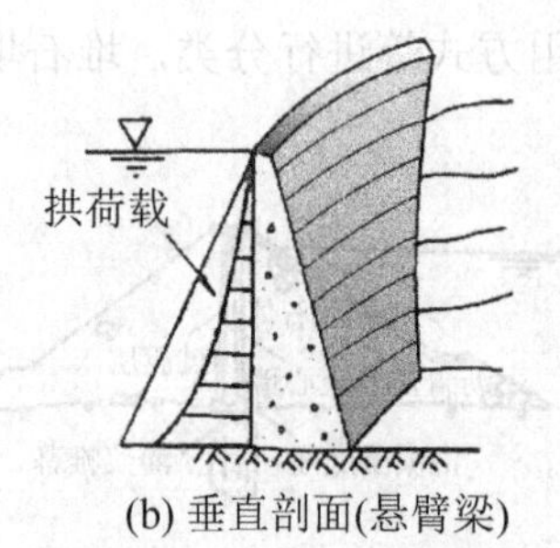

(b) 垂直剖面(悬臂梁)

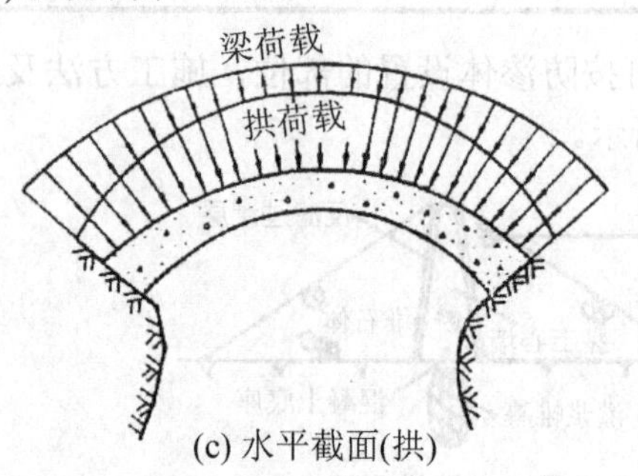

(c) 水平截面(拱)

图 11-11　拱坝平面及剖面图

在两岸岩基坚硬完整的狭窄河谷坝址，特别适合建造拱坝。一般按坝底厚度与最大坝高的比值将拱坝分为薄拱坝、拱坝、重力拱坝；若坝底厚度与最大坝高的比值很大时，拱的作用已很小，即近于重力坝。图 11-12 为建设中的小湾水电站的拦河大坝，采用混凝土双曲拱坝，是目前建设规模仅次于三峡的中国第二大水电站，坝高 292m，是世界上已建和拟建中的最高拱坝。

图 11-12　建设中的小湾水电站的拦河大坝

在缺乏足够筑坝材料时，可采用钢筋混凝土的轻型坝(俗称支墩坝)，即由一系列倾斜的面板和支承面板的支墩(扶壁)组成的坝，面板直接承受上游水压力和泥沙压力等荷载，通过支墩将荷载传给地基。面板和支墩连成整体。根据面板的形式，支墩坝可分为 3 种类型：平板坝、连拱坝和大头坝(见图 11-13)。支墩坝抵抗地震作用的能力和耐久性都较差。

平板坝是支墩坝的最早形式，常用的是简支式平板坝。它的面板是一个平面，平板与支墩在结构上互不相连。其优点有：①平板的迎水面上不产生拉应力；②对温度变化的敏感性差；③地基变形对坝身应力分布的影响不大，对地基的要求不十分严格。

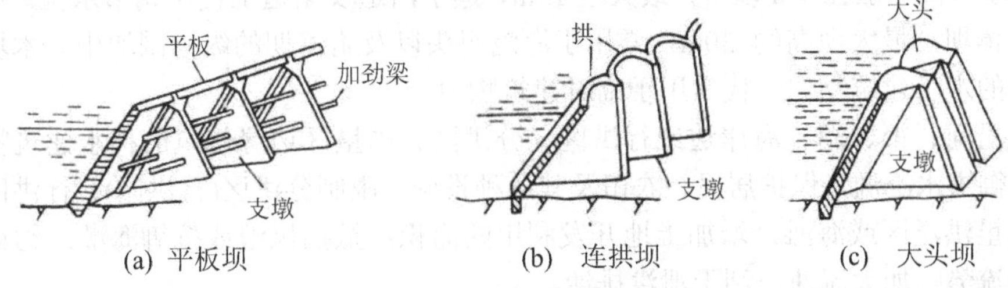

图 11-13　支墩坝类型

由于平板坝的面板受力条件不好，需将面板的形式加以改进，混凝土抗压性能好，所以将平面面板改为圆弧面板(拱)，即连拱坝。当在河谷较宽时，若采用一般拱坝，拱作用得不到充分发挥，且混凝土方量多(中心角越大，弧长越长)，故将面板做成连续拱形，其受力条件较好，能较好地利用材料强度。图 11-14 为我国 1956 年建成的梅山连拱坝，坝高 88.24m，是当时世界上最高的连拱坝。现在世界上最高的连拱坝是加拿大丹尼尔约翰逊连拱坝(见图 11-15)，高 214m，混凝土体积仅为同高度重力坝的一半。

图 11-14　梅山连拱坝

图 11-15　加拿大丹尼尔约翰逊连拱坝

随着世界筑坝技术的提高，坝的高度逐渐提高，坝的规模亦随之增大。目前世界最高的坝是俄罗斯 335m 高的罗贡土石坝(见图 11-16)，最高的混凝土坝是瑞士的大迪克桑斯坝(见图 11-17)，坝高为 285m。体积最大的土石坝是巴基斯坦塔贝拉水电站的土石坝，体积达 1.2 亿立方米；体积最大的混凝土坝是俄罗斯的萨扬舒申斯克重力拱坝，体积为 850 万立方米；体积最大的尾矿坝为美国新科尼利亚尾矿坝，体积为 2.1 亿立方米。

图 11-16　俄罗斯罗贡坝

图 11-17　瑞士的大迪克桑斯坝

3)　其他类型的坝

其他材料建成的坝如橡胶坝、钢坝、木坝及草土坝(堰)等使用较少，一般只适用于低水头。橡胶坝坝高一般在 7m 以下，最大达 15m，建于河道及渠道上便于调节水位。钢坝常为钢板桩格体坝，最大坝高约 30m，常用于海港码头以及施工期的纵向围堰中。木坝及草土坝是传统的水工建筑物，近代常用于临时建筑物中。

堤是沿河、渠、湖、海岸边或行洪区、分洪区、围垦区边缘修筑的挡水建筑物。其作用为：防御洪水泛滥，保护居民、农田及其各种设施；限制分洪区(蓄洪区)、行洪区的淹没范围；围垦洪泛区或海滩，增加土地开发利用的面积；抵挡风浪或抗御海潮；约束河道水流，控制流势，加大流速，利于泄洪排沙。

在河流水系较多的地区，把沿干流修的堤称为干堤，沿支流修的堤称为支堤，形成围垸的堤称垸堤、圩堤或围堤，沿海岸修建的堤称海堤或海塘。世界各国堤防以土堤最多，就地取材修筑，结构简单，多为梯形断面。为了加固土堤，常在堤的临河或背河一侧修筑戗台，以节约土方。为加强土堤的抗冲性能，也常在土堤临水坡砌石或用其他材料护坡(见图 11-18)。石堤以块石砌筑，堤的断面较土堤为小。在大城市及重要工厂周围修堤，为减少占地有时采用浆砌块石堤或钢筋混凝土堤，称为防洪墙，该类型堤身断面小、占地少，但造价高。强潮区的海堤，地基处理是筑堤成败的关键，护坡常采用抗冲能力强的圬工结构。

图 11-18　堤的施工建设

根据防洪的要求，堤既可以单独使用，又可以配合其他工程组成防洪工程系统。堤防工程为防洪系统中的一个重要组成部分，不论新建还是改建，还是加固原有堤防系统，都需要进行规划、设计。首先要结合江河综合利用规划，进行堤线、堤顶高程等选择，以及老堤的改线和加高加固的研究，江河堤防还要进行堤距的选择，待规划的堤线等确定后，再做堤身断面的具体设计，堤的规划设计及其影响因素如表11-6所示。

表11-6　堤的规划设计及其影响因素

规划设计步骤	规划设计及其影响因素
堤线选择	① 调查研究地区经济、社会状况、土层地质条件、水文及泥沙特性、河床演变规律等。 ② 堤线走势应尽可能平顺，避免急弯和局部突出，以适应洪水河势流向。 ③ 尽可能避开村庄，少占耕地。 ④ 尽量选在地势较高、土质较好之处，以减少筑堤的工程量。 ⑤ 堤线离中常水域的距离，应考虑营造防浪林和修堤取土的要求
堤距和堤高的确定	① 河道通过相同的设计流量时，堤距窄，水位高，则堤顶高；堤距宽则堤顶低。 ② 考虑洪水河床要有足够的宽度以通过设计洪峰流量，同时又不使当地水位过分地升高并兼顾上下游的水位情况。 ③ 确定防洪标准，再根据水文分析与计算，确定设计洪水，并根据河道水力、泥沙特性，推算沿程设计水位。 ④ 根据风浪要素、沉陷和工程等级，确定堤顶超高，然后建立设计流量下堤距与堤高的关系。 ⑤ 再根据社会经济能力和技术水平，经过多方案的技术经济比较，选定最佳的堤距与堤高。必要时还可以用河工模型试验，对上述结果加以验证
堤身横断面设计	① 根据挡水水头大小、堤基地质情况、堤身材料，来确定堤身横断面的结构。 ② 堤顶宽度应考虑满足料物堆存、防汛抢险、交通运输的要求。 ③ 堤的边坡应综合考虑雨水的坡蚀作用、植物生长、机械维修等因素对其稳定性的影响。 ④ 石堤及防洪墙的断面设计，系根据设计荷载，由建筑的稳定和结构计算确定

由于河床淤积抬高，堤防相对降低，堤身受各种影响以及内部存在隐患，危及安全，因此需要对堤防加高加固，以维持和巩固其效能。堤的加高应根据新的设计指标，采用的材料和结构，连同原有堤防进行分析计算，以确定新的堤身横断面。堤的加固，通常采用加大横断面尺寸或改变堤身结构的办法，主要的措施有：抽槽换土、加黏土斜墙和铺盖、构筑防渗墙、建砂石反滤、建减压井、修筑前后戗、放淤固堤等。

2. 泄水建筑物

泄水建筑物是用以排放多余水量、泥沙和冰凌等的水工建筑物。泄水建筑物具有安全排洪、放空水库的功能。对于水库、江河、渠道或前池等的运行起太平门的作用，也可以用于施工导流。泄水孔、泄水隧洞、溢洪道、溢流坝等是泄水建筑物的主要形式。此外，与坝结合在一起的称坝体泄水建筑物；设在坝身以外的常统称为岸边泄水建筑物(见图11-19)。

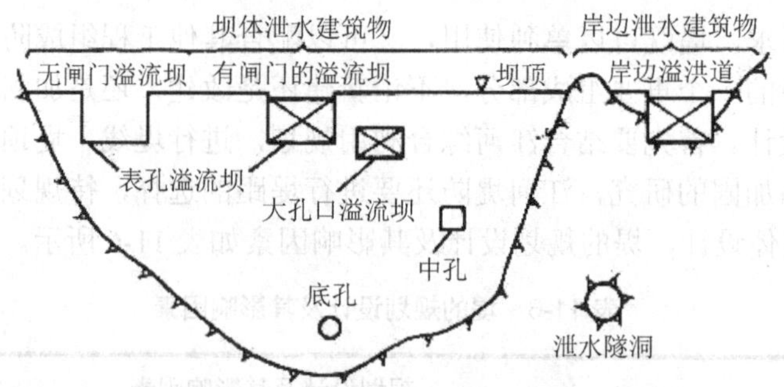

图 11-19　泄水建筑物示意图

泄水建筑物是水利枢纽的重要组成部分(见图 11-20)，其造价常占工程总造价的很大一部分，合理选择形式，确定其尺寸十分重要。泄水建筑物按其进口高程可布置成表孔、中孔、深孔或底孔。表孔泄流与进口淹没在水下的孔口泄流，在同样水头时，前者具有较大的泄流能力，是溢洪道及溢流坝的主要形式。深孔及隧洞一般不作为重要大泄量水利枢纽的单一泄洪建筑物。葛洲坝水利枢纽二江泄水闸泄流能力为 84 000m^3/s，加上冲沙闸和电站，总泄洪能力达 110 000m^3/s。

图 11-20　葛洲坝水利枢纽二江泄水闸

溢洪道是用于宣泄规划库容所不能容纳的洪水，保证坝体安全的开敞式或带有胸墙进水口的溢流泄水建筑物。溢洪道一般不经常工作，但却是水库枢纽中的重要建筑物。溢洪道可按结构形式、泄洪标准及运用情况进行分类，具体类型如表 11-7 所示。

表 11-7　溢洪道的类型

溢洪道的分类标准	溢洪道的类型		目的与作用
泄洪标准及运用情况	正常溢洪道		用以宣泄设计洪水
	非常溢洪道		用以宣泄非常洪水
所在位置	河床式溢洪道		经由坝身用以宣泄洪水
	岸边溢洪道	正槽溢洪道	泄槽与溢流堰正交，过堰水流与泄槽轴线方向一致
		侧槽溢洪道	溢流堰设在泄槽一侧，溢流堰轴线与泄槽大致平行

续表

溢洪道的分类标准	溢洪道的类型		目的与作用
所在位置	岸边溢洪道	井式溢洪道	进水口在平面为一环形溢流堰，水流过堰后，经竖井和隧洞流向下游
		虹吸溢洪道	利用虹吸作用泄水，水流出虹吸管后，经泄槽流向下游，可建在岸边，也可建在坝内

岸边溢洪道通常由进水渠、控制段、泄水段、消能段组成(见图 11-21)。进水渠起进水与调整水流的作用。控制段常用实用堰或宽顶堰，堰顶可设或不设闸门。泄水段有泄槽和隧洞两种形式。为了保护泄槽免遭冲刷和岩石不被风化，一般都用混凝土衬砌，并采用挑流消能或水跃消能。当下泄水流不能直接归入原河道时，还需另设尾水渠，以便与下游河道妥善衔接。溢洪道的选型和布置，应根据坝址地形、地质、枢纽布置及施工条件等，通过技术经济比较后确定。

图 11-21　溢洪道现场照片

溢流坝(又称滚水坝)一般由混凝土或浆砌石筑成。按坝型分为溢流重力坝、溢流拱坝、溢流支墩坝和溢流土石坝等。与厂房结合在一起作为泄洪建筑物的坝内式厂房溢流坝、厂房顶溢流和挑越厂房顶泄流的厂坝联合泄洪方式，可用在高山峡谷地区，当宣泄大流量时，是解决溢洪道和电站厂房布置位置不足的一条途径。溢流坝过流形式有：①坝顶溢流(跌流)；②坝面溢流；③大孔口坝面溢流(见图 11-22)。

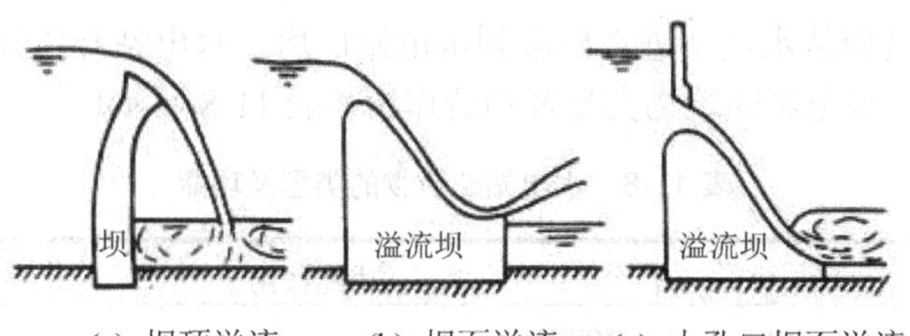

(a) 坝顶溢流　　(b) 坝面溢流　　(c) 大孔口坝面溢流

图 11-22　溢流坝溢流形式

溢流坝设计要满足：①有足够的溢流前沿长度和泄流能力以满足防洪要求；②水流平

顺，坝面无不利的负压或振动；③下泄水流不造成危害性冲刷。近期的高坝建设中，在新型消能技术、通气减蚀措施等许多方面都获得了较大的进展。溢流重力坝是溢流坝中修建较多、运行经验丰富的坝型。图 11-23 为我国河北省潘家口水利枢纽重力坝，坝高 107.5m，设计最大泄流量为 56 200m^3/s，部分采用宽尾墩形式的新型消能。湖南省凤滩水电站腹拱式溢流拱坝采用独特的高低坎对冲消能(见图 11-24)，设计泄洪流量为 32 600m^3/s。

图 11-23 河北省潘家口水利枢纽重力坝

图 11-24 湖南省凤滩水电站腹拱式溢流拱坝

对于多目标或高水头、窄河谷、大流量的水利枢纽，一般可选择采用表孔、中孔或深孔，坝身与坝体外泄流，坝与厂房顶泄流等联合泄水方式。

修建泄水建筑物关键是要解决好消能防冲和防空蚀、抗磨损。对于较轻型的建筑物或结构，还应防止泄水时的振动。泄水建筑物设计和运行的发展与结构力学和水力学的进展密切相关。近年来由于高水头窄河谷宣泄大流量、高速水流压力脉动、高含沙水流泄水、大流量施工导流、高水头闸门技术以及抗震、减振、掺气减蚀、高强度耐蚀耐磨材料等的开发和发展，对泄水建筑物设计、施工、运行水平的提高起了很大的推动作用。

3. 专门水工建筑物

专门水工建筑物的功能多样，难以严格区分其功能作用，这里指的是除通用性水工建筑物(挡水建筑物和泄水建筑物)以外的专门性水工建筑物，主要有：①水电站建筑物，如前池、调压室、压力水管、水电站厂房；②渠系建筑物，如节制闸、分水闸、渡槽、沉沙池、冲沙闸；③港口水工建筑物，如防波堤、码头、船坞、船台和滑道；④过坝设施，如船闸、升船机、放木道、筏道及鱼道等。

1) 水电站建筑物

水电站建筑物是指从水电站进水口起到水电站厂房、水电站升压开关站等专供水电站发电使用的建筑物。水电站建筑物类型及功能作用如表 11-8 所示。

表 11-8 水电站建筑物的类型及功能

水电站建筑物类型	功能作用
进水口	分为开敞式进水口、深式进水口； 将发电用水引入引水道
引水建筑物	包括渠道、无压引水隧洞、有压引水隧洞(见水工隧洞)、压力水管等； 将已引入的发电用水输送给水轮发电机组

续表

水电站建筑物类型	功能作用
平水建筑物	包括前池、调压室等； 当水电站负荷变化时，用于平稳引水道中流量及压力的变化
尾水道	分为尾水渠和尾水隧洞； 将发电后的尾水自机组排向下游
发电、变电和配电建筑物	包括安装水轮发电机组及其控制设备的厂房、安放变压器及高压开关设备的站升压开关站； 接受和分配水轮发电机组发出的电能，经升压后向电网或负荷点供电的高压配电装置
附属建筑设施	为水电站的运行管理而设置的必要的辅助性生产、管理及生活建筑设施

水电站工程建设中常用的分类方法按集中水头的手段和水电站的工程布置，可分为坝式水电站、引水式水电站和坝-引水混合式水电站 3 种基本类型。引水式水电站包括无压引水式水电站和有压引水式水电站(见图 11-25 和图 11-26)。无压引水式水电站的引水道为明渠，无压隧洞、渡槽等。有压引水式水电站的引水道，多为压力隧洞、压力管道等。

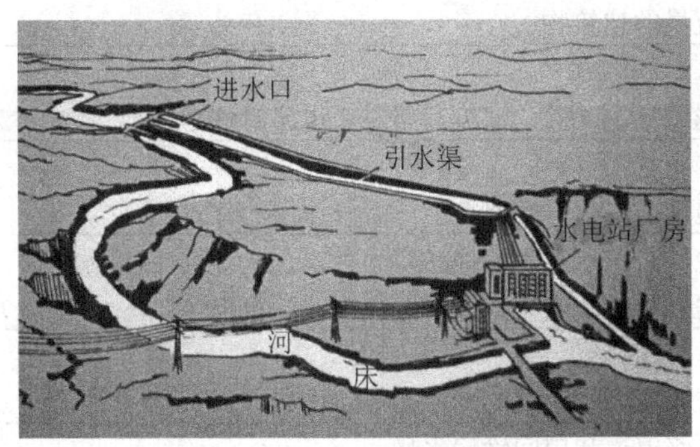

图 11-25　无压引水式水电站

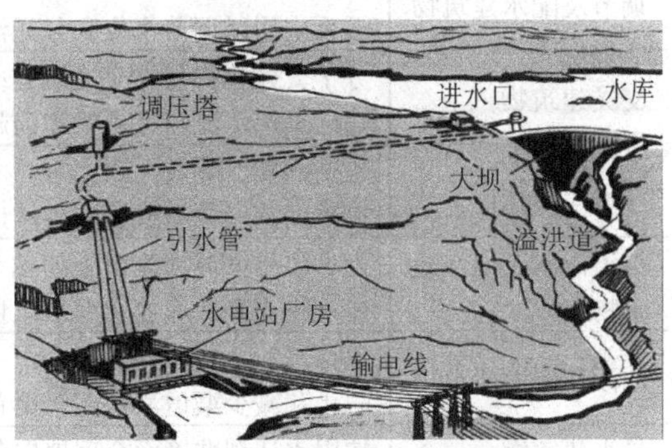

图 11-26　有压引水式水电站

前池是位于无压引水式水电站引水渠道末端和压力水管进口之间的连接建筑物，也称压力前池。它将引水渠道中的来水均匀地分配给各压力水管，便于清除由引水渠道进入的污物、泥沙、浮冰等，以减少对水轮机的磨损影响等作用。有时为了减少渠道中非恒定流的影响，将压力前池扩大建成日调节池。

为了避免泄洪时在尾水渠中形成较大的水位壅高和回流，以及避免在尾水渠内发生淤积，必要时在尾水渠与泄水建筑物之间可加设导墙。水电站地下式厂房的尾水道通常采用尾水隧洞的形式。根据地下式厂房的布置，尾水隧洞又可分别布置成有压尾水隧洞和无压尾水隧洞两类。对较长的有压尾水隧洞有时还需加设尾水调压室，如图 11-27 所示。

2)　渠系建筑物

渠系建筑物是为安全输水，合理配水，精确量水，以达到灌溉、排水及其他用水目的而在渠道上修建的水工建筑物，其渠系建筑物类型及功能如表 11-9 所示。而渠系建筑物的形式主要根据灌区规划要求、工程任务，并全面考虑地形、地质、建筑材料、施工条件、运用管理、安全经济等各种因素后，进行比较确定。当前我国渠系建筑物的发展趋势是向轻型化、定型化、装配化及机械化施工等方向发展。

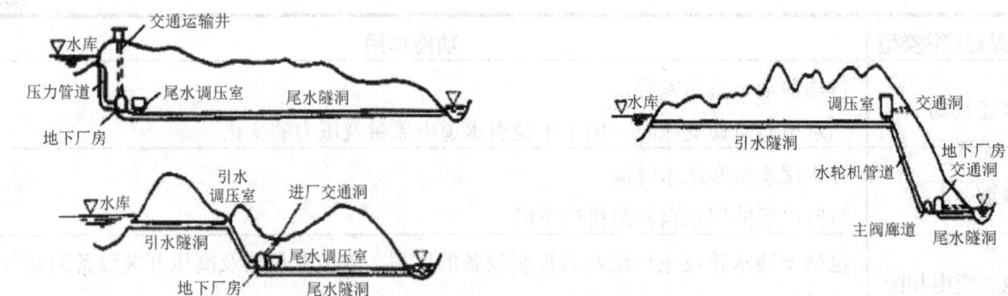

图 11-27 地下电站及尾水隧洞的布置方式

表 11-9 渠系建筑物的类型及功能

渠系建筑物类型	功能作用
渠系	分干、支、斗、农 4 级构成渠道系统； 人工开挖或填筑的水道，用来输送水流以满足灌溉、排水、通航或发电等需要
调节及配水建筑物	包括节制闸、分水闸、斗门等； 渠系中用以调节水位和分配流量的建筑物
交叉建筑物	分平交建筑物与立交建筑物； 输送渠道水流穿过山梁和跨越或穿越溪谷、河流、渠道、道路时修建的建筑物
落差建筑物	包括跌水、陡坡、跌井等； 在地面落差集中或坡度陡峻地段所修建，起连接上下游段作用的建筑物
渠道泄水及退水建筑物	为了防止渠道水流由于超越允许最高水位而酿成决堤事故，保护危险渠段及重要建筑物安全，起放空渠水以进行渠道和建筑物维修等作用的建筑物
冲沙和沉沙建筑物	包括沉沙池、冲沙闸等； 防止和减少渠道淤积而在渠首或渠系中设置的冲沙和沉沙设施
量水建筑物	按用水计划准确而合理地向各级渠道和田间输配水量
专门建筑物及安全设施	包括通航渠道上的船闸、码头、船坞、安全设施及利用渠道落差修建水电站和水力加工站等； 服务于某一专门目的而在渠道上修建的建筑物称专门建筑物

3) 港口水工建筑物

港口水工建筑物的设计和施工与一般水工建筑物有许多共同之处。波浪、潮汐、水流、泥砂、冰凌等动力因素对港口水工建筑物的作用及环境水(主要是海水)、海洋生物等对建筑物的腐蚀作用，在确定建筑物荷载、平面布置和结构设计方案时应予充分考虑，并采取相应的防冲、防淤、防冻、防腐蚀等措施，其具体内容可参见第 9 章港口工程。

4) 过坝设施

过坝设施是在水利枢纽中为船只、木材、鱼类过坝(闸)而建的设施的总称。按过坝的目的分为过船设施、过木设施和过鱼设施 3 类；按过坝方式又可分水力过坝和机械过坝两类。其中过船设施又常称为通航设施，分为船闸与升船机两种基本类型。船闸以水力浮运船只过坝，常见的有单、多级船闸和单、多线船闸；根据其闸室形式可分为广厢式、井式和省水式等。

升船机是将船开进承船厢，利用水力或机械运送承船厢过坝，根据承船厢内有无水分为湿式和干式。过船设施形式的选择与布置，要根据过坝运输量、船型、船队、上下游水位差及其变幅、水文地形地质条件和枢纽建筑物的形式，经过技术经济综合比较确定。

常见的木材过坝设施有放木道、筏道和各种过木机(见图 11-28)。每个具有过木任务的枢纽可根据过坝木材的数量、流放方式、木排形式、规格或原木的尺寸、过木季节及其强度、坝上下水位差、水位变幅、水文地形地质条件、枢纽建筑物形式等选用适宜的过坝设施，以满足在水利枢纽建成后的木材流放工艺要求。

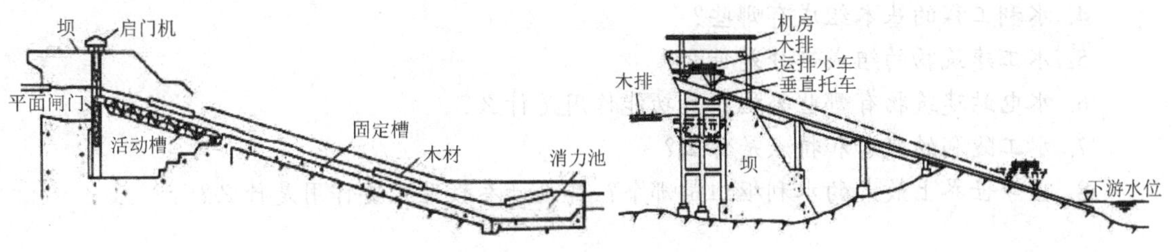

图 11-28　放木道及过木机

过鱼设施是供鱼类通过水闸或坝的人工水槽(见图 11-29)，水利枢纽中兴建过鱼设施已有数百年的历史，但直到 20 世纪 30 年代，过鱼设施的研究和建设才开始有较大发展。我国从 20 世纪 50 年代后期陆续在水利枢纽中兴建过鱼设施。过鱼设施主要有鱼道、鱼闸和升鱼机，可根据过坝鱼类的品种、数量和鱼的习性及枢纽的特性等条件选用。

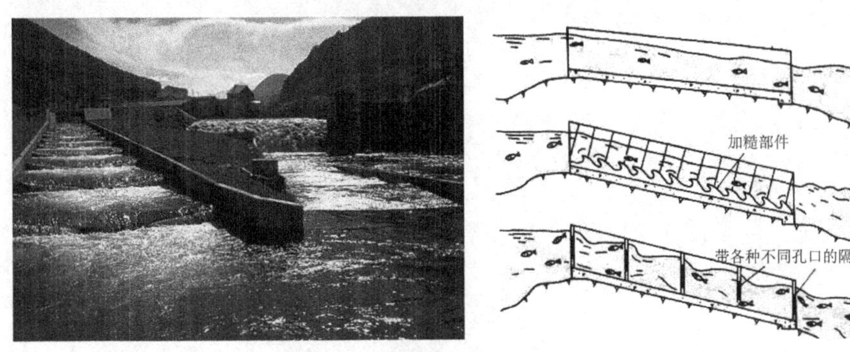

图 11-29　鱼道现场照片及示意图

20 世纪以来，水工建筑物在世界各国发展迅速，规模也越来越大。我国在建及拟建水工建筑物与已建成的相比，无论在形式上、规模上都有较大的改进和提高，电站装机容量将达到 300 万～400 万 kW 甚至 1000 万 kW 以上；一些中、低水头的抽水蓄能或混合式抽水蓄能电站已开始兴建(见图 11-30)；一些大规模引水、供水、灌溉等工程亦将相继投入实施。

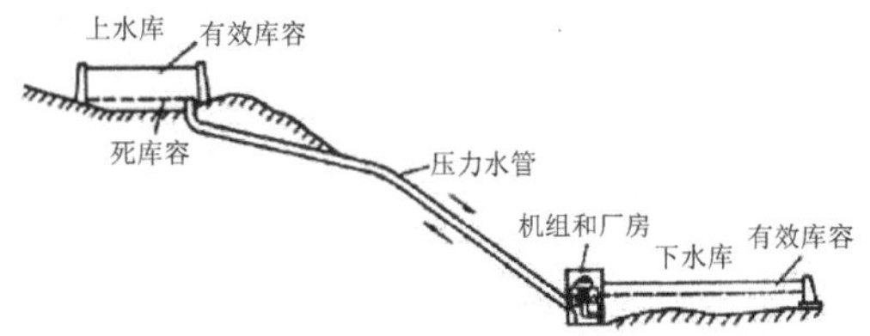

图 11-30　抽水蓄能电站示意

思考题

1. 水利工程的概念和特点是什么?
2. 水利工程的分类及作用各是什么?
3. 水利工程的发展趋势有哪些?
4. 水利工程的基本组成有哪些?
5. 水工建筑物的组成部分是什么?
6. 水电站建筑物有哪些类型?其功能作用是什么?
7. 水工隧洞的概念和特点是什么?
8. 当今世界上最大的水利枢纽是哪个?其设计参数及主要作用是什么?

第 12 章　给水排水工程

【学习重点】

- 给水排水工程的发展概况。
- 城市给水、排水工程的分类及组成。
- 建筑给水、排水工程组成与分类。

【学习目标】

- 了解给水、排水工程的发展概况。
- 掌握城市给水、排水工程的分类及组成内容。
- 掌握基本构件的种类及受力特点。
- 了解基本力学概念。
- 掌握建筑给水、排水工程的组成与分类。

给水排水工程是用于水供给、废水排放和水质改善的工程。给排水工程是城市基础设施的一个组成部分。城市的人均耗水量和排水处理比例，往往反映出一个城市的发展水平。为了保障人民生活和工业生产，城市必须具有完善的给水排水系统。现代的给水排水工程已成为控制水媒传染病流行和环境水污染的城市基本设施，是工业生产的命脉之一，它制约着城市和工业的发展。给水排水工程通常可以分为城市给水、排水工程和建筑给水、排水工程，各类给水排水工程在服务范围及设计、施工与维护等方面均有不同的特点。为了保障人民生活和工业生产，城市必须具有完善的给水排水系统。

12.1 给水排水工程的发展

为了适应高速发展的城市基础设施建设以及房屋建筑的需求，一些城市先后成立了水务局，将城市的水源、供水、排水、污水处理、污水再生利用、城市节水等，统一归到水务局进行管理，这样的管理模式可以把城市的给水与排水整合为一体，由一个部门进行专业化、一体化管理，既有利于环境的综合治理，又有利于水成本的降低。目前，给水排水工程的发展主要体现在以下几个方面。

12.1.1 设计与施工以人为本

建筑给水排水贯彻以人为本的人性化设计与施工理念是给水排水工程发展的趋势和要求。自动抄水表系统和卫生间排水系统的设计和施工突出体现了以人为本的理念。自动抄水表系统是利用现代计算机技术、网络通信技术与水表计量技术，进行用户数据采集、加工处理，最终将城市居民用水信息加以计量、存储、统计的综合处理系统。自动抄水表系统的设计与应用取代了传统的上门抄表收费的扰民服务，避免了供水部门与客户之间的纠纷，减轻了自来水公司及物业部门繁杂劳动强度，不但能提高管理部门的工作效率，也适应现代用户对用水缴费的新需求，体现了以人为本的服务理念。

在传统做法中，卫生间、厨房的排水通常将用水器具的排水管敷设在下层房间，但随着住宅的商品化，这种传统的敷设方式已愈来愈明显地与“以人为本”的住宅理念相悖。其最大的问题是排水管道在渗漏或堵塞检修时，会给下层住户造成不良影响，甚至引起邻里纠纷。因此探讨各种排水管道敷设方式是目前厨房、卫生间设计与施工的一个重要任务，也是考量人性化服务的一个重要指标。

12.1.2 节水与开源齐头并进

中国人均水资源占有量仅为世界人均水资源占有量的1/4，属于缺水国家。特别是近20年来随着我国国民经济的飞速发展，水污染日益加剧，水资源问题更加突出，节约用水成了重要而紧迫的任务。所以，如何在充分满足建筑物使用要求的前提下，尽可能地做到节约水资源是摆在我们面前的一个重要课题。

1. 建筑排水的回收利用

建筑排水是指建筑中的生活污水和生活废水经过处理后，达到规定的水质标准，可用于生活、市政等杂用水。在我国建筑排水中生活废水所占比例，住宅为 69%，宾馆饭店为 87%，办公楼为 40%。如果将这一部分废水收集、处理后代替自来水用作冲厕、绿化浇灌、冲洗车辆等，则可为国家节约大量的水资源。

2. 雨水循环利用

在地球上现有的淡水资源显得越来越短缺的今天，人类必将把目光瞄准雨水这一巨大的财富，现在许多国家都开展了雨水利用的研究。例如，芝加哥市兴建了覆盖城市一半地区的集雨蓄水系统，冲洗马路和清洗车辆的用水基本由回收的雨水来承担。在丹麦，从 20 世纪 80 年代开始全面推行从屋顶收集雨水，将之用泵打进贮水池进行储存，过滤后用于冲洗厕所和洗涤衣服。而我国在雨水利用方面相对落后，但我国一些严重干旱缺水的地区，如甘肃、宁夏、内蒙古，近年来正在全面推广“集雨窖工程”，除了利用低洼地积蓄雨水外，还要把所有降在屋面、大棚的雨水都汇流到人工建筑的大小地窖之中，用以浇灌庄稼、喂养牲畜，甚至供人们生活、饮水之用。图 12-1 所示为集雨水窖示意图。

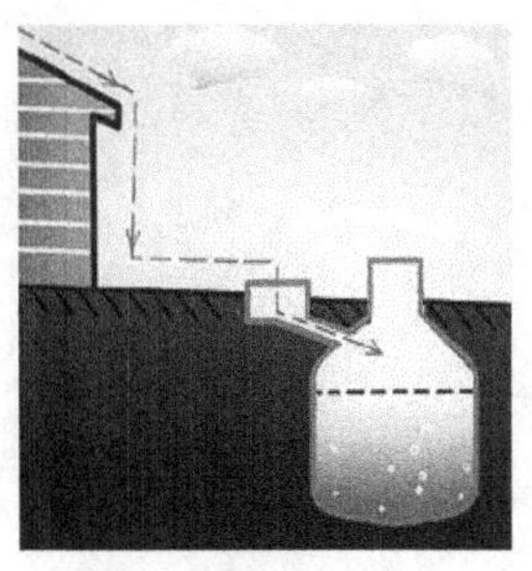

图 12-1　集雨水窖示意图

12.1.3　舒适与安全兼顾

建筑给水排水不仅需要给建筑物内的居住者提供舒适的生活和工作环境，还要提供必要的安全保障设施，这是建筑给水排水发展的必然趋势。建筑热水供应是舒适的前提条件，而建筑消防给水则是安全的基本保障。

1. 建筑热水供应

传统的建筑热水供应系统是集中供热，由于终端较为分散，供热线路较长，热能损耗很大，最终的水温往往不能满足用户的需求。未来的建筑热水供应在热源上将由电或太阳能取代传统的煤燃油和燃气，由于热源改变，热水供应系统将由集中热水供应逐步过渡到分散的局部热水供应系统，同时配以终端快速高效和微型化的加热器，将出现无锅炉、无贮热设备和无热水循环系统的热水供应系统。与此同时，将推出与建筑热水供应系统配套的新品种、新功能的卫生设备，卫生设备操纵也趋于微电子化、智能化。

2. 建筑消防给水

建筑物重要功能之一是提供安全的环境，除了结构安全之外，对给水排水而言，建筑消防给水是保障建筑安全的重要措施。在建筑消防方面，自动喷淋灭火系统将完全取代消火栓，成为将来使用最普遍的一种固定灭火设备，它具有自动探测、报警和灭火的功能。它的特点是安全可靠，控火灭火成功率高，结构简单，维护方便，成本低廉，使用期长，使用范围广泛。自动喷淋灭火系统由闭式喷头、湿式报警阀、水力警铃、延迟器、供水管网等部件组成，一旦出现火情，系统便能发出电报警信号和启动消防泵。图 12-2 为现代建筑中的消防给水系统。

图 12-2　现代建筑中的消防给水系统

12.2　城市给水工程

给水工程通常包含城市给水系统和建筑给水系统两个部分。其中城市给水系统是指供给城市生产和生活用水的工程设施，是城市公用事业的组成部分。城市给水系统规划是城市总体规划的组成部分。

12.2.1　城市给水系统的分类

城市给水系统分类方式多种多样，可简单分为以下 3 种(见表 12-1)。

表 12-1　城市给水系统的分类

根据水源性质分类	1.地面水给水系统
	2.地下水给水系统
根据给水方式分类	1.重力给水系统
	2.压力给水系统
根据服务对象分类	1.城镇给水系统
	2.工业给水系统

地面水给水系统：取用地面水时给水系统比较复杂，须建设取水构筑物，从江河取水，由一级泵房送往净水厂进行处理。处理后的水由二级泵房将水加压，通过管网输送到用户。

地下水给水系统：取用地下水的给水系统比较简单，通常就近取水，且可不经净化，而直接加氯消毒供应用户。

重力给水系统：当水源位于高地且有足够的水压可直接供应用户时，可利用重力输水。以蓄水库为水源时，常采用重力给水系统。

压力给水系统：压力给水系统是常见的供水系统。还有一种混合系统，即整个系统部分靠压力给水，部分靠重力给水。

城镇给水系统：大城市中的工业生产用水，如水质和水压与生活饮用水相近或相同，可直接由城镇管网供给。如要求不同，可对用水量大的工厂采取分质和分压给水，以节省城镇水厂的建造和运转管理费用。小城镇中的生产用水在总水量中所占比重不大，一般只设一个给水系统。

工业给水系统：一般情况下，城市内的工业用水可由城市水厂供给，但如果工厂远离城市或用水量大但水质要求不高，或城市无法供水时，则工厂自建给水系统。一般工业用水中冷却水占极大比例，为了保护水源和节约电能，要求将水重复利用，于是出现直流式、循环式和循序式等系统，这便是工业给水系统的特点。

一座城市的历史、现状和发展规划、其地形、水源状况和用水要求等因素，使得城市给水系统千差万别，但概括起来无非以下几种。

1. 统一给水系统

当城市给水系统的水质，均按生活用水标准统一供应各类建筑作为生活、生产、消防用水时，则称此类给水系统为统一给水系统，如图 12-3 所示。这类给水系统适用于新建中小城市、工业区或大型厂矿企业中用水户较集中、地形较平坦，且对水质、水压要求也比较接近的情况。

2. 分质给水系统

当一座城市或大型厂矿企业的用水，因生产性质对水质的要求不同，特别是对用水大户，其对水质的要求低于生活用水标准，则适宜采用分质给水系统。分质给水系统(见图 12-4)，既可以是同一水源，经过不同的处理，以不同的水质和压力供应工业和生活用水，也可以是不同的水源。例如地面水经沉淀后供工业生产用水，地下水经加氯消毒供给生活用水等。这种给水系统显然因分质供水而节省了净水运行费用，其缺点是需设置两套净水设施和两套管网，管理工作复杂。选用这种给水系统应做技术、经济分析。

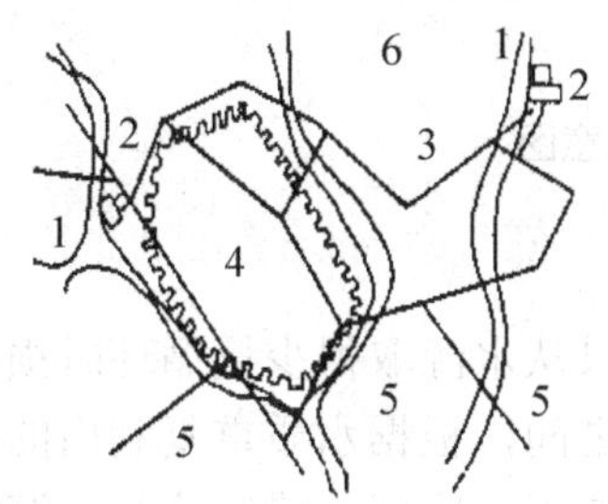

图 12-3　两水源统一给水系统示意图

1—取水构筑物；2—自来水厂；3—输、配水管网；4—旧城区；5—新城区；6—远郊区

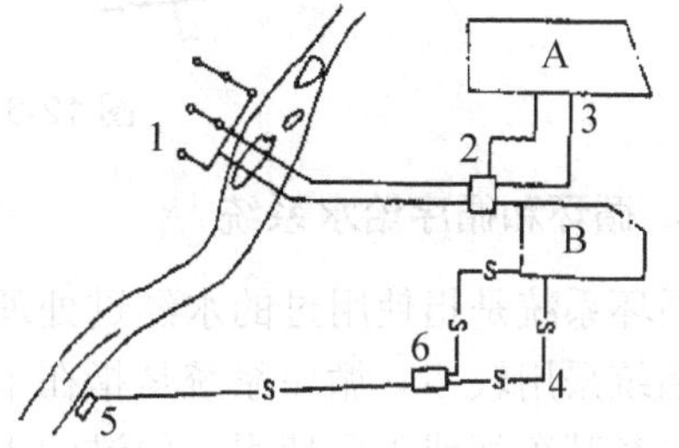

图 12-4　分质给水系统示意图

1—井群；2—泵站；3—生活给水管网；4—生产用水管网；5—地面水取水构筑物；6—生产用净水厂；A—居住区；B—工厂

3. 分压给水系统

当城市或大型厂矿企业用水户要求水压差别很大时，如果统一按城市要求供水，则压力没有差别，这势必造成高压用户因压力不足而增加局部增压设备的情况。这种分散增压不但增加了管理工作量，而且能耗也大，此时若采用分压给水再合适不过，如图 12-5 所示。分压给水可以采用并联和串联分压给水系统。并联分压给水系统，它根据高、低压供水范围和压差值由泵站水泵组合完成。串联分压仍多为低区给水管网向高区供水并加压到高区管网

而形成分压串联。

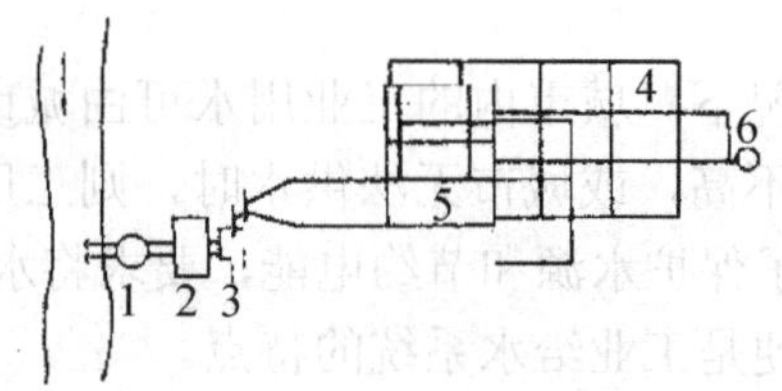

图 12-5 分压并联给水系统

1—取水构筑物；2—水净化构筑物；3—加压泵站；4—低压管网；5—高压管网；6—网后水塔

4. 分区给水系统

分区给水系统是将整个系统分成几个区，各区之间采取适当的联系，而每区有单独的泵站和管网，如图 12-6 所示。采用分区系统的技术的原因是，为使管网的水压不超过水管能承受的压力。因一次加压往往使管网前端的压力过高，经过分区后，各区水管承受的压力下降，并使漏水量减少。在经济上，分区的原因是降低供水能量的费用。在给水区范围很大、地形高差显著或远距离输水时，均须考虑分区给水系统。

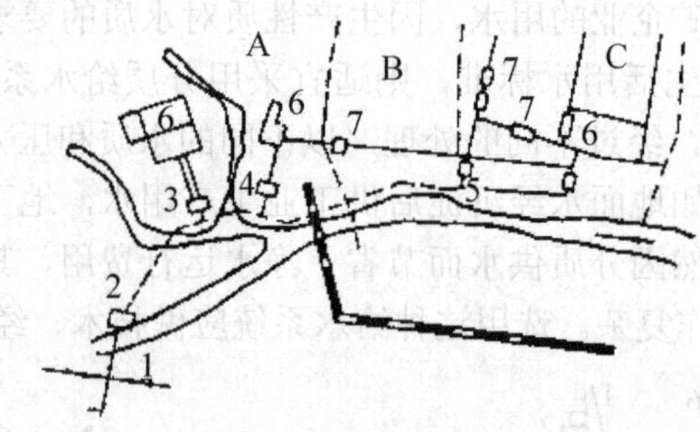

图 12-6 分区给水系统示意图

5. 循环和循序给水系统

循环系统是指使用过的水经过处理后循环使用，只从水源取得少量循环时损耗的水，这种系统采用较多。循序系统是指在车间之间或工厂之间，根据水质重复利用的原理，水源水先在某车间或工厂使用，用过的水又到其他车间或工厂应用，或经冷却、沉淀等处理后再循序使用。这种系统不能普遍应用，原因是水质较难符合循序使用的要求。当城市工业区中某些生产企业生产过程所排放的废水水质尚好，适当净化还可以循环使用，或循序供其他工厂生产使用，这无异是一种节水给水系统。

6. 区域给水系统

区域给水系统是一种统一从沿河城市的上游取水，经水质净化后，用输、配管道送给沿该河诸多城市使用的区域性供水系统。这种系统因水源免受城市排水污染，水源水质是稳定的，但开发需要的投资较大。

12.2.2 市给水系统的组成设施

为了完成从水源取水，按照用户对水质的要求处理，然后将水输送至给水区，并向用

户配水的任务，给水系统通常需要由以下设施组成，如表 12-2 所示。

表 12-2　给水系统的组成设施

类　型	作　用
取水构筑物	从地面水源或地下水源取得原水，并输往水厂
给水处理	对原水进行水质处理，以符合用户对水质的要求，常集中布置在水厂内
泵站	用以将所需水量提升到要求的高度，分为抽取原水的一级泵站、二级泵站和设于管网中的增压泵站
给水管网	将原水送到水厂或将水厂处理后的清水送到管网的管渠；管网是将处理后的水送到各个给水区的全部管道
调节构筑物	存水量以调节用水流量的变化。此外，高地水池和水塔还兼有保证水压的作用

在以上组成中，泵站、输水管渠和管网以及调节构筑物等总称为输配水系统。从给水系统整体来说，它是投资最大的子系统，占给水工程总投资的 70%～80%。

图 12-7 为地面水力水源的给水系统。取水构筑物从江河取水，经一级泵站，送往水处理构筑物，处理后的清水贮存在清水池中。二级泵站从清水池取水，经输水管送往管网供应用户。一般情况下，从取水构筑物到二级泵站都属于自来水厂的范围。有时为了调节水量和保持管网的水压，可根据需要建造水库泵站、水塔或高地水池。

给水管线遍布在整个给水区内，根据管线的作用，可划分为干管和分配管。前者主要用于输水，管径较大；后者用于配水到用户，管径较小。用于地下水源的给水系统，常用管井、大口井等取水，地下水水质较好时可省去处理构筑物，只需进行消毒处理，从而简化给水系统，如图 12-8 所示。

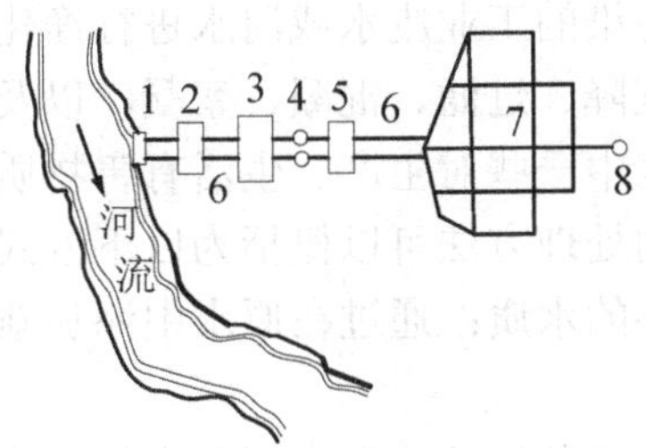

图 12-7　地表水源给水系统示意图

1—取水构筑物；2—一级泵站；3—水处理构筑物；4—清水池；5—二级泵站；6—输水管；7—管网；8—水塔

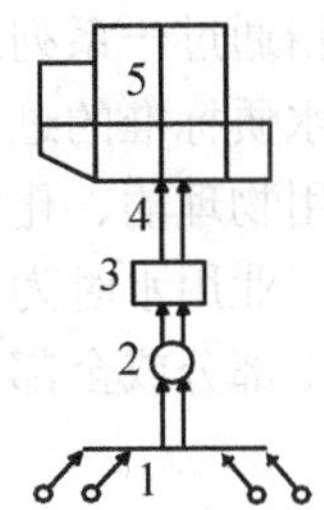

图 12-8　地下水源给水系统示意图

1—地下水取水构筑物；2—集水池；3—泵站；4—输水管；5—管网

1. 取水构筑物

城市给水系统的取水构筑物可分为地表水取水构筑物和地下水取水构筑物。前者是从江河、湖泊、水库、海洋等地表水取水的设备，一般包括取水头部、进水管、集水井和水泵房，如图 12-9 所示；后者是从地下含水层取集表层渗透水、潜水、承压水和泉水等地下水的构筑物，有管井、大口井、辐射井、渗渠、泉室等类型，其提水设备为深井泵或深井潜水泵，如图 12-10 和图 12-11 所示。

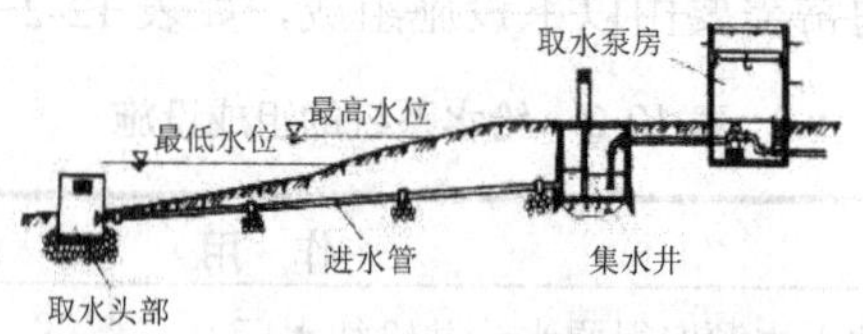

图 12-9 江心取水构筑物

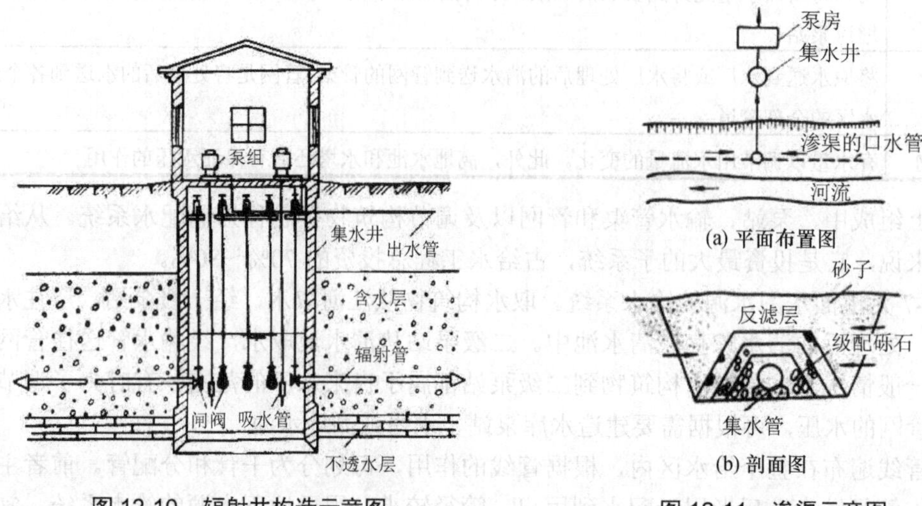

图 12-10 辐射井构造示意图

图 12-11 渗渠示意图

2. 给水处理

水处理是指通过一系列水处理设备将被污染的工业废水或河水进行净化处理，使之达到国家规定的水质标准的过程，一般是采用沉降、过滤、混凝、絮凝，以及缓蚀、阻垢等水质调理，利用物理的、化学的方法，去除水中一些对生产、生活有害物质，其中加工原水作为生活或工业用水时为给水处理。给水的处理方法可以概括为以下方式：最常用的是通过去除原水中部分或全部杂质来获得所需要的水质；通过在原水中添加新的成分来获得所需要的水质。

杂质处理方法按所应用的理论基础，可以把各种单元方法划分为物理化学法和生物法两大类。以物理的或化学的(包括物理化学的)或兼用两者的原理为理论基础的处理方法为物理化学法。以微生物的生命活动为理论基础的处理方法为生物法，也称生物化学法。如图 12-12 为城市水厂给水的一般流程。

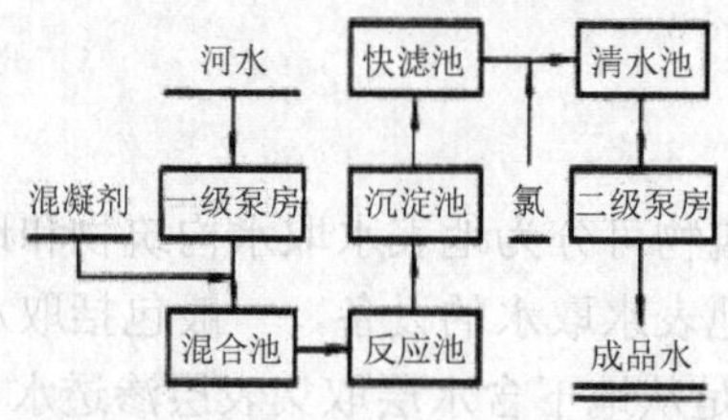

图 12-12 城市水厂给水的一般流程

3. 给水管网

给水管网遍布整个给水区域，只要有用水的地方就需铺设给水管道。管网的规划既要根据现场的实际情况，又要综合考虑给水区域总体规划，并为管道的分期铺设留有充分的余地。

给水管网的布置有两种基本形式，即树枝状管网和环状管网。树枝状管网是将管网布置成像树枝一样，这种形式的管网，管道短，投资省。但一条管道出现故障就将影响一大片的用水，供水安全性差；同时，树枝状管网末端的水流停滞，水质较差。

环状管网即管网内的管道是连成环状的，当某段管道损坏时，断水的范围较小。但管网内的管道长度较长，投资多。如农村给水系统中，由于经济条件的限制和供水点分散等特点，基本上以采用树枝状管网为宜。随着经济条件的改善，有条件时再逐步扩建为环状管网。

4. 泵站

水泵是给水系统中不可缺少的设备(见图 12-13)，从水源取水到输送清水，都要依靠水泵来完成，水泵站是安装水泵和动力设备的场所，是自来水厂的心脏。水泵站的基建投资在整个给水系统中所占的比重虽然不是太大，但是，水泵站运行所消耗的动力费用往往占自来水制水成本的 50%～70%。因此，正确地选择水泵、合理地进行泵站设计，使水泵能在高效率情况下运行，对于节约电耗、降低制水成本等，具有极大的经济意义。

5. 调节构筑物

调节构筑物是管网的重要组成部分，其主要作用是在高峰用水、停电或检修设备时调节水量和稳定供水压力。调节构筑物主要有高位水池、水塔、气压给水设备和清水池。

图 12-13　城市水厂中的给水水泵

12.3　建筑给水工程

建筑给水系统是将城镇给水管网(或自备水源，如蓄水池)中的水引入一幢建筑或一个建筑群体供人们生活、生产和消防之用，并满足各类用水对水质、水量和水压要求的供应系统。建筑给水包括建筑小区给水和建筑内部给水，它是通过建筑物内外部给水管道系统及附属设施，将符合水质、水量和水压要求的水安全可靠地提供给各种用水设备，以满足

用户的需要(见图 12-14)。

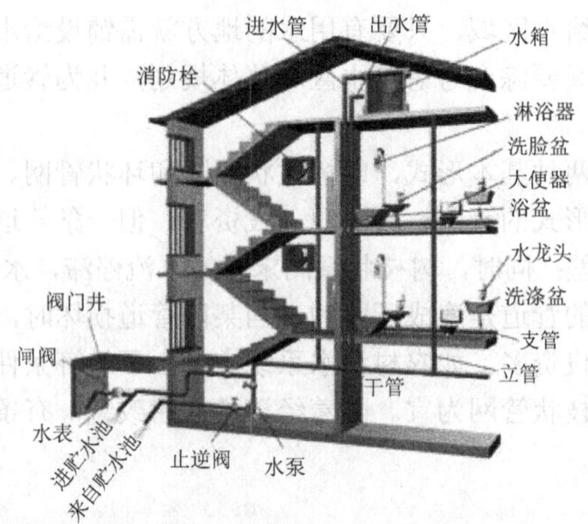

图 12-14　建筑内部给水系统

12.3.1　建筑给水系统的组成

通常情况下，建筑给水系统由水源、引入管、水表节点、建筑内水平干管、立管和支管、配水装置与附件、增压和贮水设备以及给水局部处理设施组成。

1. 引入管

引入管又称进户管，是指室外给水接户管与建筑内部给水干管相连接的管段。引入管一般埋地敷设，穿越建筑物外墙或基础。引入管受地面荷载、冰冻线的影响，进入建筑后立即上返到给水干管埋设深度，以避免多开挖土方(见图 12-15)。

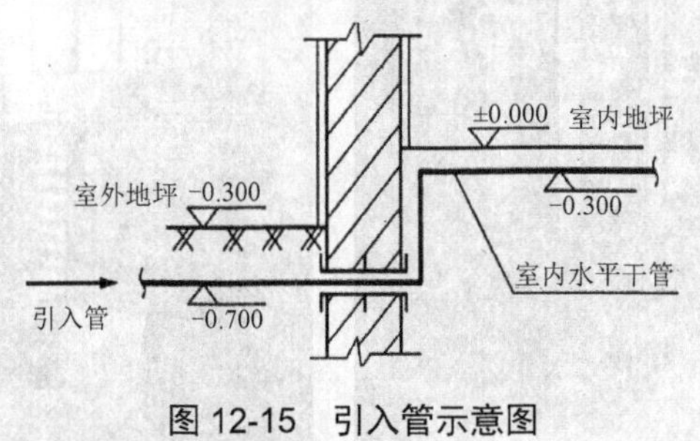

图 12-15　引入管示意图

2. 水表节点

水表节点是安装在引入管上的水表及前后设置的阀门和泄水装置的总称。水表用于计量该建筑物的总用水量，水表前后设置的阀门在检修、拆换水表时关闭管路，泄水口在检修时排泄掉室内管道系统中的水，也可用来检测水表精度和测定管道进户时的水压值。水表节点一般设在水表井中，如图 12-16 所示。

在建筑内部的给水系统中，在需计量的某些部位和设备的配水管上也要安装水表。为了利于节约用水，居住建筑每户的给水管上均应安装分户水表。为了保护住户的私密性和便于抄表，分户水表宜设在户外。

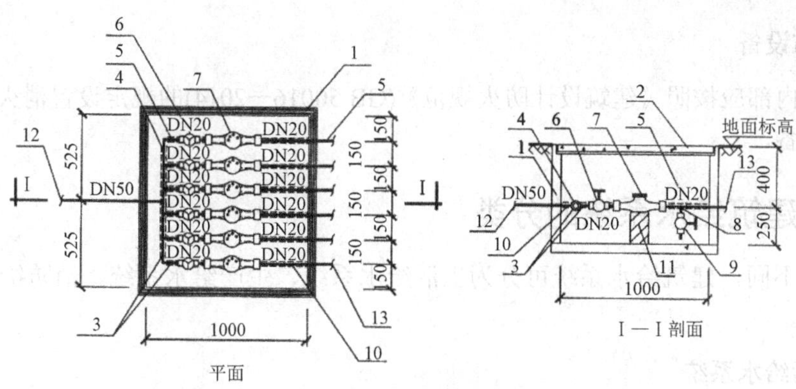

图 12-16　水表节点

1—井体；2—盖板；3—上游组合分支器；4—接户管；5—分户支管；6—分户截止阀；7—分户计量水表；8—分户泄水管；9—分户泄水阀；10—保温层；11—固定支座；12—给水节点；13—出水节点

3. 给水管道系统

给水管道系统是指输送给建筑物内部用水的管道系统，由给水管、管件及管道附件组成。按所处的位置和作用，给水管道系统分为给水干管、给水立管和给水支管。从给水干管每引出一根给水立管，在出地面后设一个阀门，以便对该立管检修时不影响其他立管的正常供水。

4. 管道附件

管道附件是指用于输配水、控制流量和压力的附属部件与装置。在建筑给水系统中，管道附件按用途分为配水附件和控制附件。配水附件即配水龙头，是向卫生器具或其他用水设备配水的管道附件。控制附件是管道系统中用于调节水量、水压，控制水流方向，以及关断水流，便于管道、仪表和设备检修的各类阀门。

5. 增压和贮水设备

当室外给水管网的水压、水量不能满足建筑用水要求，或要求供水压力稳定、确保供水安全可靠时，应根据需要，在给水系统中设置水泵、气压给水设备和水池、水箱等增压和贮水设备。图 12-17 为无负压管网增压稳流给水系统。

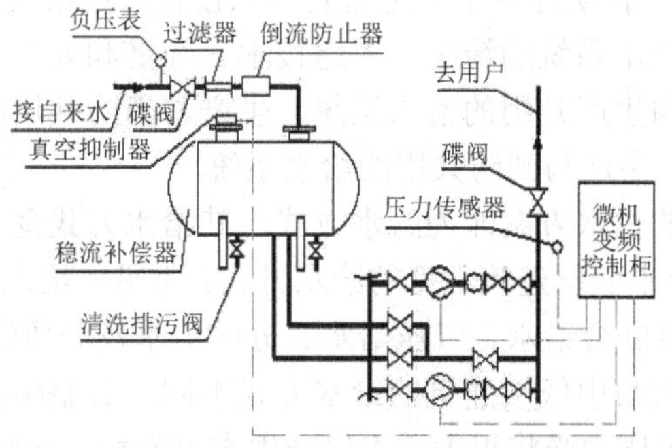

图 12-17　无负压管网增压稳流给水系统

6. 消防设备

建筑物内部应按照《建筑设计防火规范》(GB 50016—2014)的规定设置消火栓、自动喷水灭火等设备。

12.3.2 建筑给水系统的分类

按用途不同，建筑给水系统可分为生活给水系统、生产给水系统、消防给水系统和组合给水系统。

1. 生活给水系统

生活给水系统是指供居住建筑、公共建筑与工业建筑饮用、烹饪、洗涤、沐浴、浇洒和冲洗等生活用水的给水系统。按供水水质标准的不同，生活给水系统分为生活饮用水给水系统、直接饮用水给水系统和杂用水给水系统；按供水水温要求不同，生活给水系统分为生活饮用水给水系统、热水供应系统和开水供应系统。

2. 生产给水系统

生产给水系统是指直接供给工业生产的给水系统，包括各类不同产品生产过程中所需的工艺用水、生产设备的冷却用水、锅炉用水等。生产给水系统必须满足生产工艺对水质、水量、水压及安全方面的要求。

3. 消防给水系统

消防给水系统是指以水作为灭火剂供消防扑救建筑内部、居住小区、工矿企业或城镇火灾时用水的设施。消防给水系统按消防给水系统中水压的高低，分为高压消防给水系统、临时高压消防给水系统和低压消防给水系统；按作用类别不同，分为消火栓给水系统、自动喷水灭火系统和泡沫消防灭火系统；按设施固定与否，分为固定式消防设施、半固定式消防设施和移动式消防设施。

消防用水对水质的要求不高，但必须按《建筑设计防火规范》(GB 50016—2014)保证有足够的水量和水压。

4. 组合给水系统

上述 3 种给水系统，在实际中不一定需要单独设置，通常根据建筑物内用水设备对水质、水压、水温及室外给水系统的情况，考虑技术、经济和安全条件，组合成不同的共用系统。它主要有：生活与生产共用的给水系统，生产与消防共用的给水系统，生活和消防共用的给水系统，生活、生产与消防共用的给水系统。

建筑内部给水系统的供水方案即为给水方式，其给水方式受到建筑房屋楼层高度的影响。图 12-18 给出了部分中低层建筑常见的给水方式。常见的给水方式有直接给水、水箱给水、水泵给水、水箱水泵联合给水、气压给水、分区给水及分质给水 7 种基本类型。

高层建筑的给水方式与中低层建筑的给水方式不同，若整幢高层建筑采用同一给水系统供水，下层管道中静水压力必将很大，不仅产生水流噪声，还将影响高层供水的安全性。因此，高层建筑给水系统采取竖向分区供水，将建筑物垂直按层分段。图 12-19～图 12-21 为常见的高层建筑给水系统竖向分区基本形式，包括串联式、减压式、并列式等。

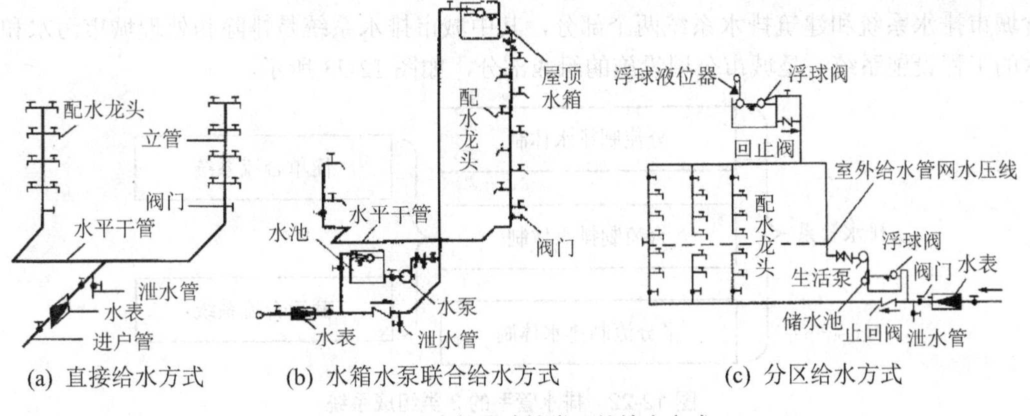

(a) 直接给水方式　　(b) 水箱水泵联合给水方式　　(c) 分区给水方式

图 12-18　中低层建筑常见的给水方式

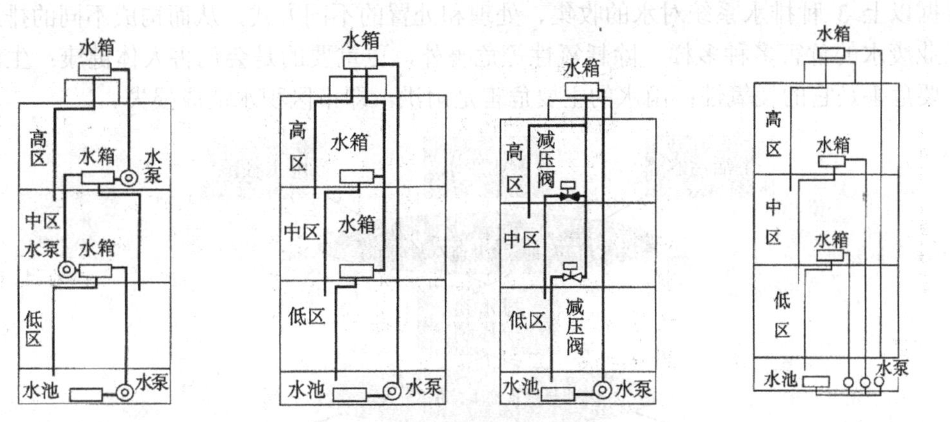

图 12-19　串联式供水方式　　图 12-20　减压式供水方式　　图 12-21　并列式供水方式

高层建筑的供水系统与一般建筑物的供水方式不同。高层建筑物层多、楼高，为了避免低层管道中静水压力过大造成管道漏水，启闭龙头、阀门出现水锤现象，引起噪声，损坏管道、附件，低层放水流量大，水流喷溅、浪费水量和影响高层供水等弊端，高层建筑必须在垂直方向分成几个区，采用分区供水的系统。设备工程师在设计高层建筑的供水系统时，首先要确定整幢建筑物的用水量。在高层建筑内工作和生活的人数很多，用水量很大，设备使用频繁，所以对供水设备和管网都有更高的要求。由于城市给水网的供水压力不足，往往不能满足高层建筑的供水要求，而需要另行加压。所以在高层建筑的底层或地下室要设置水泵房，用水泵将水送到建筑上部的水箱。

12.4　城市排水工程

12.4.1　城市排水管系的体制系统

排水工程主要指的是收集、输送、处理和处置废水的工程，一般由排水管系、废水处理厂和最终处置设施 3 个部分组成，如图 12-22 所示。通常还包括必要的抽升设施。排水管系起收集、输送废水的作用，包括分流制、合流制和半分流制 3 种系统。排水工程通常包含城市排水系统和建筑排水系统两个部分，其中城市排水系统是排除和处理城市污水和雨水的工程设施系统，是城市公用设施的组成部分，如图 12-23 所示。

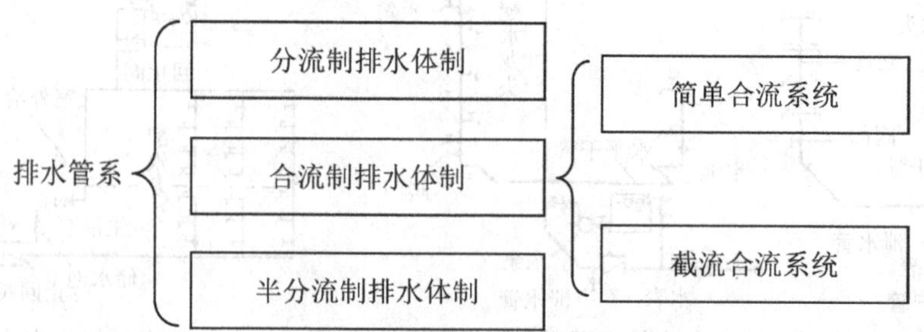

图 12-22　排水管系的 3 类组成系统

根据以上 3 种排水系统对水的收集、处理和处置的不同方式，从而构成不同的排水体制。工业废水的危害多种多样，除耗氧性等危害外，更重要的是会危害人体健康；生活污水的主要危害是它的耗氧性；雨水的主要危害是雨洪，即市区积水造成损失。

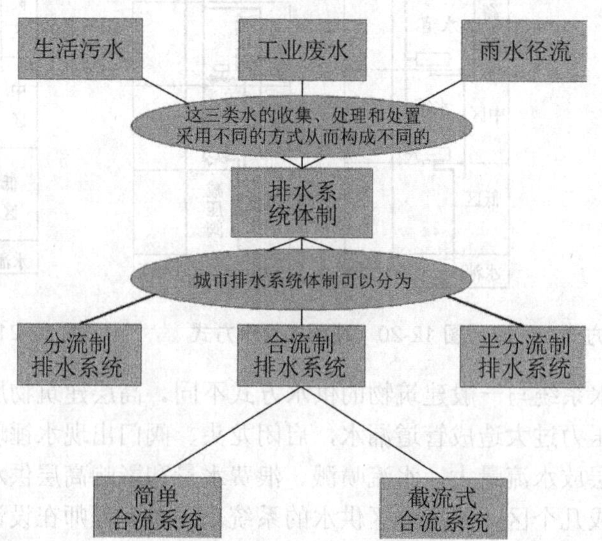

图 12-23　城市排水体制系统

分流制排水系统：设置两个(在工厂中可以在两个以上)各自独立的管渠系统，分别收集需要处理的污水和不予处理、直接排放到水体的雨水，形成分流制系统，以进一步减轻水体的污染。某些工厂和仓库的场地难于避免污染时，其雨水径流和地面冲洗废水不应排入雨水管渠，而应排入污水管渠。在一般情况下，分流管渠系统的造价高于合流管渠系统，后者为前者的 60%～80%。分流管渠系统的施工也比合流系统复杂。

合流制排水系统一般包括两类，即简单合流系统和截流合流系统。

简单合流系统：一个排水区只有一组排水管渠，接纳各种废水(混合起来的废水叫城市污水)。这是古老的自然形成的排水方式。它们起简单的排水作用，目的是避免积水为害。实际上这是地面废水排除系统，主要为雨水而设，顺便排除水量很少的生活污水和工业废水。由于就近排放水体，系统出口很多，实际上是若干先后建造的各自独立的小系统的简单组合。

截流合流系统：原始的简单合流系统常使水体受到严重的污染，因而设置截流管渠，把各小系统排放口处的污水汇集到污水厂进行处理，形成截流式合流系统。在区干管与截流管渠相交处的窨井称溢流井，上游来水量大于截流管的排水量时，在井中溢入排放管，流向水体。这样，晴天时污水(常称旱流污水)全部得到了处理。截流管的排水量大于旱流污水量，差额与旱流污水量之比称为截留倍数或截流倍数，其值将影响水体的污染程度。设计采用的值，理论上决定于水体的自净能力，实际上常受制于经济条件。

半分流制排水系统：将分流系统的雨水系统仿照截流式合流系统，把它的小流量截流到污水系统，则城市废水对水体的污染将降到最低程度。这就是半分流制系统的基本概念。也可以说它是一种特殊的分流系统——不完全分流系统。将雨水系统的水截流到污水系统的方法有待开发。在雨水系统排放口前设跳越井是一种可行的措施。当雨水干管中流量小时，水流将落入跳越井井底的截流槽，流向污水系统。流量超过设计量时，水流将跳过截流槽，直接流向水体。

12.4.2　城市排水系统的规划

排水体制是排水系统规划设计的关键，也影响着环境保护、投资、维护管理等方面。其在建筑内外的分类并无绝对相应的关系，应视具体技术经济情况而定。如建筑内部的分流生活污水系统可直接与市政分流的污水排水系统相连，或经由局部处理设备后与市政合流制排水系统相连。

在选择排水体制时应注意以下几点：①除特殊情况外，新建工程宜采用分流制。雨水管渠系统的设计方法应有所突破，以降低造价，使分流制系统的造价有可能与合流系统竞争；②半分流制系统应在建成的分流系统上做积极的研究和试验；③原有合流系统扩建时，在尽可能利用已有设施的前提下，应研究将原设施改建为分流系统的可行性；④在选定体制前，应深入调查原有排水设施及存在的问题。

排水管渠系统的组成：从总体看，城市排水系统由收集(管渠)、处理(污水厂)和处置 3 方面的设施组成。通常所说的排水系统往往狭义地指管渠系统，它由室内设备、街区(庭院和厂区)管渠系统和街道管渠系统组成。

管渠系统满布整个排水区域，但形成系统的构筑物种类不多，主体是管道和渠道，管段之间由附属构筑物(检查井，其他窨井和倒虹管)连接。有时，还需设置泵站以连接低管段和高管段。最后是出水口。排水管道应依据城市规划的地势情况以长度最短的顺坡布设，可采用截留、扇形、分区、分散形式布置。雨水管道应就近排入水体或贮调处。

污水处理厂的组成：城市污水在排放前一般都先进入处理厂处理(见图 12-24)。处理厂由处理构筑物(主要是池式构筑物)和附设建筑物组成，常附有必要的道路系统、照明系统、给水系统、排水系统、供电系统、电信系统和绿化场地。处理构筑物之间用管道或明渠连接，一般还有一个测流量的设施。污水处理厂的复杂程度随处理要求和水量而异。污水处理厂的厂址一般应设于污水能自流入厂内的地势较低处并位于城镇水体下游，与居民区有一定隔离带，主导风向下方，不能被洪水浸淹，地质条件好，地形有坡度。污水处理厂(场化处理)流程如图 12-24 所示。

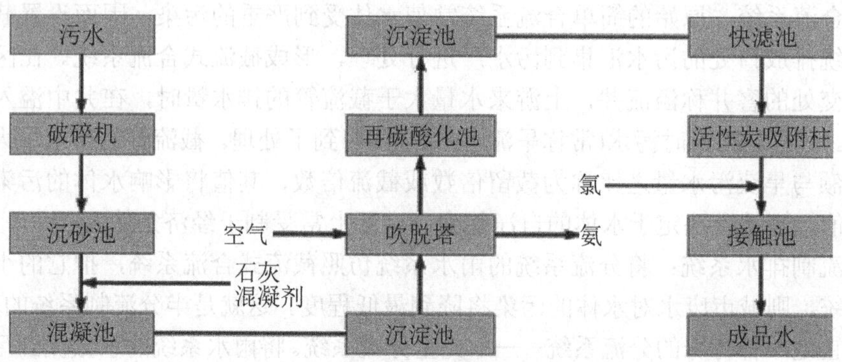

图 12-24　污水处理厂(物化处理)流程

城市排水系统的规划原则如下。

(1) 排水系统既要实现市政建设所要求的功能，又要实现环境保护方面的要求，缺一不可。环境保护上的要求必须恰当、分期实现，以适应经济条件。

(2) 城市要为工业生产服务，工厂也要顾及和满足城市整体运作的要求。厂方对城市需要的资料应充分提供，对城市据以提出的预处理要求应在厂内完成。

(3) 规划方案要便于分期执行，以利集资和对后期工程提供完善设计的机会。

某大型城市污水处理厂如图 12-25 所示。

图 12-25　某大型城市污水处理厂

城市排水系统的规划步骤和要点如下。

(1) 确定计算废水量所需的各项基本数据，考虑近远期间的变化。

(2) 确定各种废水的水质数据。

(3) 专门研究排水区域内各工厂的废水问题，拟定预处理要求。

(4) 研究和确定各种废水的处置方式和处理要求，争取利用废水以降低排水工程的各项费用。

(5) 研究和确定排水区域的划分。

(6) 确定各排水区干管和处理厂的位置。干管位置要便于汇集支管来水和方便施工，要考虑地形、地质和地下管线条件。干管上避免设置造价较高的倒虹管、跌水井和泵站。对必须设置的倒虹管和泵站，须确定其初步位置。

(7) 初步确定各污水处理厂的流程和各主要处理构筑物与附属建筑物的尺寸。

(8) 初步确定废水处置方式和工程要点。

(9) 调整分区界线，完成方案。多方案时，在工程费用、工程效益、合理性和现实性上做客观而细致的综合比较。

12.5 建筑排水工程

建筑排水是指工业与民用建筑物内部、居住小区范围内生活设施和生产设备排出的生活水、工业废水，以及雨水的总称。它包括收集输送、处理与回用以及排放等排水设施。建筑排水系统是指接纳、输送居住小区范围内建筑物内外部排出的污废水及屋面、地面雨雪水的排水系统。它包括建筑内部排水系统与居住小区排水系统两类。与市政排水系统相比，建筑排水系统不仅规模较小，且大多数情况下无污水处理设施而直接接入市政排水系统。

12.5.1 建筑排水系统的基本组成

建筑排水系统是将建筑内部生产、生活中使用过的水及时排到室外的系统。对于建筑内部排水系统的组成，应须满足以下 3 个基本要求：①系统能迅速畅通地将污、废水排到室外；②排水管道系统气压稳定，有毒有害气体不能进入室内，保持室内环境卫生；③管线布置合理，简短顺直，工程造价低。

建筑排水系统可按接纳污废水类型分为排除居住、公共、工业建筑生活间污废水的生活排水系统，排除工艺生产过程中产生的污废水的工业废水排水系统，排除多跨工业厂房、大屋面建筑、高层建筑屋面上雨、雪水的屋面雨水排除系统。建筑内部排水系统由卫生器具、受水器、排水管道、清通设备和通气管道等部分组成，如图 12-26 所示。

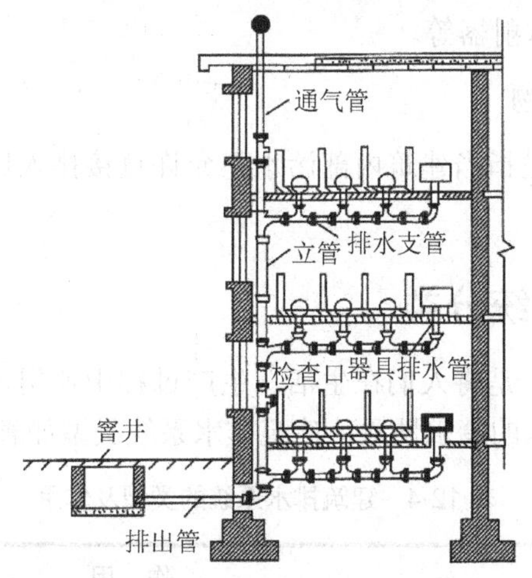

图 12-26　建筑内部排水系统的基本组成

1. 污(废)水收集器

污(废)水收集器是用来收集污(废)水的器具，如室内的卫生器具、生产污(废)水的排水设备及雨水斗等。

2. 排水管道

排水管道由器具排水管、排水横支管、排水立管和排出管等组成，其具体作用如表 12-3 所示。

表 12-3 排水管道的组成及作用

基本组成	作用及用途
器具排水管	连接卫生器具和排水横支管之间的短管，除坐式大便器等自带水封装置的卫生器具外，均应设水封装置
排水横支管	将器具排水管送来的污水转输到立管中
排水立管	用来收集其上所接的各横支管排来的污水，然后再把这些污水送入排出管
排出管	收集 1 根或几根立管排来的污水，并将其排至室外排水管网中

3. 通气管

通气管的作用是把管道内产生的有害气体排至大气中去，以免影响室内的环境卫生，减轻废水、废气对管道的腐蚀；在排水时向管内补给空气，减轻立管内气压变化的幅度，防止卫生器具的水封受到破坏，保证水流畅通。

4. 清通设备

清通设备一般包括作为疏通排水管道之用的检查口、清扫口、检查井等。

5. 抽升设备

一些民用和公共建筑的地下室，以及人防建筑、工业建筑内部标高低于室外地坪的车间和其他用水设备的房间，其污水一般难以自流排至室外，需要抽升排泄。常见的抽升设备有水泵、空气扬水器和水射器等。

6. 污水局部处理构筑物

污水局部处理构筑物是指当建筑内部污水不允许直接排入城市排水系统或水体时，而设置的局部污水处理设施。

12.5.2 建筑排水系统分类

建筑排水系统的任务，是将人们在生活、生产过程中使用过的水、屋面雪水、雨水尽快排至建筑物外。按所排除的废水性质，建筑排水系统类型如表 12-4 所示。

表 12-4 建筑排水系统的类型及作用

类 型	作 用
粪便污水排水系统	排除大便器(槽)、小便器(槽)等卫生设备排出的含有粪便污水的排水系统

续表

类　型	作　用
生活废水排水系统	排除洗涤盆(池)、洗脸盆、淋浴设备、盥洗槽、化验盆、洗衣机等卫生设备排出废水的排水系统
生活污水排水系	将粪便污水及生活废水合流排除的排水系统
生产污水排水系统	排除被污染的工业用水(还包括水温过高，排放后造成热污染的工业用水)的排水系统
生产废水排水系统	排除在生产过程中污染较轻及水温稍有升高的污水(如冷却废水等)的排水系统
工业废水排水系统	将生产污水与生产废水合流排除的排水系统
屋面雨水排水系统	排除屋面雨水及雪水的排水系统

其中屋面雨水排水系统可根据建筑物的结构形式、气候条件及使用要求等因素采用外排水系统和内排水系统，经过技术经济比较选择合适的排水系统。一般情况下，尽量采用外排水系统或将内外排水系统结合利用。

外排水系统是指屋面不设雨水斗，建筑物内部没有雨水管道的雨水排放系统，按屋面有无天沟分为普通外排水(见图 12-27)和天沟外排水(见图 12-28)。普通外排水由檐沟和水落管组成，雨水沿屋面集流到檐沟，再经水落管排至地面或雨水口，适用于普通住宅、一般公共建筑和小型单跨厂房。

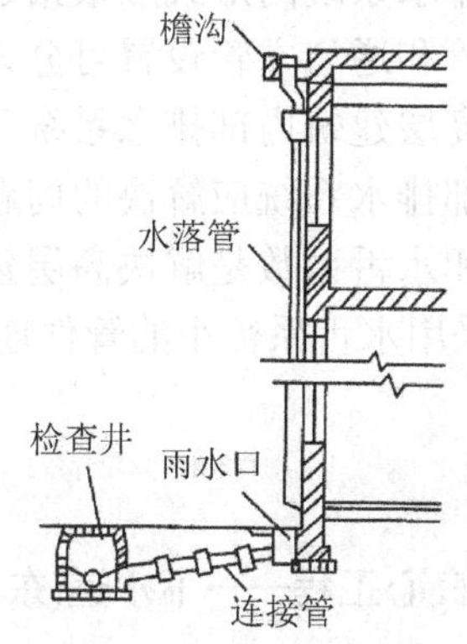

图 12-27　一般屋面普通外排水

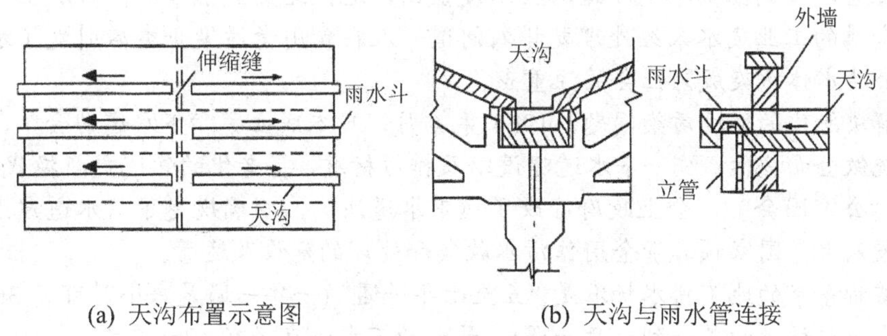

(a) 天沟布置示意图　　(b) 天沟与雨水管连接

图 12-28　天沟外排水

内排水系统是指屋面设雨水斗，建筑物内部有雨水管道的雨水排水系统，如图 12-29

所示。它由雨水斗、连接管、悬吊管、立管、排出管、埋地管、检查井等组成。雨水沿屋面流入雨水斗，经连接管、悬吊管、进入排水立管，再经排出管流入雨水检查井或经埋地干管排至室外雨水管道。内排水系统又可分为单斗排水系统、多斗排水系统、敞开式排水系统及密闭式排水系统等。

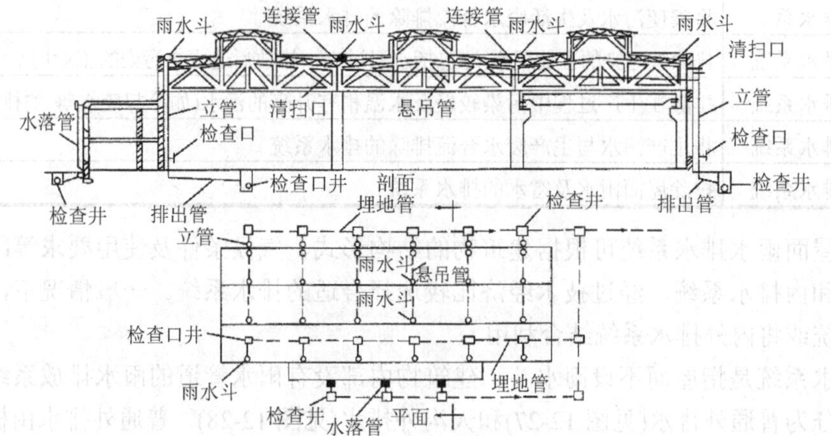

图 12-29　内排水系统

此外，对于建筑内部污废水排水系统的形式应根据建筑高度区别对待，对于中低层建筑内部污废水排水系统按排水立管和通气立管设置可分为单立管排水系统、双立管排水系统及三立管排水系统等。而对于高层建筑内部排水系统，由于排水量大，横支管多，管道中压力波动大，因此高层建筑内部排水系统应解决的问题是稳定管内气压，解决通气问题和确保水流通畅。减少极限流速和水舌系数是解决高层建筑排水系统问题的技术关键。在工程实践中可以采用单设横管，采用水舌系数小的管件连接，在排水立管上增设乙字形弯，增设专用通气管道等措施。

【知识拓展】

城市良心工程——下水道(东京篇)

20 世纪 50 年代末，日本工业经济进入高速发展通道，却因为下水道系统的落后而饱受城市内涝之苦，一到暴雨季节，道路上水漫金山，地铁站变成水帘洞；再加上大量生活污水、含重金属的工业废水未经处理就排入河道，人在食用受污染鱼类后引发了水俣病、骨痛病等，公共水体污染成为社会关注重点。

为了解决恶化的环境污染问题，1964 年 4 月，日本成立了“下水道协会”，主旨是对下水道系统做全面评估，统一下水道建设以及排污标准，将老化的管道更新换代。1970 年，日本召开“公害国会”，会上政府修改了《下水道法》，明确规定了下水道建设目的，并决定每年投入大量国家预算资金用作污水收集和处理的建设及运营。

日本首都东京的地下排水标准是“五至十年一遇”(一年一遇是每小时可排 36mm 雨量，北京市排水系统设计的是一到三年一遇)，最大的下水道直径在 12m 左右。

东京的雨水有两种渠道可以疏通：靠近河渠地域的雨水一般会通过各种建筑的排水管，以及路边的排水口直接流入雨水蓄积排放管道，最终通过大支流排入大海；其余地域的雨水，会随着每栋建筑的排水系统进入公共排雨管，再随下水道系统的净水排放管道流入公共水域。东京下水道的每一个检查井都有一个 8 位数编号，知道编号就能便于维修人员迅速定位。

为了保证排水道的畅通，东京下水道局规定，一些不溶于水的洗手间垃圾不允许直接排到下水道，而要先通过垃圾分类系统进行处理。此外，烹饪产生的油污也不允许直接倒下水道中，因为油污除了会造成邻近的下水道口恶臭外，还会腐蚀排水管道。下水道局甚至配备了专门介绍健康料理的网页和教室，向市民介绍少油、健康的食谱。日本东京的地下排水设施如图 12-30～图 12-34 所示。

图 12-30　地下排水井

图 12-31　地下蓄水设备

图 12-32　地下蓄水设备

图 12-33　地下排水井

图 12-34　地下排水井

城市良心工程——下水道(慕尼黑篇)

慕尼黑的市政排水系统的历史可以追溯到 1811 年，当时的市政官 Karl Probst 修了一条 20km 的阴沟渠，将污水引向了 Isar 河。后来经过几代人的发展，到了第二次世界大战前，慕尼黑市政排水有了里程碑式的发展，第一个污水处理厂 Gut Groblappen 在慕尼黑建成。到了 1989 年，慕尼黑市的第二个污水处理厂 Gut Marienhof 落成。

在慕尼黑 2434km 的排水管网中，布置着 13 个用黄点表示的地下储存水库。这些地下储存水库，就好像是 13 个缓冲用的阀门，充当暴雨进入地下管道的中转站。当暴雨不期而至，地下的储水库用它 706 000m^3 的容量，暂时存贮暴雨的雨水，然后将雨水慢慢地释放到地下排水管道，以确保进入地下设施的水量不会超过最大负荷量。德国慕尼黑的城市排水设施如图 12-35～图 12-38 所示。

图 12-35　1930 年绘制的地下排水设施

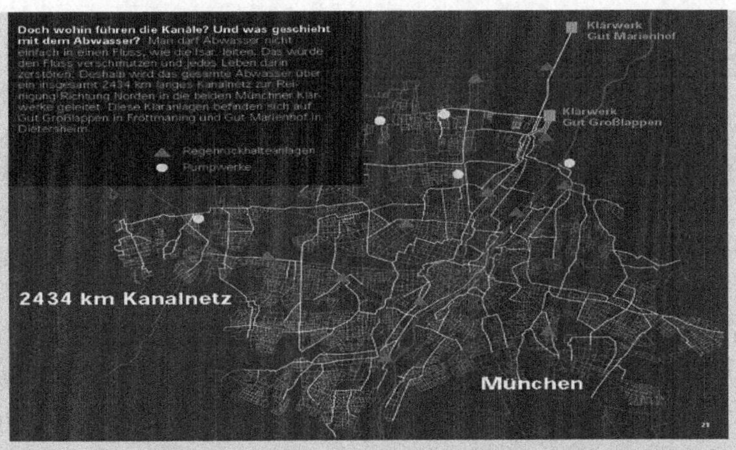

图 12-36　慕尼黑全城的排水管网

图 12-37　德国最大的慕尼黑 Hirschgarten Park 地下储水设施

图 12-38　市政工作人员清洗地下管网内的油污

城市良心工程——下水道(巴黎篇)

奥斯曼在19世纪中期巴黎暴发大规模霍乱之后，设计了巴黎的地下排水系统。奥斯曼当时的设计理念是提高城市用水的分布，将脏水排出巴黎，而不再是按照人们以前的习惯将脏水排入塞纳河，然后再从塞纳河取得饮用水。真正对巴黎下水道设计和施工做出巨大贡献的是厄热·贝尔格朗。1854年，奥斯曼让贝尔格朗具体负责施工。到1878年为止，贝尔格朗和他的工人们修建了600km长的下水道。随后，下水道就开始不断延伸，直到现在长达2400km。

截至1999年年底，巴黎已百分之百地完成了对城市废水和雨水的处理，还塞纳河一个免受污染的水质。这个城市的下水道和它的地铁一样，经历了上百年的发展历程才有了今天的模样。除了正常的排水设施，这里还铺设了天然气管道和电缆。直至2004年，其古老的真空式邮政速递管道才真正退出历史舞台。

此外，多数人还不知道，在巴黎，如果不小心把钥匙或贵重的戒指掉进了下水道，完全可以根据地漏位置把东西找回来。下水道里也会标注街道和门牌号码。如需要，只是拨个电话即可，这项服务是免费的！完备的设施和人性化的设计背后，凝聚了几代人的心血和智慧。法国巴黎的城市排水设施如图13-39～图12-44所示。

图12-39　1820年的巴黎下水道

图12-40　1890年的巴黎下水道

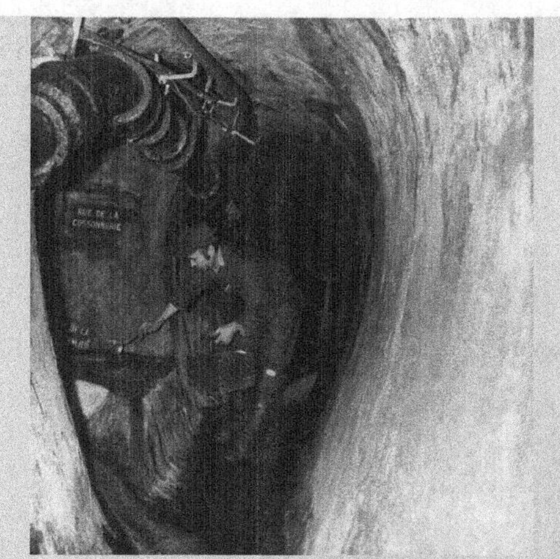

图 12-41　19 世纪末的巴黎下水道工作人员

图 12-42　现代巴黎下水道系统

图 12-43　古老的巴黎排水道

图 12-44　现代下水道博物馆

城市良心工程——下水道(伦敦篇)

1848 年的伦敦是当时世界上最大、人口最多的城市，人口达到 200 万。但是，150 多年前的伦敦污染严重，垃圾遍地，城市里到处是粪便的气息，臭气熏天。整条泰晤士河都在发酵，流淌着褐色的液体。这一年伦敦暴发霍乱，大量人员死亡。

伦敦以“雾都”闻名于世是在工业革命之后，“雾都”的形成原因，与工厂的烟囱林立有关。到 19 世纪为止的近几百年中，伦敦的流行病此起彼伏，猩红热、肺结核、流感、麻疹、天花、伤寒、霍乱等，各种流行病不断暴发。那时的人们认为，所有这些流行病都是通过空气传染的，因此，伦敦上空的浓密的雾气，被认为就是“瘴气”。1848 年伦敦暴发霍乱疫情时，人们也理所当然地认为，病因就是空气中难闻的气味，而空气中恶劣气味的来源就是各种污物，因此，当时的伦敦人认为，只要把各种污物用水冲走，就解决问题了。于是，流经伦敦的泰晤士河成为最大的下水道。

1856 年，巴瑟杰承担了设计伦敦新的下水系统的任务。如图 12-45 所示。他计划将所有的污水直接引到泰晤士河口，全部排入大海。从现代观点看，这个设计只是将污水排得更远一点而已。巴瑟杰当时并不知道史劳医生的研究结论。巴瑟杰最初的设计方案是，地下排水系统全长 160km，位于地下 3m 的深处，需挖掘土方 350 万吨。但是他的方案遭到伦敦市政当局的否决，理由是该系统不够可靠。巴瑟杰修改后的计划也连续 5 次被否决。1858 年夏天，伦敦市内的臭味达到有史以来最严重的程度，国会议员们和有钱人大多都逃离伦敦。伦敦市政当局在巨大的舆论压力下，不得不同意了巴瑟杰的城市排水系统改造方案。从巴瑟杰第一次提出方案到获得通过，前后经历了 7 年的时间。

图 12-45 伦敦下水道与金字塔齐名

1859 年，伦敦地下排水系统改造工程正式动工。但是，工程规模已经扩大到全长 1700km 以上，下水道在伦敦地下纵横交错，基本上是把伦敦地下挖成蜂窝状。

不过相比起巴黎可供参观的下水道系统，伦敦的下水道似乎没那么整洁。几年前一则新闻称，在英国伦敦繁华的莱斯特广场之下，大约 1000t 的油质固态垃圾几乎完全堵塞了下水道，极有可能带来污水横流和排涝不畅的风险。泰晤士水务公司不得不组织了数支清除队，从繁华的伦敦西区下水道开始清理油污。2009 年 5 月，经过清除队的手工铲除和高压水枪的冲洗，脱脂后的下水道变得宽阔、通畅。

如今，人们行走在伦敦的大街上，丝毫不会觉察伦敦地下庞大的污水渠的存在，但是却享受着它的恩惠。巴瑟杰对于现代伦敦以及现代大都市的建设功不可没。伦敦市民为他立了一座雕像(见图 12-46)。英国伦敦地下排水设施如图 12-47～图 12-49 所示。

图 12-46 约瑟夫·巴瑟杰的雕像

图 12-47　1900 年下水道建设

图 12-48　1907 年下水道

图 12-49　现代下水道

思 考 题

1. 给水工程的内容有哪些？其给水系统的组成设施类型和作用各有哪些？
2. 建筑给水系统的设施及分类有哪些？其作用是什么？
3. 排水工程的内容有哪些？其各自的作用是什么？
4. 城市排水工程主要由哪几种排水系统组成？
5. 建筑排水工程的类型与作用是什么？
6. 给水排水工程的发展是什么？

第 13 章　港口码头工程

【学习重点】

- 港口码头工程的概况与基本组成。

【学习目标】

- 掌握港口码头工程的基本组成部分。
- 了解港口水工构筑物。

13.1 港口码头工程概述

港口是供船舶安全进出和停泊的运输枢纽，而港口工程是兴建港口所需工程设施的总称，是国民经济基础设施。港口主要包括以下几个方面的内容。

(1) 具有水陆联运设备和条件，有一定面积的水域和陆域。

(2) 是供船舶出入和停泊、旅客及货物集散并交换运输方式的场地。

(3) 为船舶提供安全停靠和进行作业的设施，并为船舶提供补给、修理等技术服务和生活服务。

港口工程的分类方式很多，按所处的位置可分为河口港、海岸港、河港；按港口的用途可分为商港、军港、渔港、避风港等；按港口的形成原因可分为天然港和人工港等。

港口建设牵涉面广，关系到国家的工业布局和工农业生产的发展，一般要与临近的铁路、公路和城市的建设相适应，特别是港址的选择是否合理，对地区和沿海(河)城市发展具有重大影响。港址选择一般要考虑以下条件。

1. 自然条件

这是决定港址的首要条件，主要包括港区地质、地貌、水文气象及水深等因素，并有足够的岸线长度及水域、陆域面积，能满足船舶航行与停泊要求。

2. 技术条件

着重考虑港口总体布置在技术上能否合理地进行设计和施工，包括防波堤、码头、进港航道、锚地、回转池、施工所需建材和“三通”条件等。此外，要尽量不产生不利影响，并尽量利用荒地，少占良田。

3. 经济条件

考察分析拟建港口的性质、规模、与腹地的联系、投资与回报等。图 13-1 给出了我国沿海港口的布局。

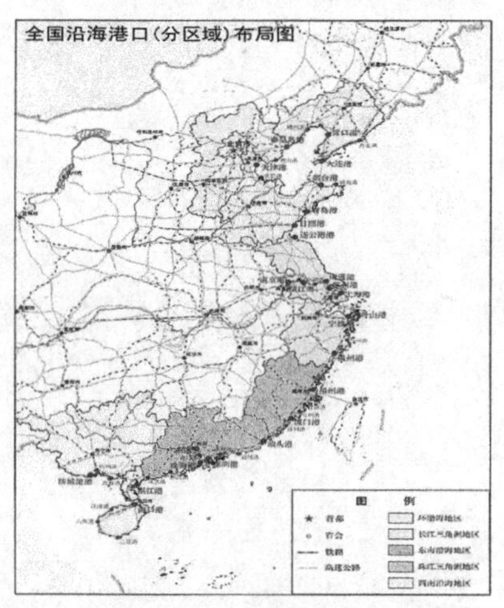

图 13-1 我国大陆沿海港口(分区域)布局图

港口工程包括陆域和水域两个部分，其港口技术指标主要有港口水深、码头泊位数、码头线长度、港口通过能力等。

对附近水域、陆地及自然景港口水域是供航行、运转、锚泊和停泊装卸之用，要有足够的水深和面积，水流平缓，水面稳定，一般包括进港航道、港地、锚地等，如图 13-2 所示，可分为港外水域和港内水域。

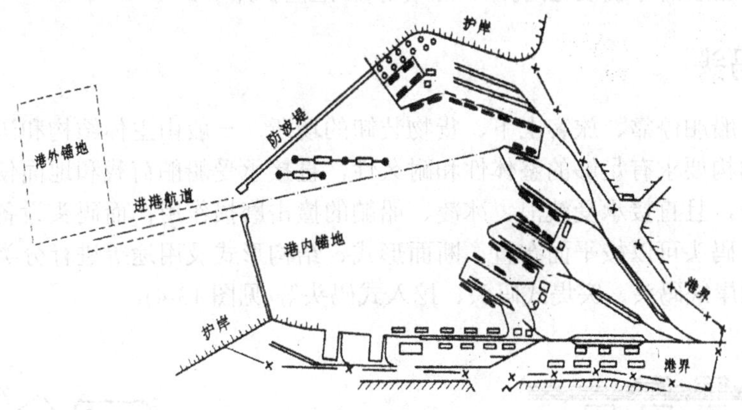

图 13-2　一般港口平面图

(1)　进港航道要保证船舶安全方便地进出港口，必须有足够的深度和宽度、适当的位置、方向和弯道曲率半径等，避免强烈的横风、横流和严重淤积，尽量降低航道的开辟和维护费用。

(2)　锚地是指有天然掩护或人工掩护条件，能抵御强风浪的供船舶等待的锚泊水域。

(3)　港池是指直接和码头毗连，供船舶靠离码头、临时停泊和调头的水域。

港口陆域是港口供货物装卸、堆存、转运和旅客集散之用的陆地面积，一般要求有适当的高程、岸线长度和纵深。陆域上有进港陆上通道(铁路、道路、运输管道等)、码头前方装卸作业区和港口后方区域等，一般的港口平面布置如图 13-3 所示。

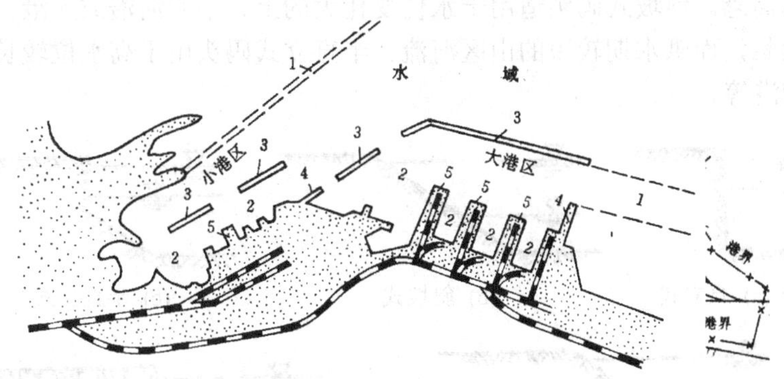

图 13-3　一般港口平面图

1—进港航道；2—港地；3—岛堤；4—突堤；5—码头；6—铁路

13.2 港口水工构筑物

港口工程中与土木工程相关的主要是港口水工构筑物，一般包括码头、防波堤、修船、造船、进出港船舶的导航设施(航标、灯塔等)和港区护岸等。

13.2.1 码头

码头是供船舶停靠、旅客上下、货物装卸的场所，一般由主体结构和码头设备两部分组成，主体结构要求有足够的整体性和耐久性，直接承受船舶荷载和地面使用荷载，并将荷载传给地基，且直接承受波浪、冰凌、船舶的撞击磨损作用；而码头设备用于船舶系靠和装卸作业。码头可以按平面布置、断面形式、结构形式及用途等进行分类。码头按平面布置可分为顺岸式码头、突堤式码头、挖入式码头等(见图 13-4)。

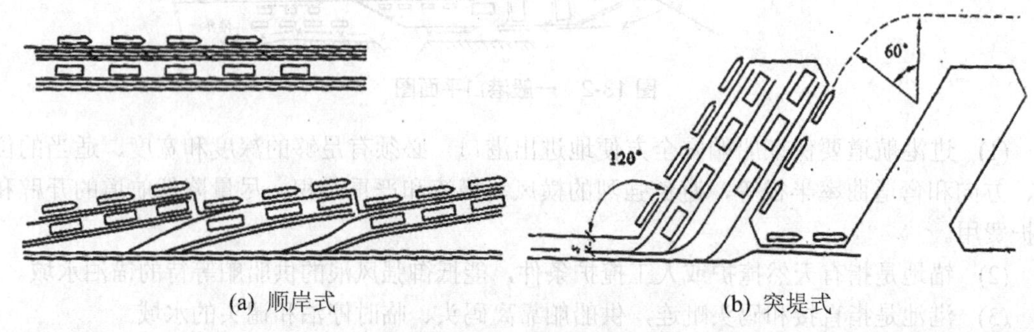

(a) 顺岸式　　(b) 突堤式

图 13-4 码头的平面形式

码头按断面形式可分为直立式码头、斜坡式码头、半斜坡式码头、半直立式码头、多级式等(见图 13-5)。直立式码头适用于水位变化不大的港口，如河岸港和河口港，水位差较小的河口及运河港。斜坡式码头适用于水位变化大的上、中游河沿或库港。半斜坡式码头用于枯水期较长，而洪水期较短的山区河流。半直立式码头用于高水位较长，而低水位时间较短的水库港等。

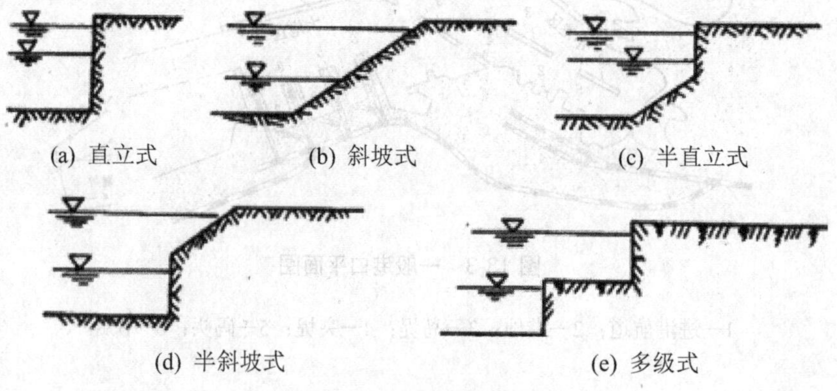

(a) 直立式　　(b) 斜坡式　　(c) 半直立式

(d) 半斜坡式　　(e) 多级式

图 13-5 码头的断面形式

码头按结构形式可分为重力式码头、板桩式码头、高桩式码头和混合式结构码头等，如图 13-6 所示。

(1) 重力式码头是我国使用较多的一种码头结构形式。其工作特点是依靠结构本身填料的自重来保持结构的稳定。其结构坚固耐久，能承受较大的地面荷载，对较大的集中荷载以及码头地面超载和装卸工艺变化适应性强；施工比较简单，维修费用少。按墙身的施工方法，重力式码头结构可分为干地现场浇筑(或砌筑)的结构和水下安装的预制结构(见图 13-6(a))。

(2) 板桩式码头是依靠板桩入土部分的侧向土抗力和安设在码头上部的锚结构来维持整体稳定(见图 13-6(b))。板桩式码头结构简单，材料用量少，施工方便，施工速度快，主要构件可在预制厂预制，但结构耐久性不如重力式码头，施工过程中一般不能承受较大的波浪作用。

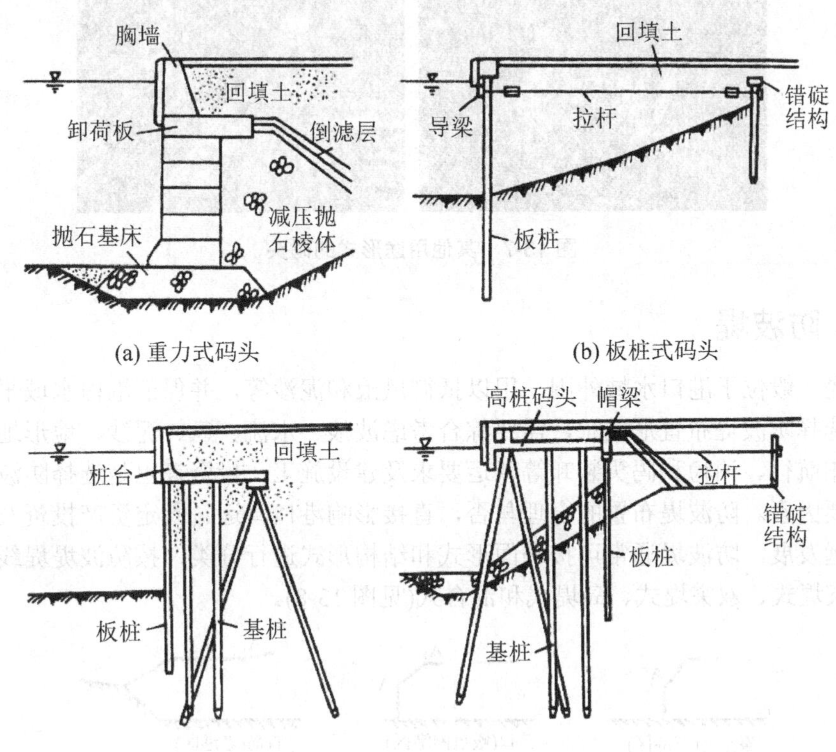

(a) 重力式码头　(b) 板桩式码头

(c) 高桩式码头　(d) 混合式码头(梁板高桩结构和板桩相结合)

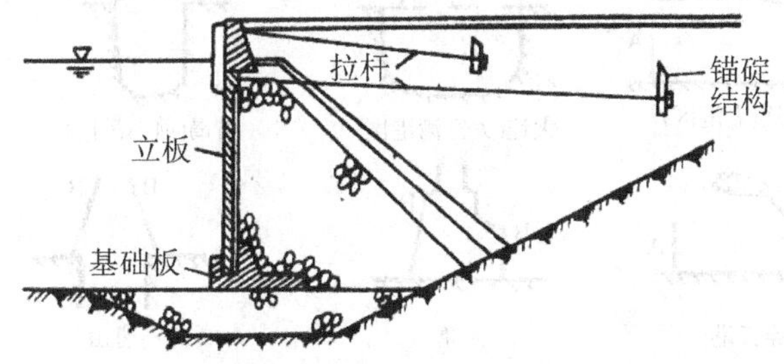

(e) 混合式码头(锚碇的L形墙板)

图 13-6　码头的结构形式

(3) 高桩式码头是通过桩基础将作用在码头上的荷载传给地基。高桩式码头一般可做成透空结构(见图 13-6(c))，其结构轻、减弱波浪的效果好、砂石料用量省，适用于可以沉桩的各种地基，特别适用于软土地基。高桩式码头的缺点是对地面超载和装卸工艺变化的适应性较差，耐久性不如重力式码头和板桩式码头，构件易破坏。

此外，码头还可按不同的用途进行分类，包括货运码头、客运码头、工作船码头、渔码头、军用码头等(见图 13-7)，货运码头还可按不同的货种和包装方式分为杂货码头、煤码头、油码头、集装箱码头等。

图 13-7 其他用途形式的码头

13.2.2 防波堤

防波堤一般位于港口水域外围，用以抵御风浪和泥沙等，并保证港内水域平稳的水工建筑物。选择防波堤布置形式时，需要综合考虑波浪、水流、风、泥沙、地形地质等自然条件，船舶航行、泊稳和码头装卸等营运要求及建设施工、投资等也是选择防波堤类型及形式的重要因素。防波堤布置的合理与否，直接影响港口营运、固定资产投资及维护费用大小和长远发展。防波堤通常可按平面形式和结构形式进行分类，按防波堤堤线平面布置形式有单突堤式、双突堤式、岛堤式和混合式(见图 13-8)。

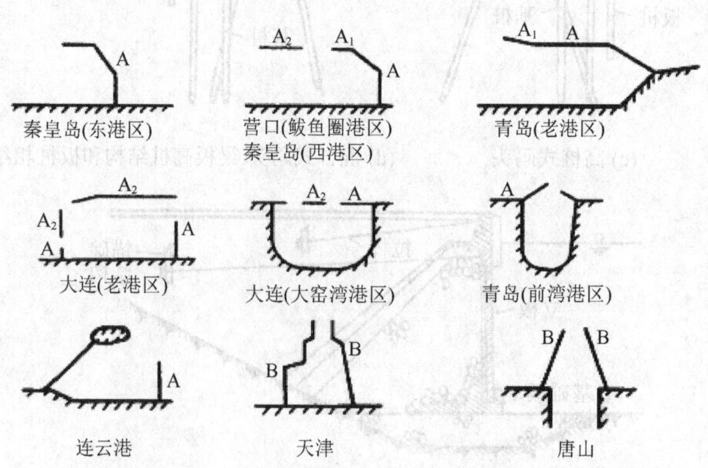

A—防波堤兼码头；A_1—防波堤；A_2—岛式防波堤；B—防沙堤

图 13-8 防波堤的平面布置形式

防波堤按其断面结构形状及对波浪的影响可分为：斜坡式、直立式、混合式、透空式、浮式，以及配有喷气消波设备和喷水消波设备的等多种类型，前 3 种是最常用的防波堤结构形式(见图 13-9)。

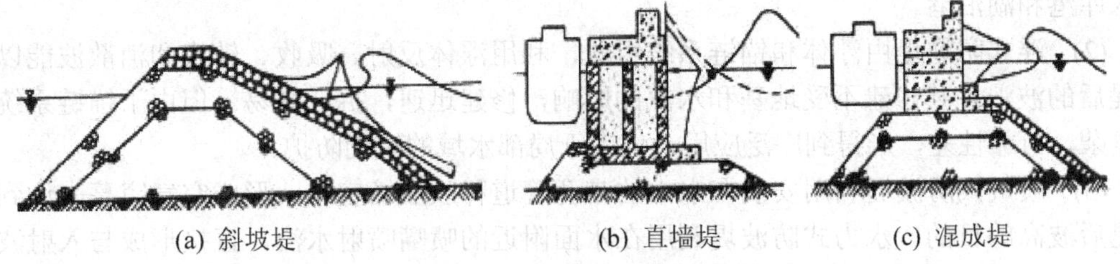

(a) 斜坡堤　　(b) 直墙堤　　(c) 混成堤

图 13-9　防波堤的主要结构形式

(1) 斜坡式防波堤常用的形式有堆石防波堤和堆石棱体上加混凝土护面块体的防波堤。斜坡式防波堤对地基承载力的要求较低，可就地取材，其施工较为简易，不需要大型起重设备，损坏后易于修复。波浪在坡面上破碎，反射较轻微，消波性能较好。其缺点是材料用量大，护面块石或人工块体因重量较小，在波浪作用下易滚落，须经常修补。

(2) 直立式防波堤可分为重力式和桩式。重力式一般由墙身、基床和胸墙组成，墙身大多采用方块式沉箱结构，靠建筑物本身重量保持稳定，结构坚固耐用，材料用量少，其内侧可兼作码头，适用于波浪及水深均较大而地基较好的情况。其缺点是波浪在墙身前反射，消波效果较差。桩式一般由钢板桩或大型管桩构成连续的墙身，板桩墙之间或墙后填充块石，其强度和耐久性较差，适用于地基土质较差且波浪较小的情况。

(3) 混合式防波堤是直立式上部结构和斜坡式堤基的综合体，适用于水较深的情况。目前防波堤建设日益走向深水，大型深水防波堤大多采用沉箱结构。在斜坡式防波堤上和混合式防波堤的下部采用的人工块体的类型也日益增多，消波性能越来越好。

理论和实验研究表明，波浪的能量大部分集中在水体的表层，在表层 2 倍和 3 倍波高的水层厚度内分别集中了 90%和 98%的波能。由此产生了适应该波能分布特点的特殊形式防波堤(见图 13-10)，常见的有透空式防波堤(透空堤)、浮式防波堤(浮堤)、压气式防波堤(喷气堤)和水力式防波堤(射水堤)等。

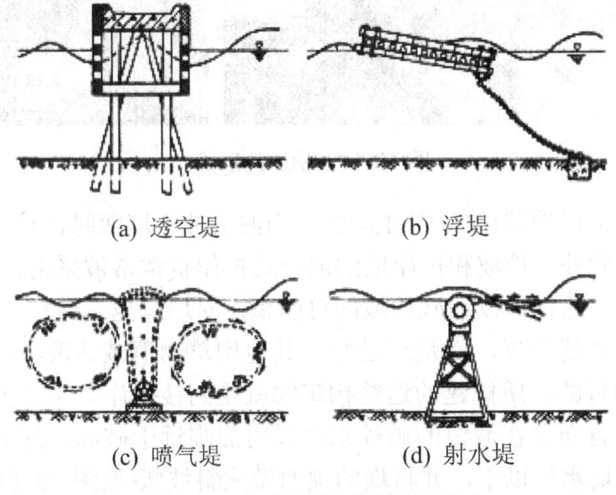

(a) 透空堤　　(b) 浮堤

(c) 喷气堤　　(d) 射水堤

图 13-10　特殊形式防波堤形式

(1) 透空式防波堤由不同结构形式的支墩和在支墩之间没入水中具有一定深度的挡浪结构组成。利用挡浪结构挡住波能传播，可以达到减小港内波浪的目的。它不能阻止泥沙入港，也不能减小水流对港内水域的干扰，一般适用于水深较大、波浪不大又无防沙要求的水库港和湖泊港。

(2) 浮式防波堤由浮体和锚链系统组成，利用浮体反射、吸收、转换和消散波能以减小堤后的波浪。其修建不受地基和水深的影响，修建迅速，拆迁容易。但由于锚链系统设备复杂，可靠性差，未得到广泛应用，仅用于局部水域的短期防护。

(3) 喷气式防波堤利用安装在水中的带孔管道释放压缩空气，形成空气帘幕来达到降低堤后波高的目的。水力式防波堤利用在水面附近的喷嘴喷射水流，直接形成与入射波逆向的水平表面流，以达到降低堤后波高的目的。喷水防波堤与喷气防波堤有很多相似之处，如不占空间、基建投资少、安装和拆迁方便，但仅适用于波长较短的陡波，应用上受到限制，而且动力消耗很大，运转费用很高。

有时防波堤(特别是突堤)的内侧还可兼作码头用，此时也可称其为防波堤-码头。

13.2.3 护岸工程

护岸工程是指采用混凝土、块石或其他材料做成障碍物的形式直接或间接地保护河岸，并保持适当的整治线和适当水深的便于通航的一种工程。护岸工程分为直接护岸和间接护岸两大类。直接护岸是利用护坡或护岸墙等形式加固天然岸边，抵抗侵蚀。间接护岸是利用沿岸建筑如丁坝或潜堤等促使岸滩前发生淤积，以形成稳定的新岸坡。

护坡一般用于加固岸坡(见图 13-11)。为节省工程量，护坡坡度往往建造得比天然岸坡陡，但也有接近于天然岸坡坡度的护坡。

图 13-11　护坡的形式

直立式护岸常用于保护陡岸(见图 13-12)。当波浪冲击墙面时，直立式护岸主要承受正向波浪力和浮托力。此外，护坡和护岸墙的混合式护岸也常常被采用，护岸的下部做护坡，在上部建成垂直的墙，这样可以缩减护坡的总面积，对墙脚也有保护。

间接护岸不直接修建护岸，而是通过修造其他构筑物消减波浪、改变水流方向、拦截水流，以达到护岸的目的，所修建的这些构筑物就是间接护岸。常见的间接护岸有潜堤、丁坝等形式。潜堤位置布置在波浪的破碎水深以内而临近于破碎水深之处，大致与岸线平行，堤顶高程应在平均水位以下，并将堤的顶面做成斜坡状(见图 13-13)。修筑潜堤的作用不仅是消减波浪，也是一种积极的生态护岸措施。

图 13-12　护岸墙的形式

图 13-13　潜堤的形式

丁坝自岸边向外伸出，对斜向朝着岸坡行进的波浪和与岸平行的沿岸流都具有阻碍作用，同时也阻碍泥沙的沿岸运动，使泥沙落淤在丁坝之间，使滩地增高，原有岸地就更加稳固了(见图 13-14)。丁坝的结构形式很多，包括透水与不透水两种类型，其横断面形式有直立式的、斜坡式的。

图 13-14　丁坝的形式

13.2.4 航道工程

船舶进出港，必须在规定的航道内航行，一是为了贯彻航行规则，减少事故；二是为了引导船舶沿着足够水深的路线行驶。航道可分为天然航道和人工航道。天然航道指的是在低潮时其水深已足够船舶航行而无须人工开挖的航道。而为了满足船舶航行所需的深度和宽度等要求，需进行疏浚的航道称为人工航道。

海上航道轴线必须掌握建港地区海域海象、气象和地质条件的特点，充分利用自然条件来最大限度地满足船舶航行的要求，注意适应港口平面布置和远景发展对航道的要求。

为了保证设计船型在通航期内能安全、方便地航行，航道必须具备必要的通航条件。通常将在设计通航期内，航道能保证设计船型(船队)安全航行的最小尺度称为航道标准尺度。它包括在设计最低通航水位下的航道标准水深、航道标准宽度、航道最小弯曲半径，在设计最高通航水位时跨河建筑物的净空高度和净空宽度(又简称通航净空)。

航道宽度是航道工程设计中非常重要的参数，指的是航槽断面设计水深处两底边线之间的宽度。航道宽度一般由 3 个部分组成，即航迹带宽度 A、船舶间错船富裕间距 b 和克服岸吸作用的船舶与航道侧壁间富裕间距 C，如图 13-15 所示。

船舶在航道上行驶受风、流影响，其航迹很难与航道轴线平行，加上螺旋桨产生的横力矩迫使船舶偏转，因此船舶常需不断地操纵舵角才能保持航向，故其航迹是在导航中线左右摆动呈蛇形的路线，其宽度即为航迹带宽度，是船舶以风流压偏角在导航中线左右摆动前进所占用的水域宽度。船舶相遇错船时，为了防止船吸现象，保证安全，两航迹带间留有一定的距离作为错船富裕间距。

航道通航方式一般采用分道航行制，将反向航行的船流予以分隔，以减少船首正遇的范围。图 13-16 为以分道线分隔船流的标准图。

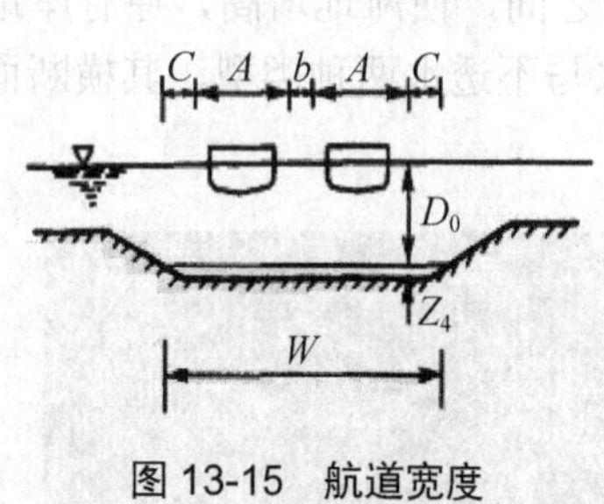

图 13-15 航道宽度

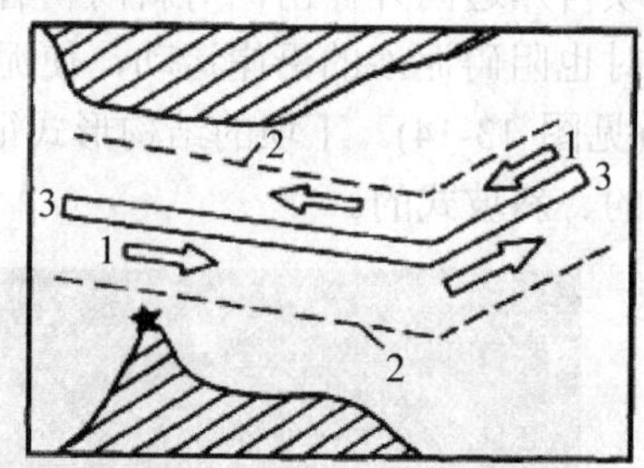

图 13-16 分道线分隔船流

1—通航方向；2—外界线；3—分道线

此外，航道工程还包括航道整治工程、航道疏浚工程、河流渠化工程等。其中航道整治工程就是针对碍航滩险(见图 13-17)，利用整治建筑物或其他工程措施，调整河槽形态，增加水深，改善通航水流条件，提高和稳定航道尺度，扩大通过能力，保证船舶与船队顺利、安全地通航。

航道疏浚工程就是通过调整河床边界达到改善通航条件的工程措施，通常采用挖泥船或其他机器进行水下挖掘。疏浚工程是改善航道的主要措施之一，在航道和港口工程中，疏浚工程的主要任务有：①开挖新的航道、港池和运河；②改善航道的航行条件，维护航道尺度，消除对船舶有影响的流态；③开挖码头、船坞、船闸及其他水上建筑物的基槽；④与开挖相结合的吹填及疏浚物综合利用工程。航道疏浚工程分为基建性疏浚、维修性疏浚、临时性疏浚 3 类。

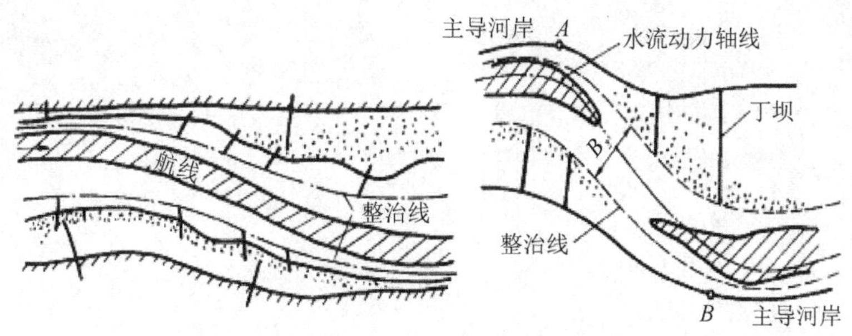

图 13-17 整治线与航道

河流渠化工程主要是在河流上筑坝蓄水，在坝上游形成水库，使河川径流按需要重新进行分配。河流渠化后，不仅大大改善了通航条件，有利于航运事业的发展，同时也为其他国民经济部门更好地利用水利资源创造了条件。根据渠化河段是否连续，河流渠化分为连续渠化和局部渠化两种类型。连续渠化是指在河流上建造一系列闸坝，将整条河流分为若干河段(称为渠化河段)，下一级闸坝的回水与上一级闸坝相衔接，并满足通航标准所规定的通航水深，从而使整条河流成为彼此连接的渠化河流。连续渠化的河流消除了天然河段，其通过能力不再受天然河段的控制，而是取决于河流上通航建筑物的通过能力，因而可根据需要大幅度提高其通过能力。另外，连续渠化河流可将河流的落差集中分配到各个渠化梯级上，以充分利用这些落差进行发电、灌溉，因而能最充分地利用河流的水力资源。局部渠化是只对局部河段进行渠化，两渠化河段之间还有一段天然河段，各个渠化河段互不相接。局部渠化多用于河流航行条件较好，仅个别河段水深不足或险滩、急弯碍航严重而用整治工程措施难以改善航行条件的河段。局部渠化河流由于在各渠化河段之间还夹有天然河段，故其通过能力仍受天然河段的控制。

思 考 题

1. 港口工程的定义是什么？其类型有哪些？
2. 港口工程水工建筑物有哪些？其各自的作用是什么？

第 14 章　防震与减灾工程

【学习重点】

- 地震灾害的特点。

【学习目标】

- 了解地震灾害的基本概念、特点及防治措施。
- 了解风灾、火灾的危害及防灾减灾策略。
- 了解水灾、爆炸、污染等其他土木工程灾害的影响。

20 世纪末以来，在以全球变暖为主要特征的气候变化背景下，全球灾害明显增多，危及人类生命和健康，威胁到社会的可持续发展。中国是世界上自然灾害最为严重的国家之一，中国面临的自然灾害形势严峻复杂，灾害风险进一步加剧。随着改革开放，我国建筑业生产力快速发展，大量现代化的建筑已经建成或正在投入建设。但是，由于土木工程的各种灾害时有发生，使行业的发展面临巨大的挑战。

土木工程的灾害主要分为自然灾害和社会灾害。自然灾害是自然界中的物质变化、运动造成的损伤，主要有：地震、风灾、火灾、洪灾等。社会灾害是由于人的过错或某些丧失理性的失控行为给人类自身造成的损害，主要有：战争、爆炸、人为破坏生态平衡等。

14.1　地震灾害及其防治

14.1.1　地震灾害的基本概述

地震是一种破坏性很强的自然灾害。它以其突发性及释放的巨大能量在瞬间造成大量建筑物和设施的毁坏而成灾，使人们“谈震色变”。据统计，全世界死于地震的人数占各种自然灾害死亡总人数的 58%。我国大陆地震占全球大陆地震的 1/3，因地震死亡的人数占全球的 1/2。根据不完全记录，地壳每年发生的地震约有 500 万次以上，人们能感受到的约有 5 万次，其中能造成破坏作用的约有 1000 次，7 级以上的大地震有十几次。强烈的地震会造成巨大的破坏，甚至毁灭性的灾害，使人民的生命、财产遭受巨大的损失。因此，在工程活动中，必须考虑地震这个主要的环境因素，并采取必要的防震措施。

14.1.2　地震的活动及地震分布

世界上的地震主要集中在以下 3 个地震带(见图 14-1)：①环太平洋地震带，世界上约 80%的地震都发生在这一带；②从印度尼西亚西部沿缅甸至我国横断山脉、喜马拉雅山区，穿越帕米尔高原，沿中亚细亚到地中海及附近一带，称为欧亚地震带，我国正好处在上述两大地震带之间；③海岭地震带，它分布在大西洋、印度洋、太平洋东部、北冰洋和南极洲周边的海洋中，长度有 6 万多公里。

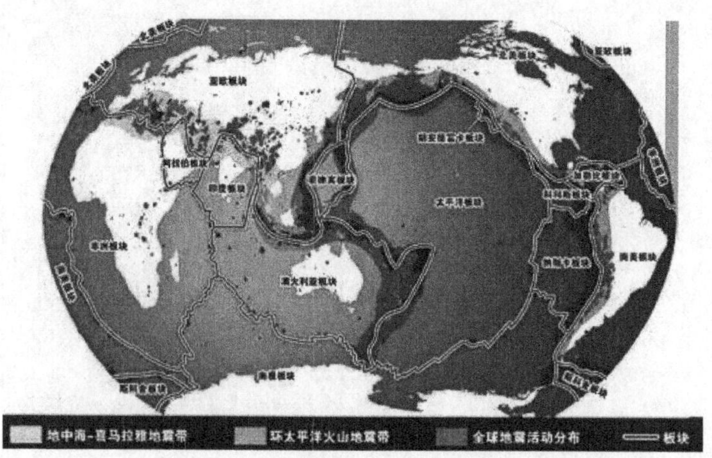

图 14-1　全球地震活动分布

我国的地震活动主要分布在 5 个地区(见图 14-2)：①台湾省及其附近海域；②西南地区，主要是西藏、四川西部和云南中、西部；③西北地区，主要是甘肃河西走廊、宁夏、天山南北麓；④华北地区，太行山两侧、汾渭河谷、京津地区、山东中部和渤海湾；⑤东南沿海，广西、广东、福建等地。在我国发生的地震又多又强，且大多数是浅源地震，震源深度大都在 20km 以内。

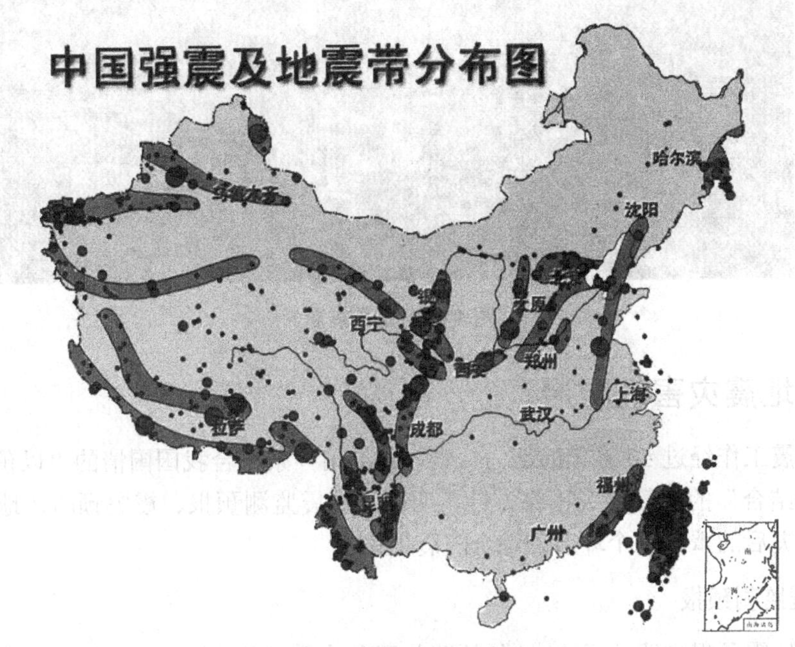

图 14-2　中国国内地震带分布

14.1.3　地震灾害的特点

地震灾害具有以下特点。

1. 地震成灾具有瞬时性

地震瞬间发生，作用的时间很短，最短十几秒最长两三分钟就造成山崩地裂，房倒屋塌，使人猝不及防，措手不及。人类辛勤建设的文明在瞬间被毁，地震爆发的瞬间，人们无法在短时间内组织有效的抗震行动。

2. 地震造成伤亡大

地震造成的大量房屋倒塌，是造成人员伤亡的元凶，尤其一些地震发生在人们熟睡的夜间。1976 年 7 月 28 日我国唐山 7.8 级大地震，死亡 24.2 万余人，重伤 16.4 万余人。2008 年 5 月 12 日汶川 8.0 级特大地震，人员伤亡之多、受灾范围之广、救灾难度之大是历史所罕见(见图 14-3)。

图 14-3 汶川震后

14.1.4 地震灾害的防治

我国地震工作经过 50 多年的努力探索，总结出一条符合我国国情的“以预防为主、防御与救助相结合”的防震减灾工作方针，明确了地震监测预报、震灾预防、地震应急与地震救灾和震灾后的重建 4 个环节的综合防震思路。

1. 地震监测预报

我国的地震预报实践始于 1966 年的河北邢台地震，当时的地震现场为地震工作者创造了边观测、边研究、边预报的实践机会。成功预报的地震有 1975 年 2 月 4 日辽宁海城 7.3 级地震，收到了减轻地震灾害的效果。对 1976 年 8 月 16 日的松潘 7.4 级地震和 8 月 23 日的 7.2 级地震以及 1976 年 11 月 7 日四川盐源和云南宁蒗交界处的 6.4 级地震做出过比较成功的短临预报，但毕竟成功预报的地震是少数。到目前为止，地震预报仍是世界性的科学难题，对破坏性地震的临震预报准确度也非常有限。虽然地震预报之路任重道远，但地震工作者们一直在坚持不懈地为这项伟大的工作而努力探索。

2. 震灾预防

在城市建设中，震害防御是一项与总体规划同步，甚至要超前进行的重要工作。城市抗震防灾不仅要重视城市单个类型的防灾能力，更应该重视如何提高城市整体的防灾水平。

为使建筑物达到规定的抗震设防要求，必须采取相应的抗震防灾措施，这些措施的基本内容是：增强强度、提高韧性、加强整体性和改善传力途径等。

为了提高新建建筑的抗震性能，必须把好抗震设计和施工两道关。抗震设计必须按照抗震设防要求和抗震设计规范进行。设计出来的结构，在强度、刚度、吸能和延性变形等能力上有一种最佳的组合，使之能够经济地达到小震不坏、中震可修、大震不倒的目的。为使已有建筑物提高抗震能力，进行抗震加固是工程中最常采取的措施。经过加固的工程在近几年发生的地震中有的已经经受住了考验，证明抗震加固与不加固大不一样。抗震加固确实是建筑物不被破坏或减轻破损程度、保证生产发展和人民生命安全的有效措施。

3. 地震应急与地震救灾

随着现代化的到来，城市高楼林立，发生地震时仅凭人力救援是远远不够的，成立专业紧急救援队伍并配备专用设备器材是国际上在这一领域的发展趋势。美国洛杉矶、旧金山和日本东京等发达国家的大都市已形成地震抗震防灾人员和城市规划人员之间的联合协作地震应急救援系统，其地震应急救援技术相对都比较高，如寻人警犬和电视成像系统等都已经在救援中得到了很好的应用。作为发展中国家，我国的地震应急救援体系是相对比较完善的。我国以法律的形式制定了《国家破坏性地震应急预案》以保证在发生地震时政府采取及时有效的应对措施。这些都有利于减轻地震灾害和震后抢险救援工作的顺利进行，从而更好地帮助受灾人员重建家园和恢复正常的生产和生活秩序。

4. 震灾后的重建

灾后重建工作千头万绪，但因与灾区居民日常生活的密切程度而分轻重缓急。因此，在重建规划的制定工作中也应区别对待。根据经验，初期的规划应偏重于紧急重建规划，首先重点解决居民的居住、饮水、食物供给、废墟处理等属于基本生存条件方面的问题。对于就业、基础设施建设、产业重建与发展等关系中长期发展的问题，由于在紧急重建规划阶段很难考虑周全，一般应通过中期重建规划加以充实，并根据需要通过后期重建规划进一步进行补充和完善。

14.2 风灾及其防治

14.2.1 风灾的基本概述

风灾是指因暴风、台风、飓风过境而造成的灾害。风对人类的生活具有很大影响，它可以用来发电，帮助制冷和传授植物花粉。但是，当风速和风力超过一定限度时，它也可以给人类带来巨大的灾害。我国气象部门规定：风力达到 8 级或以上(风速≥17m/s)时称作大风。达到这一风力时，造成的灾害明显增多，如毁坏建筑物，造成人员伤亡等。根据德国统计资料推算，全球每年风灾造成的损失高达 137.7 亿美元，约占所有自然灾害造成损失的 40%；1900—1996 年美国发生了 30 多次损失超过 4 亿美元的台风。1992 年发生在佛罗里达州的 ANDREW 飓风损失就达 305 亿美元之多。2004 年 11 月和 12 月登陆菲律宾的 4 次台风共影响到吕宋岛的近 60 万个家庭中的 300 多万人，死亡人数为 939 人，受伤 752 人，还有 837 人失踪。连续的台风还造成近万座房屋被毁，造成农业、渔业和基础设施方面的经济损失超过 4 万亿比索(约合 714 亿美元)。

14.2.2 风灾的危害

1. 对房屋建筑的破坏

强风有可能吹倒建筑物或吹落高空物品，造成人员伤亡。1995 年在美国俄克拉荷马阿德莫尔市发生的一场陆龙卷，诸如屋顶之类的重物被吹出几十千米之外，较轻的碎片则飞到 300 多千米外才落地。2011 年 5 月，美国有史以来最致命的一场龙卷风过后在美国中部密苏里州城市乔普林所造成的后果，如图 14-4 所示。

图 14-4　龙卷风过后的美国城市

2. 对高耸结构的破坏

高耸结构主要是指一些桅杆、电视塔、烟囱等，其中风对桅杆的破坏最为严重，全世界范围内曾发生过几十起桅杆倒塌事故。1963 年，英国约克郡高 386m 的钢管电视桅杆被风吹倒；1975 年海城地震中大连市的烟囱震害比较严重。1985 年，德国 Bielstein 一座高 298m 的无线电视桅杆受风倒塌；1988 年，美国 Missouri 一座高 610m 的电视桅杆受阵风倒塌，造成 3 人死亡。在我国，塔桅结构倒塌的事故也不少，如镇江拉线式输电塔成排倒塌等。

3. 对输电系统等生命线工程的破坏

如果供电线路的电杆埋得浅，那么在大风中就容易被刮倒，造成停电事故，严重影响生产和生活(见图 14-5)。公交线路上的停车路牌受风面大而埋得浅也易在大风中被刮翻。9914 号台风登陆厦门，市区路灯电杆倒塌 151 根，灯具脱落 1500 多套，公交路牌损坏 56 块，人行道损坏 6700m^2，20 台公交车玻璃破损，公交候车廊倒塌 18 座，严重影响市内交通，造成巨大经济损失。2005 年 9 月 16 日晚，狂风以每小时 80 多千米的速度袭击了澳大利亚东南部之后，造成电网大面积瘫痪，虽然电力维修小组正在恢复当地供电，但是仍有 1.5 万人无电可用。2012 年 10 月飓风“桑迪”从大西洋城(Atlantic City)登陆美国东部地区，附近的新泽西州和纽约州成为重灾区，加拿大部分省份也受到影响。由于遭遇飓风袭击，从南面的北卡罗来纳州，北到缅因州，西到伊利诺伊州，共造成美国 21 个州 848 万户家庭停电，超市被疯狂抢购，收银员点着蜡烛收银，纽交所停市两天，联合国总部关门。据估计，由于这次飓风，经济行为停止和善后的修整，世界性的经济损失高达 200 亿美元。

图 14-5　供电塔被大风拦腰刮断

4. 对桥梁的破坏

风毁桥梁的例子也有很多。2009 年，台风“莫拉克”造成台湾 41 座桥梁断裂，断桥之多是历年之最。2010 年受台风影响，福建泉州市 800 多年的顺济桥发生坍塌，北侧两个桥墩倒塌，上面的桥面断成 3 截。近几年来，随着我国大跨度桥梁的建设，桥梁的风害也时有发生。例如，广东南海公路斜拉桥施工中吊机被大风吹倒，砸坏主梁；江西九江长江公路铁路两用钢拱桥吊杆的涡激共振；上海杨浦斜拉桥缆索的涡振和风雨振使索套损坏等。这些桥梁风害事故的出现使人们越来越意识到桥梁风害问题的重要性。

5. 对广告牌、标语牌等附属建筑的破坏

广告牌、标语牌常建在主建筑物的顶部，常为竖向悬臂结构，受风面积相对较大，而根部抗弯能力往往不足，遇大风即翻倒。在大风中广告牌吹翻砸伤行人的事屡见不鲜，如图 14-6 所示。

图 14-6　台风将广告牌吹倒

6. 对港口设施和海洋工程结构的破坏

强风作用会导致塔吊(见图 14-7)、场桥、重力臂、叉车等港口设施发生破坏。

图 14-7　港口塔吊被风倾覆

14.2.3　风灾的防治

(1)　加强台风的监测和预报，是减轻台风灾害的重要措施。对台风的探测主要是利用气象卫星，确定台风的中心位置，监测台风的移动方向和速度。这些对防止和减轻风灾害起着关键作用。

(2)　建设防台风指挥系统，融防台风预案、水文气象信息采集预报预警系统、通信系统、计算机及网络系统、决策支持系统为一体，提高防风指挥决策现代化水平。

(3)　种植防风林带可以起到降低风速、减小风暴潮的作用。一般来说，防护林所防护的范围约相当于林高的 25 倍。假如林带高 10m，则防风范围可以扩展到林带背风面的 250m 范围内。在较为密闭的林带背风面，风速约可降低 80%，然后随着距离的拉长，风速又逐渐恢复。因此，在风害较为严重的地区，有必要在一定距离内多设置几道防风林带。

(4)　在风灾影响大的地区，建筑物、构筑物应有特殊加固措施，以防止倒塌和破坏。目前体育场、桥梁和高层建筑等大型结构空前的建造规模为严重的风灾破坏留下了伏笔。各国学者正对大跨度空间结构风荷载和风致振动的基础问题展开研究，建立了大跨空间结构风荷载试验和相应分析系统。这为结构抗风研究开辟了一个新的重要研究方向。

(5)　城市应编制风灾影响区划，科学家运用数值模拟技术，为规划设计部门提供快速、准确的定量评估，为城市整体规划和局部设计提供决策的依据。

14.3　火灾及其防治

14.3.1　火灾的基本概述

火灾是指在时间或空间上失去控制的燃烧所造成的灾害。在各种灾害中，火灾是最经常、最普遍地威胁公众安全和社会发展的主要灾害之一。随着社会经济发展和人口的增长，火灾已成为一个日趋严峻的社会问题。据公安部消防局编写的《中国火灾统计年鉴》中的火灾统计数据表明，1950—2000 年的 51 年间，我国共发生火灾约 344.7 万起，死亡约 16.8 万人，伤约 31.9 万人，直接经济损失 180.4 亿元。而 1991—2000 年的 10 年间，发生火灾就有 88.8 万起，造成死亡 24 564 人，受伤 43 422 人，直接财产损失约 116.6 亿元。后 10 年火灾造成的财产损失几乎是前 40 年火灾造成财产损失的两倍。2001—2004 年，中国发生的特大火灾年均 31 起，死亡人数年均 89 人。2008—2010 年，中国共发生火灾 39.8 万起(不含森林、草原、军队、矿井地下部分火灾)，死亡 3865 人，受伤 1967 人，直接财产损失 52.1 亿元人民币，与前 3 年相比，火灾起数和死亡、受伤人数均下降，损失上升 55.5%。火灾给人类带来的灾难和教训是惨痛的。

城市是社会经济发展的载体，经济全球化的活动中心仍在城市。随着城市现代化程度的提高和城市生产集中、人口集中、建筑集中、财富集中的特点，火灾发生的概率也在升高，其中一些火灾令人印象深刻。2008 年 11 月 14 日早晨 6 时 10 分左右，上海商学院徐汇校区一学生宿舍楼发生火灾(见图 14-8)，4 名女生从 6 楼宿舍阳台跳下逃生，当场死亡，酿成近年来最为惨烈的校园事故，宿舍火灾初步判断缘起于寝室里使用“热得快”导致电器故障并将周围可燃物引燃。2009 年 2 月 9 日晚 20 时 27 分，北京市朝阳区东三环中央电视台新址园区在建的附属文化中心大楼工地发生火灾(见图 14-9)，熊熊大火在三个半小时之后得到了有效控制。建筑物过火、过烟面积 21 333m^2，其中过火面积 8490m^2，楼内十几层的中庭已经坍塌，位于楼内南侧演播大厅的数字机房被烧毁。造成直接经济损失 16 383 万元。2013 年 1 月巴西南部圣玛利亚城一家名为“吻”的夜店发生的火灾，造成至少 232 人死亡，131 人受伤，死伤者中有不少大学生，造成巴西近 50 年来在火灾事故中死亡人数最多的惨剧。

图 14-8　上海商学院学生宿舍火灾过后

图 14-9　央视大楼火灾

14.3.2　火灾的防治

(1) 设计时所采用的装修材料应尽量避免使用可燃性材料，所有的装饰、装修材料均应符合消防的相关规定。

(2) 划分防火分区，设置防火墙、防火门等来阻止火灾发生蔓延。

(3) 按有关规定建设完善消防设施，设置火灾自动报警系统、消火栓系统、自动喷水灭火系统、防烟排烟系统等，并设专人操作维护，定期进行维修保养。

(4) 加强消防安全教育，提高人们的消防安全意识等。

(5) 加大消防监管力度，消防部门要按照《中华人民共和国消防法》的规定和国家有关消防技术标准要求，加强对建筑施工企业的监督和检查。

14.4　其 他 灾 害

14.4.1　水灾

水与灾害的关系应全面审视。当今世界总会同时出现两种情形：一面是洪水泛滥，严重威胁着我们的家园甚至生命，另一面却是干旱枯竭。由于人类活动导致易损性增加和生态自然平衡的改变，对我们赖以生存的环境破坏也比以往更大。不仅如此，由于受气候变迁、环境退化以及厄尔尼诺等现象的影响。预测表明，与水有关的灾害其频度和强度都将持续增强，从而将影响自然灾害的总态势和强度。为了人类的生存和发展就必须考虑自然灾害及其影响的原因。

水灾还具体表现如下。

水太多：随着极端天气肆虐全球，从亚洲、美洲再到欧洲，洪水灾难频频发生(见图 14-10)，南半球的澳大利亚、巴西等国最近是洪水滔天，天气短期内频走极端，着实罕见。2011 年 1 月 17 日洪水在澳大利亚南部维多利亚州继续肆虐。维州应急机构一位发言人说，这场洪灾恐怕是 200 年一遇的。在澳大利亚昆士兰州的古德纳市，有人声称在洪水中看到了凶猛的公牛鲨！目击者称，两条鲨鱼随着涌入的洪水进入该市的主要街道，在一个商店附近游弋。古德纳市议员在接受采访时称："这样的新闻是前所未有的。如果消息属实，这说明洪水吞没了大量的土地，淹没了公园和高速公路。"2011 年 1 月，巴西里约热内卢民防厅公布的最新数据指出，山区暴雨造成死亡人数已达 672 人。此外，因暴雨引发的泥石流和洪灾而失去家园及被迫离家避难者人数已近 1.4 万人。因受到暴雨肆虐而进入警戒状态的城市也达 84 个，经济损失至少达 2.5 亿元巴西币(约合 1.47 亿美元)。

图 14-10　泰国曼谷洪水围困机场

水太少：中国水资源总量约为 2.8124 万亿 m^3，占世界径流资源总量的 6%，又是用水量最多的国家，1993 年全国取水量(淡水)为 5255 亿 m^3，占世界年取水量的 12%，比美国 1995 年淡水取水量 4700 亿 m^3 还高。由于人口众多，当前中国人均水资源占有量为 2500m^3，约为世界人均占有量的 1/4，排名百位之后，被列为世界几个人均水资源贫乏的国家之一。中国是水资源短缺且水旱灾害频繁发生的国家，2011 年以来，北方冬麦区、长江中下游地区、西南地区先后遭遇 3 次严重旱情，包括贵州、云南、四川等省区在内的西南丰水区也先后发生了严重旱情。自然灾害，尤其是干旱，对中国的粮食生产造成了较大影响。

水灾的主要危害如下。

(1)　桥梁、铁路、公路等公共交通设施被破坏。

(2)　大量的房屋被冲塌，农田和村庄被淹没。

(3)　农业受灾面积广，农作物歉收、减产、绝收严重。

(4)　造成大量的人员死亡和财产损失。

14.4.2　污染

土木工程建设在和自然斗争中不断地前进和发展。在我国的现代化建设中，土木工程业越来越成为国民经济发展的支柱产业，然而土木工程在建设和使用的过程中也给周边环境带来了一些影响。在土木工程与环境工程融为一体的今天，这些负面影响也越来越引起了人们的重视。如城市综合征、水体污染、空气污染、固体废物污染、噪声污染、光污染、热污染、重金属污染等与人类的生存发展密切相关的问题都无一例外地与土木工程有关。现如今，一些施工单位在城市建设过程中只力求保证质量、超前完成任务和注重建筑效益，直接忽视了生态平衡和环境保护问题，导致环境破坏问题日益严重化，直接影响居民的正常生活和城市文明建设。

在我们的身边每天都会产生大量的建筑垃圾(见图 14-11)。据不完全统计，我国每年因施工建设产生的建筑垃圾高达 4000 万吨，其中的废混凝土就有 1360 万吨之多。在清运处理这些废旧混凝土时工作量也大，其清理过程中带来的粉尘对环境污染严重。此外，我国还是 20 年来世界水泥生产的第一大国，而生产水泥本身就是一项耗能高、环境污染严重的行业。另外，工程施工过程中车辆排放的尾气、水泥、砂、石等建筑材料运输过程中带起的扬尘、隧道工程中石方爆破作业产生的灰尘都会对空气质量产生影响，给附近居民的生活带来不便。

图 14-11　触目惊心的建筑垃圾

一些较大的工程在建设过程中所产生的噪声和震动以及建成后对环境的影响等都将成为土木工程师们必须考虑的问题。例如，挖土机、推土机、打桩机以及压路机等大型机器在工作过程中发出噪声。有的建筑工地为了赶工进行夜间加工，给附近居民的生活、工作及学习造成了严重影响，成为建筑工程中最常见和最容易引起争议的问题。

建筑施工、市政施工、交通施工以及水利工程施工过程会带来一系列水污染问题。如挖沟渠产生的水泥浆、冲洗混凝土输送管道的水、工程排水以及员工生活用水的直接排放导致地面水受到污染甚至直接威胁到地下水。此外，由于一些工地疏忽而致使现场污水外泄，一些泥浆经常堵塞居民生活的下水道，影响居民的日常生活。一些施工设备在使用和维修过程中所产生的含油废水，如果处置不当直接排入河流和沟渠，将对河水和地下水产生质的影响。

在大城市，一些建筑物由于大量使用玻璃幕墙，很容易造成光污染，而且已经明显影响到人们的正常生活(见图 14-12)。在建筑材料的科学使用和健康标准得到加倍关注的今天，瓷砖在家庭装修中如果使用不当也容易造成光污染。因此，家庭装修使用的瓷砖最好选择亚光砖，书房和儿童间最好用地板代替地砖；灯光应做多项选择，家中尽量开小灯并且避免灯光直射或通过反射引起眼睛不适。

因此，工程建设者们应把经济效益、社会效益和生态效益有机地统一起来，只要正确认识工程建设与环境保护的关系，树立环境保护意识，就一定能够减少和防止污染事件的发生，实现工程建设、生态环境及经济发展的良性循环。

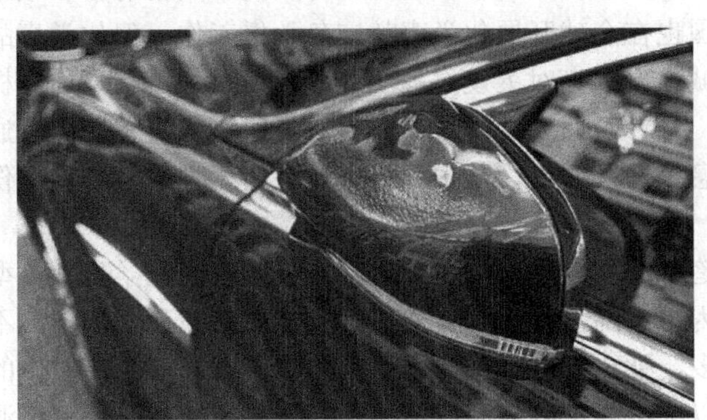

图 14-12　英国办公楼反光烤化豪车

14.4.3　城市化学灾害

化学灾害的历史惨剧不能忘记。故事发生在 1989 年 11 月乌克兰最大重型机械制造中心克拉马托尔斯克市，该市钳工科尔什几年前搬进 85 号一套三居室住房。不久，他的大儿子喊叫头疼，寝食不安，眼睛塌陷，诊断患了血液病，很快死去，接着二儿子也出现同样症状。巧合的是，以前住户的两个儿子也死于白血病，女主人搬走后又死于同样的疾病。1989 年 11 月，专家对 85 号居室进行周密检查，测出每小时辐射强度达 200 伦琴，源自砌墙的一块 80cm^2 的混凝土预制板，挂在这里墙壁的壁毯都被“烧”出一个小洞。周围两幢楼房 300 多人也受到不同程度的辐射影响。1989 年 12 月初拆走这块预制板，疏散了部分居民。据专家分析，预制板所含物质为工业医疗用的放射性元素铯、钴，不知为何竟被丢弃于采石砂场上，又被一起运回建材厂，浇铸在预制板内，最终酿成惨祸。2010 年 7 月 16 日，位于辽宁省大连市保税区的大连中石油国际储运有限公司原油库输油管道发生爆炸，引发大火并造成大量原油泄漏(见图 14-13)，导致部分原油、管道和设备烧损，大连附近海域至少 50km^2 的海面被原油污染。事故造成作业人员 1 人轻伤、1 人失踪；在灭火过程中，消防战士 1 人牺牲、1 人重伤。据统计，事故造成的直接财产损失为 22 330.19 万元。

图 14-13　志愿者在清理被泄漏石油污染的大海

化学事故是灾害中威胁较大的事故之一，对人员、国家财产和城市经济的持续发展影响很大，虽然联合国也在全球开展化学事故应急救援工作，但化学事故发生率还是居高不下。为了创建安全城市，提高对突发事故的应变能力，必须科学地分析化学事故发展的趋势，不断修改预案，有针对性地加强城市防灾对策，降低灾害损失。通过将近几年国内外化学事故相关的信息整理及归纳，从中分析了发生的化学事故类型、伤亡人数、主要化学危险品等。

化学事故总的趋势可用以下一段文字概括："发生的化学事故类型很多，但主要还是以泄漏和爆炸事故为主；陆上和水上交通化学事故的频率和规模居高不下；事故中人员中毒的以泄漏事故为多，死亡的则大多数发生在爆炸现场；各个月发生的事故的概率没有明显的差别，但趋势以下半年密度较高；氯、氨为泄漏事故中常见的毒源，油、气发生燃爆最为常见；化学毒品造成的大面积环境污染和职业中毒已不容忽视；抢、盗剧毒化学品对社会危害极大；化学性食物中毒人数不断上升；化学恐怖和投毒事件也应该引起警惕；发生化学事故的主要原因是责任事故，包括目无法纪、违章生产、无证上岗等。"

面对我国化学灾害的复杂性和危害性，在 21 世纪之初，国务院组织对《化学危险品安全管理条例》进行了修订，制定并颁布了《危险化学品安全管理条例》(以下简称《条例》)。在新的《条例》中，国务院对危险化学品的安全监管的体制做了重大调整，规定了由安全监管部门负责综合监管、各职能相关部门负责相应专业监管的新体制与相应的职责配置。同时，借鉴国际化学品安全监管的经验，新《条例》还增设了化学品登记、化学事故应急救援与预案，化学品生产、储存项目设立的安全审查，化工生产、储存现役装置的安全评价，化学品包装物、容器定点生产、废弃物处置管理等法律制度，并进一步完善了生产、运输、经营等环节的相关管理制度。《条例》还授权相关的职能部门为实施各项法律制度而制定相应的实施办法与措施。《条例》自颁布以来，围绕化学品的生产、储存、运输、经营、使用和废弃处置各个环节，有关部门根据《条例》所设置的各项管理制度和自身职能，制定、修改了一批部门规章；各地区根据《条例》的要求，结合当地的实际情况，也相继颁发了一系列管理办法或规定。目前，全国已初步形成了以《危险化学品安全管理条例》为核心的化学品安全监管法规体系，为我国化学品的安全管理规范化、制度化，建立化学品全程安全监管法制奠定了基础。

14.4.4 工程安全事故

随着工程项目趋向大型化、高层化和复杂化，建设工程领域的安全状况受到了严重的威胁，已成为我国所有的工业部门中仅次于采矿业的最危险行业，一次工程事故所造成的后果不亚于一场自然灾害。

在建设工程安全事故中，通常可分为机械事故和责任事故。所谓机械事故，是指因"物"的不安全因素造成的，主要体现在设计、使用及维护过程的不规范或疏忽大意。所谓责任事故，是指在生产、作业中违反有关安全管理的规定，因而发生伤亡事故或者造成其他严重后果的行为。所以，无论是机械事故还是责任事故，都可以认为是人为因素造成的。

近年来，随着我国建筑市场的发展，在一些地方出现管理混乱，有的单位违反国家规定，降低工程质量标准；一些建设单位在工程发包时故意压低价款，从中索取回扣；一些承包商、中间商也大捞好处，肆意增加工程非生产性成本；一些施工单位一味压缩工期，降低造价，偷工减料，粗制滥造，索贿受贿，贪图私利，置人民群众生命、财产安全于不顾。先后在辽宁、大连、四川德阳、湖北武汉、广东东莞和广州、深圳等地发生楼房坍塌、阳台落地、横梁断裂等一连串重大建筑工程恶性事故。2009 年 4 月，重庆一钢结构施工现场发生大面积垮塌，9 根直径 30cm 左右的墙体钢柱，支撑着 9 条约百米长的钢梁，呈“跨栏状”横跨在近万平方米的工地上，突然在 3 秒钟内轰然倒塌。幸运的是，事故只造成两名工友轻伤。2014 年 4 月，浙江省奉化市锦屏街道居敬小区第 29 幢居民楼部分楼体突然坍塌(见图 14-14)，造成 1 死 6 伤。这幢砖混结构的建筑，建成于 1994 年 7 月，不满 20 年便坍塌。

图 14-14　由于结构承载力不足而坍塌的砖混结构建筑

做好安全生产工作，减少事故的发生，就必须做到：坚持“安全第一，预防为主，综合治理”的方针，树立“以人为本”的思想，不断提高安全生产素质。在安全生产中要严格落实安全生产责任制，明确具体的安全生产要求、安全生产程序和安全生产管理人员，严格安全生产培训要求，实行安全生产责任追究制，建立安全生产责任制的考核办法，奖优罚劣，提高全体从业人员执行安全生产责任制的自觉性，使安全生产责任制的执行得到巩固，从根本上消除安全事故隐患。

思　考　题

1. 地震灾害有什么特点?
2. 风对土木工程的灾害主要体现在哪些方面?
3. 如何减少建筑物火灾灾害?
4. 谈一谈你对土木工程灾害的认识。

第 15 章　土木工程施工与管理

【学习重点】

- 土木工程施工的基本内容。

【学习目标】

- 掌握基本土木工程各部分内容。
- 了解项目管理的目标。
- 了解工程建设监理的意义。

15.1　土木工程施工技术

土木工程施工包括施工技术与施工组织两部分。

施工技术是研究和实施各种工程(土方工程、基础工程、混凝土结构工程、结构安装工程、装饰工程等)的技术和方法，结合具体施工对象的特点，选择最合理的施工方案，实行最有效的施工技术措施。

施工组织是依据具体工程项目本身的特点，将人力、资金、材料、机械和施工方法这 5 个要素进行科学、合理的安排，使之在一定时间内得以实现有组织、有计划、有秩序的施工，使得工程项目质量好、进度快、成本低。

因此，土木工程施工就是以科学的施工组织设计为指导，以先进、可靠的施工技术为保证，使工程项目按期、高质、安全、经济地完成。

基础工程主要包括土石方工程和深基础工程。

常见的土石方工程有场地平整、基坑开挖(及基坑支护)、基坑排降水、土方填筑等。土方工程施工作业环境多为露天，施工条件复杂，施工易受地区气候条件的影响。在组织施工时，通常根据工程的具体条件，制订合理的施工方案，并尽可能采用新技术和机械化施工。

1. 基坑(槽)的开挖

基础土方开挖时，要先确定开挖尺寸及土壁支护措施，还要考虑排、降水方案与开挖、回填、压实方法。

1)　放坡与坑壁支撑

放坡是一种在基础或管沟土方施工中，用来防止塌方的常用技术措施。如图 15-1 所示，将坑(槽)挖成剖面具有一定的坡度、靠土体自稳保证土壁稳定的措施称为放坡。

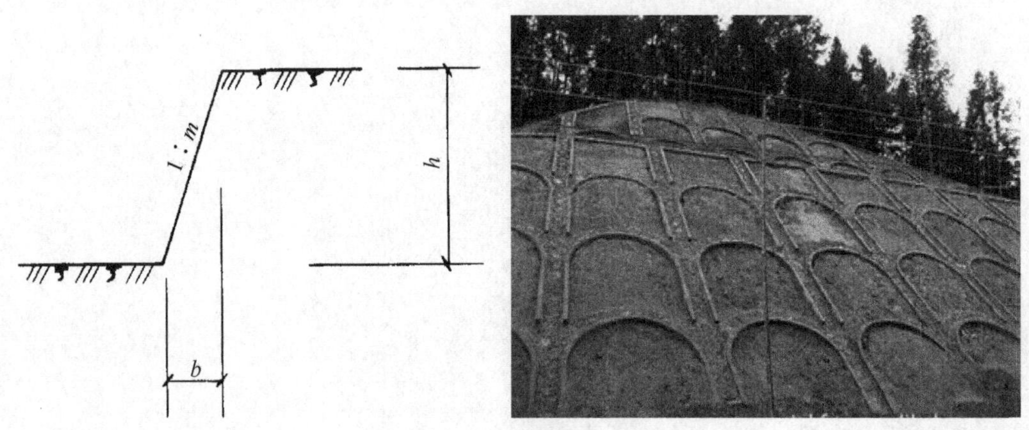

图 15-1　土坡边坡

放坡是一种经济可靠的施工方法，但在场地狭小地段施工不允许放坡，此时宜采用支撑护坡，常用的坑壁支撑形式如图 15-2 所示。

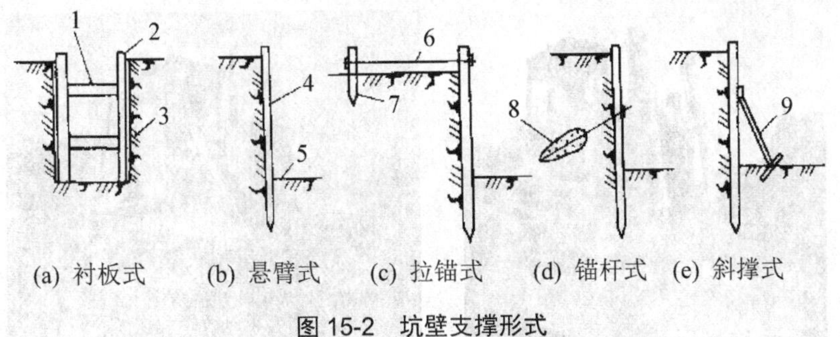

图 15-2 坑壁支撑形式

1—横撑；2—立木；3—衬板；4—桩；5—坑底；6—拉条；7—锚固桩；8—锚杆；9—斜撑

2) 基坑排水与降水

基坑开挖在地下水位以下时，要排除地下水和基坑中的积水以便于挖方和基础的施工。在一般的土方施工中，常采用的排水方法是明沟集水井抽水、井点降水或两者相结合的办法。如图 15-3 所示为明沟集水井排水法。

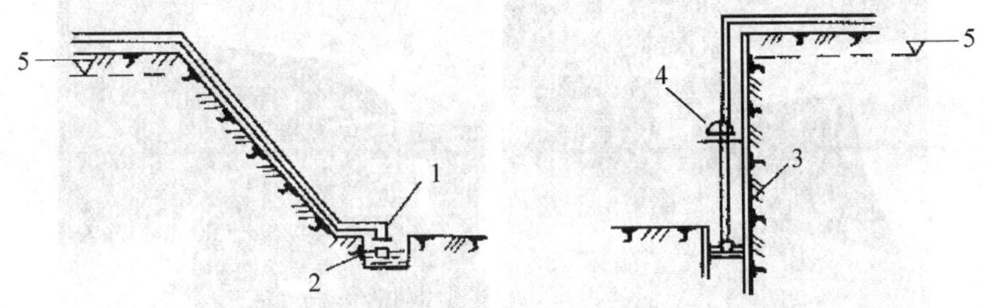

图 15-3 明沟集水井排水法

1—水泵；2—集水井；3—板桩；4—水泵；5—地下水位

井点降水是在基坑开挖前，先在基坑四周埋设一定数量的井点管和滤水管，土方开挖过程中利用抽水设备，通过井点管抽出地下水，使地下水位降至坑底以下，避免坑内涌水、塌方现象，保证土方开挖正常进行。

3) 基础土方的开挖

基础土方的开挖可采用人工挖方和机械挖方。土方机械常用的有推土机、铲运机、挖掘机等。

推土机(见图 15-4)是一种前方装有大型金属推土刀的工程车辆。推土机操作灵活、转动方便、所需工作面小、行驶速度快，可完成挖土、运土和卸土工作。其主要适用于一至三类土的浅挖短运，如场地清理或平整，开挖深度不大的基坑以及回填，推筑高度不大的路基等。

铲运机(见图 15-5)是一种能综合完成全部土方施工工序(挖土、装土、运土、卸土和平土)的机械。

挖掘机利用土斗直接挖土，因此也称为单斗挖土机，常用的有正铲、反铲、拉铲、抓铲(见图 15-6)等。

图 15-4　推土机

图 15-5　铲运机

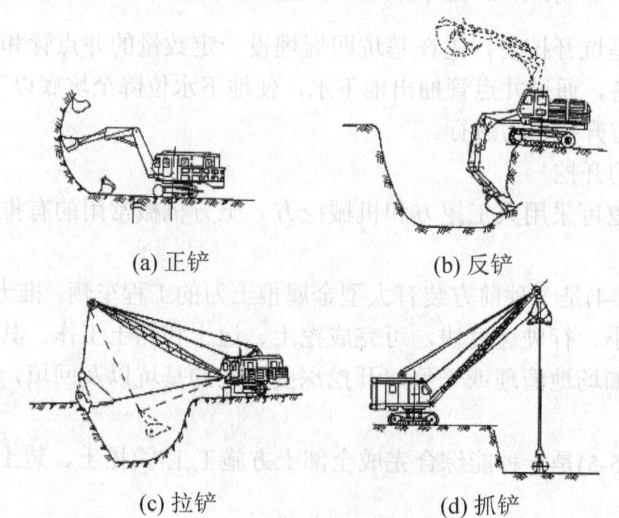

图 15-6　单斗挖土机

4)　土方回填与压实

土方回填必须正确选择土料和填筑方法，填料土方应具有适当的含水量、较好的颗粒

级配等，不得选用冻土、软土、膨胀性土等。

填土应分层进行，每层厚度，应根据所采用的压实机具及土的种类而定。填土的压实方法一般有碾压(包括振动碾压)、夯实、振动压实等几种。

2. 石方爆破

石方爆破是利用炸药在岩石或其他物体中爆炸所产生的压缩、松动、破坏，达到预期工程目的的一门技术。在山区进行土木工程施工，遇到岩石的开挖问题，爆破是石方开挖施工中最有效的方法。此外，施工现场障碍物的清除、冻土的开挖和改建工程中拆毁旧的结构或构筑物、基坑支护结构中的钢筋混凝土支撑等也用爆破。爆破作业包括 3 个工序：打孔放药、引爆、排渣。

3. 深基础施工

1)　桩基础

桩基础(见图 15-7)是一种常用的深基础形式，它由桩和桩顶承台组成。

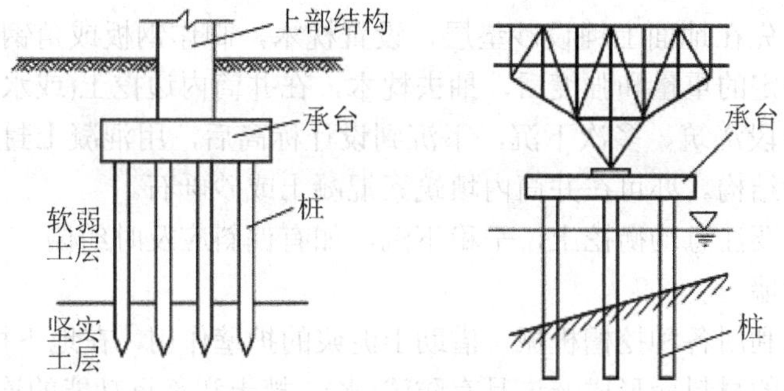

图 15-7　桩基础

按桩的受力情况，桩分为摩擦桩和端承桩两类。摩擦桩上的荷载由桩侧摩擦力和桩端阻力共同承受；端承桩上的荷载主要由桩端阻力承受。

按桩的施工方法，桩分为预制桩和灌注桩两类。预制桩是在工厂或施工现场预先制好桩，然后用沉桩设备将桩打入、压入、旋入或震入土中。灌注桩是在施工现场的桩位上用机械或人工成孔，然后在孔内灌注混凝土或钢筋混凝土而成。

桥梁、港口、码头及其他水工构筑物或建筑物，常用钻孔桩作为地基加固和基础的结构形式之一。

2)　墩基础

墩基础是在人工或机械挖成的大直径孔中浇筑混凝土(钢筋混凝土)而成，我国多用人工开挖，亦称大直径人工挖孔桩，直径在 1～5m，多为一柱一墩。墩身直径大，有很大的强度和刚度，多穿过深厚的软土层直接支承在岩石或密实土层上。

人工开挖的墩基础要每开挖一段则浇筑一段护圈(采用现浇钢筋混凝土)，以防塌方造成事故。

3)　沉井基础

沉井(见图 15-8)是由刃脚、井壁、内隔墙等组成的呈圆形或矩形的筒状钢筋混凝土结构，埋深较大、整体性好、稳定性好、承载面积大、能承受较大的垂直和水平荷载，多用于桥梁墩台基础、地下泵房、水池、油库、矿用竖井以及大型设备基础、高层和超高层建筑物基础等。

图 15-8　江阴长江大桥北锚沉井

沉井施工时，先在地面上铺设砂垫层，设置枕木，制作钢板或角钢刃脚后浇筑第一节沉井，待其达到一定的重量和强度后，抽去枕木，在井筒内边挖土(或水力吸泥)使其下沉，然后加高沉井，分段浇筑、多次下沉，下沉到设计标高后，用混凝土封底，浇筑钢筋混凝土底板则构成沉井结构。亦可在井筒内填筑素混凝土或砂砾石。

在施工沉井时要注意均衡挖土，平稳下沉，如有偏斜应及时纠偏。

4)　地下连续墙

地下连续墙是利用各种挖槽机械，借助于泥浆的护壁作用，在地下挖出窄而深的沟槽，并在其内浇注适当的材料而形成一道具有防渗(水)、挡土和承重功能的连续的地下墙体。地下连续墙既可用作深基坑的支护结构，又可用作建筑物的地下室外墙。图 15-9 为地下连续墙施工过程。

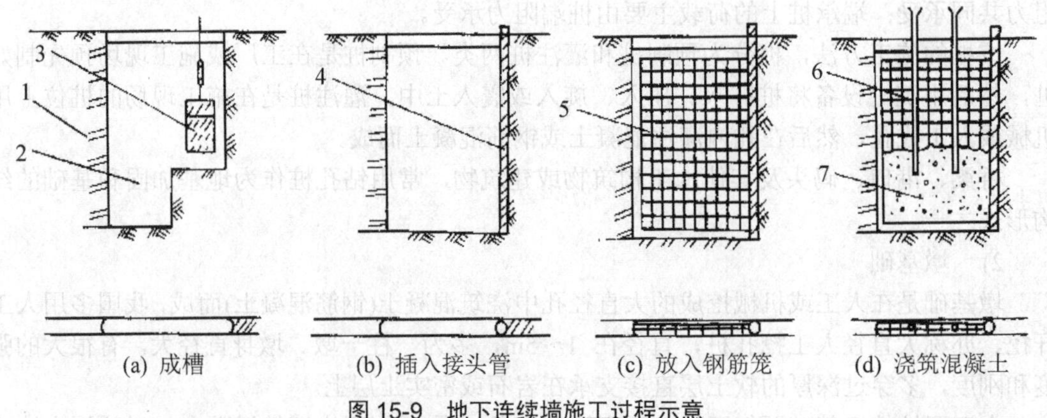

图 15-9　地下连续墙施工过程示意

1—已完成的单元槽段；2—泥浆；3—成槽机；4—接头管；5—钢筋笼；6—导管；7—浇筑的混凝土

地下连续墙的施工通常是在挖基槽前先做保护基槽上口的导墙，用泥浆护壁，按设计的墙宽与深分段挖槽，然后放置钢筋骨架，用导管灌注混凝土置换出护壁泥浆，形成一段钢筋混凝土墙，再逐段连续施工成为连续墙。施工主要工艺为导墙、泥浆护壁、成槽施工、水下灌注混凝土、墙段接头处理等。

4. 结构工程施工

结构工程主要包括砌筑工程、钢筋混凝土工程、结构安装工程等。

1)　砌筑工程

砌筑工程是指在建筑工程中使用普通黏土砖、承重黏土空心砖、蒸压灰砂砖、粉煤灰砖、各种中小型砌块和石材等材料进行砌筑的工程。它是一个综合过程，包括砂浆制备、材料运输、脚手架搭设和墙体砌筑等。

砌筑工程所用材料主要是砖、石或砌块以及砌筑砂浆。

砌筑用脚手架是砌筑过程中堆放材料和工人进行操作的临时性设施。按其搭设位置分为外脚手架(见图 15-10)和里脚手架(见图 15-11)两大类；按其所用材料分为木脚手架、竹脚手架与金属脚手架。

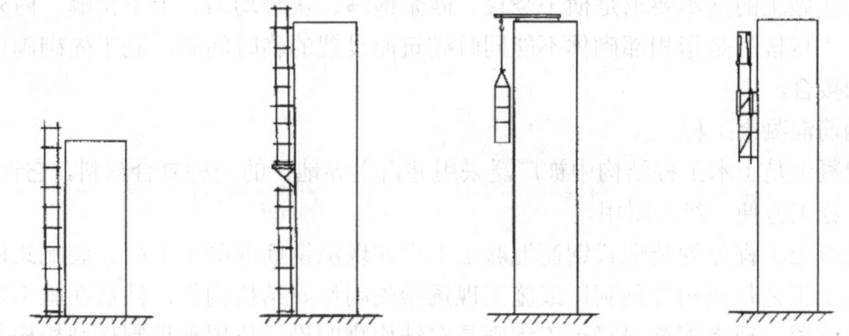

(a) 落地式外脚手架　(b) 悬挑式外脚手架　(c) 吊挂式外脚手架　(d) 附着升降外脚手架

图 15-10　外脚手架

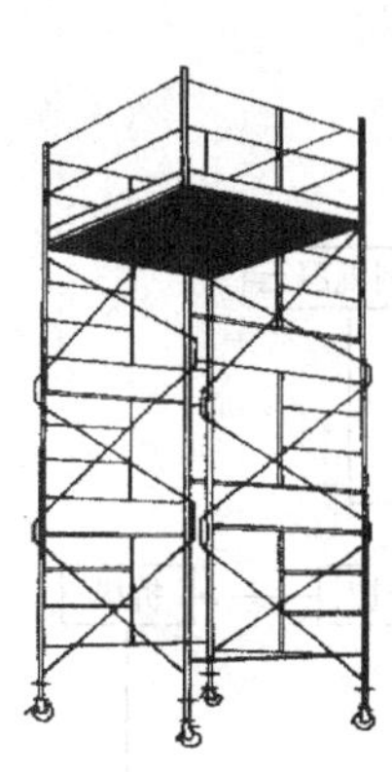

图 15-11　移动式里脚手架

砌筑工程中有大量的运输(如砖、砂浆、脚手板及各种预制构件等)，包括垂直运输和水平运输。其中垂直运输是影响砌筑工程施工速度的重要因素。

常用的垂直运输设备有塔式起重机(见图 15-12)、井架及龙门架。

塔式起重机生产效率高，并可兼作水平运输，在可能的条件下宜优先选用。

图 15-12　塔式起重机

砖与砌块施工的基本要求是横平竖直、砂浆饱满、灰缝均匀、上下错缝、内外搭砌、接槎牢固。“接槎”是指相邻砌体不能同时砌筑而设置的临时间断，利于先砌砌体与后砌砌体之间的接合。

2)　钢筋混凝土工程

钢筋混凝土是土木工程结构中被广泛采用并占主导地位的一种复合材料，它性能优异、材料易得、施工方便、经久耐用。

钢筋混凝土工程分为装配式钢筋混凝土工程和现浇钢筋混凝土工程。装配式钢筋混凝土工程的施工工艺是在构件预制厂或施工现场预先制作好结构构件，然后在施工现场将其安装到设计位置。现浇钢筋混凝土工程则是在结构物的设计位置现场制作结构构件的一种施工方法，由钢筋的制作与安装、模板的制作与组装和混凝土的制备与浇筑 3 个分部工程组成。

钢筋混凝土工程的一般施工程序如图 15-13 所示。

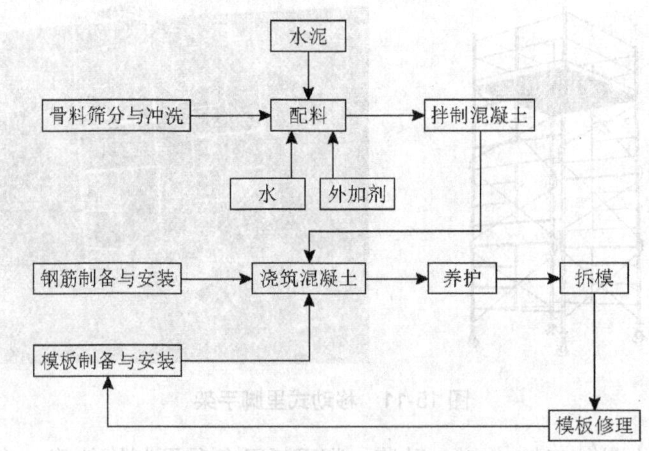

图 15-13　钢筋混凝土施工程序

在混凝土中配置钢筋可以加强构件强度，防止裂缝开展。

钢筋工程主要包括：钢筋的进场检验、加工、成型和绑扎安装，以及钢筋的冷加工和连接等施工过程。此外，钢筋工程还包括钢筋的配料、代换、调直、除锈、切断和弯曲成型等工序。

在结构工程施工中，模板可使新浇筑混凝土成形并养护，待其达到一定强度后再行拆除。模板应具有一定的强度和刚度，以保证混凝土在自重、施工荷载及混凝土侧压力作用下不破坏、不变形。支撑系统，既要保证模板空间位置的准确性，又要承受模板、混凝土的自重及施工荷载，即应具有足够的强度、刚度和稳定性。

模板工程材料的种类很多，如木、钢、复合材料、塑料和铝等，甚至混凝土本身都可作为模板工程材料。

组合钢模板是施工企业使用量最大的一种钢模板。组合钢模板由平面模板、阳角模板、阴角模板和连接角模板(见图 15-14)组成。

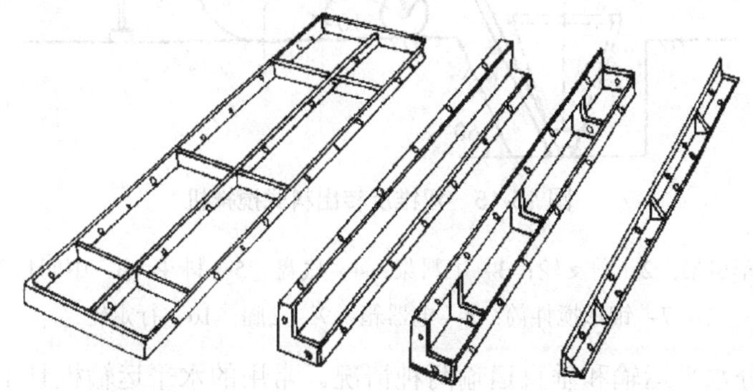

(a) 平面模板　(b) 阳角模板　(c) 阴角模板　(d) 连接角模板

图 15-14　组合钢模板

胶合板模板有木胶合板和竹胶合板两种。近年来又开发出竹芯木面胶合板来替代木胶合板。胶合板强度高、易弯曲。高层建筑的弧形、筒仓、水塔，以及桥梁工程的圆形墩柱均可使用胶合板。胶合板是国际上用量较大的一种模板材料，也是我国今后具有发展前途的一种新型模板。

此外，还有塑料模壳板、玻璃钢模壳板、预制混凝土薄板模板(永久性模板)、压型钢板模板、装饰衬模等。

混凝土工程包括制备、运输、浇筑、养护等施工过程。

混凝土的制备是指混凝土的配料和搅拌。

混凝土的配料要严格控制水泥、粗细骨料、水和外加剂的质量，并要按照设计规定的混凝土强度等级和混凝土施工配合比，控制投料的数量。

混凝土的搅拌可采用图 15-15 所示的双锥倾翻出料式搅拌机(自落式搅拌机中较好的一种)。其结构简单，适合于大容量、大骨料、大坍落度混凝土的搅拌，在我国多用于水电工程。

随着建筑工业化的推广，工厂化生产的商品混凝土被广泛使用。混凝土搅拌站是工厂生产商品混凝土的基地，它采用统一配料、集中生产、工业化流程。

为了保证混凝土从搅拌机中卸出后及时送到浇筑地点，并在运输混凝土中保持混凝土的均匀性，以及在混凝土初凝之前浇筑完毕，混凝土的运输十分重要。

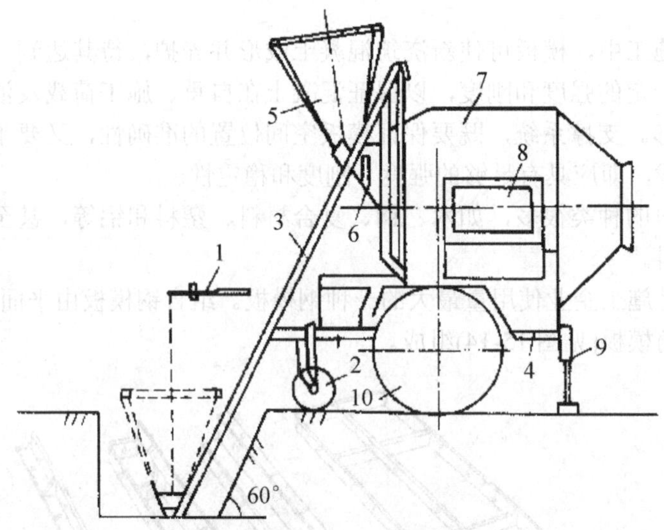

图 15-15　双锥反转出料式搅拌机

1—牵引架；2—前支轮；3—上料架；4—底盘；5—料斗；6—中间料斗；
7—锥形搅拌筒；8—电器箱；9—支腿；10—行走轮

混凝土运输分水平运输和垂直运输两种情况。常用的水平运输机具主要有搅拌运输车(见图 15-16)、自卸汽车、机动翻斗车、皮带运输机、双轮手推车。常用的垂直运输机具有塔式起重机、井架运输机。

图 15-16　混凝土搅拌输送车

混凝土浇筑包括浇灌和振捣两个过程。保证浇灌混凝土的均匀性和振捣的密实性是确保工程质量的关键。

混凝土入模后，应使用振动器振捣，才能使混凝土充满模板的各个边角，并把混凝土内部的气泡和部分游离水排挤出来，使混凝土更加密实。

混凝土浇筑成型后，为保证水泥水化作用能正常进行，应及时进行养护。养护的目的是为混凝土凝结硬化创造必需的湿度、温度条件，确保混凝土质量。

预应力混凝土是一项能充分发挥钢筋和混凝土各自的性能、提高钢筋混凝土构件的刚度、抗裂性和耐久性的技术，已被广泛应用于多层工业厂房、高层建筑、大型桥梁、大跨度薄壳结构、筒仓、水池、大口径管道、海洋工程等技术难度较高的大型整体或特种结构。

预应力混凝土工程施工方法有先张法施工和后张法施工。

先张法施工是在浇筑混凝土构件之前，张拉预应力钢筋，将其临时锚固在台座或钢模上，然后浇筑混凝土构件使混凝土达到一定强度(一般不低于混凝土强度标准值的 75%)，并在预应力钢筋与混凝土间有足够的黏结力时，放松预应力，预应力钢筋弹性回缩，借助于混凝土与预应力钢筋间的黏结，对混凝土产生预压应力。

先张法多用于预制构件厂生产定型的中小型构件。

后张法施工方法是构件或块体制作时，在放置预应力钢筋的部位使预先留有孔道的混凝土达至设定强度后再在孔道内穿入预应力钢筋，并用张拉机具夹持预应力钢筋将其张拉至设计规定的控制应力，然后借助锚具将预应力钢筋锚固在构件端部，最后进行灌浆(亦有不灌浆者)。图 15-17 为预应力后张法构件生产的示意图。

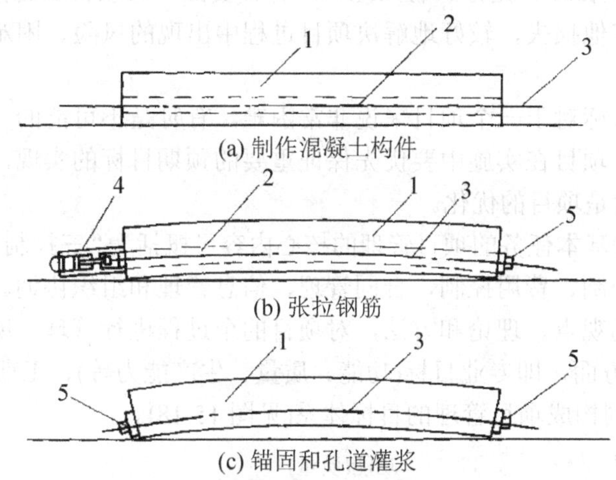

图 15-17　预应力混凝土后张法生产施工

1—混凝土构件；2—预留孔道；3—预应力钢筋；4—千斤顶；5—锚具

后张法宜用于现场生产大型预应力构件、特种结构等，亦可作为一种预制构件的拼装手段。

3)　结构安装工程

结构安装工程是将结构设计成许多单独的构件，分别在施工现场或工厂预制成型，然后在现场用起重机械将各种预制构件吊起并安装到设计位置上去的全部施工过程。用这种施工方式完成的结构，叫作装配式结构。结构安装工程包括起重机械的选用与配置、混凝土结构安装、钢结构制作安装、特殊结构安装等。

结构安装是施工活动中的主要分部工程之一，结构安装可以分为按单个构件吊装(吊至安装位置后组拼成整体结构)、地面拼装后整体吊装和特殊安装法施工 3 类。

结构安装时所用的起重设备可分为起重机械和索具设备两类。

结构安装工程中常用的起重机械有桅杆起重机、自行式起重机(履带式、汽车式和轮胎式)和塔式起重机等。索具设备有钢丝绳、吊具(卡环、横吊梁)、滑轮组、卷扬机及锚锭等。

在特殊安装工程中，各种千斤顶、提升机等也是常用的起重设备。

15.2 土木工程项目管理

建设项目管理就是在建设项目的施工周期内，用系统工程的理论、观点和方法，进行有效的规划、决策、组织、协调、控制等的活动科学管理，从而按项目既定的质量要求、控制工期、投资总额、资源限制和环境条件，圆满地实现建设项目的目标。

在工程项目管理过程中，人们的一切工作都是围绕着一个目标——取得此项目的成功而进行的。项目是否成功，随时间、条件、视角的不同而不同，但通常至少具备以下的预期目标：①在预定的时间内完成项目的建设，达到预定的项目要求；②在预算费用内实现投资目的；③满足预定的使用功能要求、达到预定的生产能力或使用效果；④能为使用者(用户)接受和认可；⑤能合理、充分、有效地利用各种资源；⑥项目实施按计划、有秩序地进行，不发生事故或其他损失，较好地解决项目过程中出现的风险、困难和干扰；⑦与环境协调一致。

全部取得预期目标对于一个项目来说非常困难，有时是不可能的，因为这些条件之间有很多矛盾。因此，项目在实施中要优先保证重要的预期目标的实现，其他目标按照优先级尽可能实现，这就是项目的优化。

以工程建设作为基本任务的项目管理的核心内容可概括为“三控制、二管理、一协调”，即进度控制、质量控制、费用控制，合同管理、信息管理和组织协调。在有限的资源条件下，运用系统工程的观点、理论和方法，对项目的全过程进行管理。所以项目管理基本目标有 3 个最主要的方面，即专业目标(功能、质量、生产能力等)、工期目标和费用(成本、投资)目标，它们共同构成项目管理的目标体系(见图 15-18)。

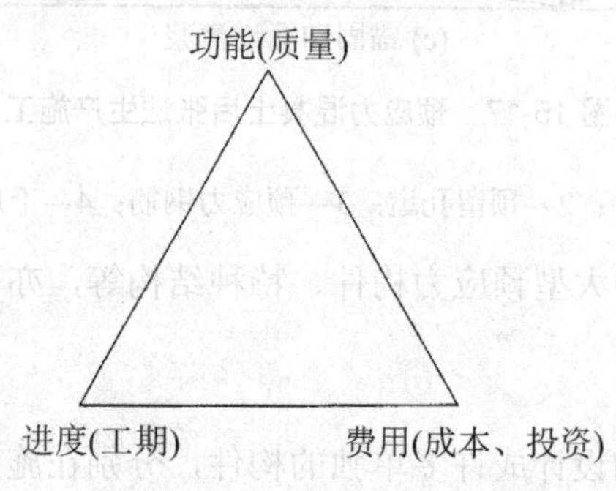

图 15-18 项目管理的目标体系

现代化的项目管理是在 20 世纪 50 年代以后发展起来的。1957 年美国的北极星导弹研制和后来的登月计划是人们将网络技术应用于工程项目的工期计划和控制的成功范例。

进入 20 世纪 60 年代，计算机应用开始普及，利用大型计算机进行网络计划的分析计算已成为现实，人们可以用计算机进行项目工期的计划和控制，虽然此时的网络技术还不十分普及。到了 20 世纪 70 年代，计算机网络分析程序已相当成熟，人们将信息系统方法引入到项目管理中，提出项目管理信息系统。人们对网络技术有了更深的理解，扩大了项目管理的研究深度和广度，也扩大了网络技术的作用和应用范围，在工期计划的基础上实现用计算机进行资源和成本计划、优化和控制。20 世纪 80 年代，随着计算机的普及，项目管理理论和方法的应用领域更为广阔。计算机可以使数据获得更加方便、计算时间更加简短、网络调整更加容易，项目管理工作因此大大简化。20 世纪 90 年代，人们扩大了项目管理的研究领域，包括合同管理、项目形象管理、项目风险管理、项目组织行为。在计算机应用上则加强了决策支持系统和专家系统的研究。

如今，项目管理正朝着全球化、多元化、学科专业化的方向发展。

15.3　建设工程监理

建设工程监理是指具有相应资质的工程监理企业，接受建设单位的委托，承担其项目管理工作，并代表建设单位对承建单位的建设行为进行监控的专业化服务活动。其特性主要表现为监理的服务性、科学性、独立性和公正性。

实施建设监理制度是我国工程建设管理体制的一项重要改革，也是商品经济发展的产物。我国自 1988 年开始试行建设监理制度，多年的监理实践表明，实行这项制度可以有效地控制建设工期、确保工程质量、控制建设投资，从而促进工程建设水平和投资效益的提高，保证国家建设计划的顺利实施，为我国建设事业的稳步、持续、高速、健康发展发挥独特的作用。

建设工程监理大致包括：对投资结构和项目决策的监理、对建设市场的监理、对工程建设实施的监理。其对象包括新建、改建和扩建的各种工程项目。政府和公有制企事业单位投资的工程以及外资、中外合资建设项目一般都要实行招标承包制和建设监理。其他所有制单位投资的工程，也要引导实行这两种制度。

我国工程建设首次应用建设监理制度是 1983 年利用世界银行贷款建设鲁布革水电站引水工程。1988 年 7 月 25 日，国家建设部印发了《关于开展建设监理工作的通知》，提出争取用 5 年或稍多一点的时间，把我国建设监理工作的方针、政策、法规和相应的监理组织建立起来形成体系，使建设监理工作有法可依，并就监理试点工作进行了部署。

1989 年 7 月 28 日国家建设部颁发了《建设监理试行规定》，这是我国第一个建设监理的法规性文件。它比较全面系统地规范了建设监理各方面的行为。到 1992 年，国家建设部连续颁发了 5 个有关建设监理的文件。1995 年建设部和国家计委联合发布了《工程建设监理规定》等系列法规文件。目前《中华人民共和国建筑法》已作出“国家推行建筑工程监理制度”的法律规定。

15.3.1　工程建设监理的范围

根据《工程建设监理规定》，建筑工程实施强制监理的范围包括以下几方面。

(1) 国家重点工程，大、中型工程项目。

(2) 市政、公用工程项目。

(3) 政府投资兴建和开发建设的社会发展事业项目和住宅工程项目。

(4) 外资、中外合资、国外贷款、赠款、捐款建设的工程项目。

15.3.2 工程建设监理的依据

根据《中华人民共和国建筑法》和建设监理的有关规定，建设监理的依据有以下几个。

(1) 国家法律、行政法规。

(2) 国家现行的技术规范、技术标准。

(3) 建设文件、设计文件和设计图纸。

(4) 依法签订的各类工程合同文件等。

15.3.3 工程建设监理的内容

工程建设监理的中心任务是工程质量控制、工程投资控制和建设工期控制，围绕着这个任务，应对工程建设的全过程实施监理。

在设计前期，应着重参与投资决策咨询、项目评估、项目可行性研究和设计任务书的编制。在设计阶段应重点审查设计方案和工程概算，并协助建设单位选择勘察设计单位和签订勘察设计合同。

在施工准备阶段和施工阶段，应协助业主编制招标文件和组织招投标，审查施工图设计与预算，监督施工合同的签订与实施，调解合同双方的争议，检查工程的质量和进度，参与工程竣工验收和审查结算。

在保修阶段，要负责检查工程质量状况，鉴定质量责任，督促施工单位履行保修责任。

思 考 题

1. 土木工程施工分为哪几部分？
2. 项目管理的目标是什么？
3. 为什么要开展工程建设监理？

第 16 章　先进技术的应用

【学习重点】

- 计算机在土木工程中应用的情况和内容。

【学习目标】

- 了解计算机辅助设计的软件的基本功能。
- 熟悉计算机辅助项目管理的基本内容。

如今的土木技术可谓空前强大，正是这些技术的帮忙，我们的楼房才能造得更高，我们的房屋才能造得更加雄奇，我们的大桥才会更加绵长，我们的隧道才会更深更长……可以说，各种先进技术的出现使我们土木人能更好地发挥想象力，使建筑设计达到一个更高的水平。

16.1 计算机辅助设计

计算机辅助设计(Computer Aided Design，CAD)在工业部门的广泛应用，已成为人们熟悉的并能推动生产前进的新技术。CAD 技术最初的发展可追溯到 20 世纪 60 年代，美国麻省理工学院(MIT)的萨瑟兰(Sutherland)首先提出了人机交互图形通信系统，并在 1963 年的计算机联合会议上展出，引起了人们的极大兴趣。在整个 20 世纪 60 年代，人们对计算机图形学进行了大量的研究，使 CAD 技术成为一般设计单位可以接受的系统。与此同时，一些通用的 CAD 图形交互软件被成功地移植到微型机上，从而开始了在微机上应用 CAD，也引起了一般中小企业的兴趣。

CAD 制作的建筑效果图通过利用透视关系、光影关系和建筑材料的质感真实地再现了设计的成果，再配以真实的树木、人、天空和汽车等背景就能使得效果更加逼真，几乎可以达到以假乱真的地步。而且只要 CAD 制作的效果图完成就可以按照任意指定的透视角度、模型材质、快速地生成数张效果图，无须再从头做起，这也是传统手绘制图所不具备的一个优势。这一切都为设计师的设计工作提供了很多便利，也使设计师在展示自己的设计成果时能更加全面和有说服力。

土木工程计算机辅助设计软件一般分为前处理和后处理两大部分。前处理采用数据文件或人机交互输入数据，由程序对输入数据进行处理，可以生成结构计算简图和荷载图，使用户输入数据的正确性有了充分保证。后处理可以生成变形图、内力图、振型图、配筋表等，便于使用者理解分析结果以改进结构。这样的软件大大地提高了工作效率，也为计算机知识不足的专业人员上机创造了条件。下面以中国建筑科学研究院开发的 PKPM 系列 CAD 软件为例进行简要说明。

PKPM 是一个系列，除了集建筑、结构、设备(给排水、采暖、通风空调、电气)设计于一体的集成化 CAD 系统外，目前 PKPM 还有建筑概预算系列(钢筋计算、工程量计算、工程计价)、施工系列软件(投标系列、安全计算系列、施工技术系列)、施工企业信息化。图 16-1 和图 16-2 为该软件界面。该系统采用独特的人机交互输入方式，数据输入简单直观，软件还提供了丰富的图形输入和建模功能，设计人员容易掌握，设计效率明显提高。

钢筋砼框架、框排架、连续梁结构计算与施工图绘制软件(PK)的主要功能如下。

(1) PK 模块具有二维结构计算和钢筋混凝土梁柱施工图绘制两大功能，模块本身提供了一个平面杆系的结构计算软件，适用于工业与民用建筑中各种规则和复杂类型的框架结构、框排架结构、排架结构。剪力墙被简化成的壁式框架结构及连续梁、拱形结构、桁架等，规模在 30 层、20 跨以内。在整个 PKPM 系统中，PK 承担了钢筋混凝土梁、柱施工图辅助设计的工作。除接力 PK 二维计算结果、钢筋混凝土框架、排架、连续梁的施工图辅助设计外，它还可接力多高层三维分析软件 TAT、SATWE、PMSAP 计算结果及砖混底框、框支梁计算结果，可为用户提供 4 种方式绘制梁、柱施工图，包括梁柱整体画、梁柱分开画、梁柱钢筋平面图表示法和广东地区梁表柱表施工图，绘制 100 层以下高层建筑的梁柱施工图。

图 16-1　PKPM 软件界面

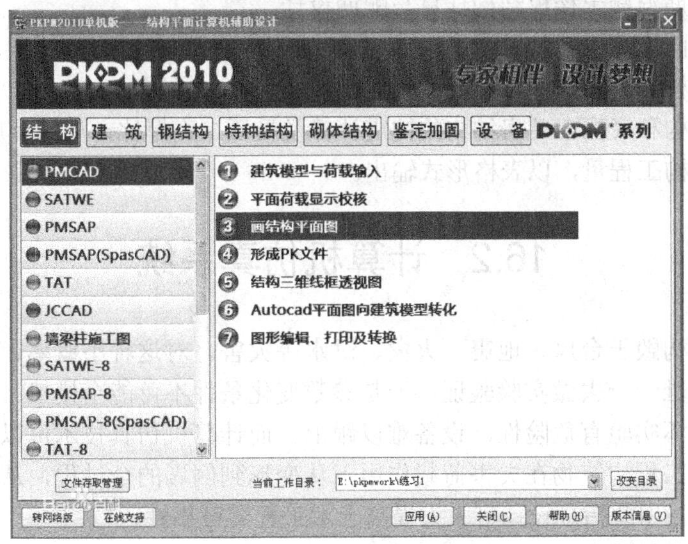

图 16-2　PKPM 软件界面

(2) PK 软件可处理梁柱正交或斜交、梁错层、抽梁抽柱、底层柱不等高、铰接屋面梁等各种情况，可在任意位置设置挑梁、牛腿和次梁，可绘制十几种截面形式的梁。

(3) 按新规范要求作强柱弱梁、强剪弱弯、节点核心、柱轴压比、柱体积配箍率的计算与验算，还可进行罕遇地震下薄弱层的弹塑性位移计算、竖向地震力计算、框架梁裂缝宽度计算、梁挠度计算。

(4) 按新规范和构造手册自动完成构造钢筋的配置。

(5) 具有很强的自动选筋、层跨剖面归并、自动布图等功能，同时又给设计人员提供多种方式进行钢筋布图、构造筋等施工图绘制结果。

(6) 在中文菜单提示下，提供丰富的计算模型简图及结果图形，提供模板图及钢筋材料表。

(7) 可与“PMCAD”软件联接，自动导荷并生成结构计算所需的平面杆系数据文件。

(8) 程序最终可生成梁柱实配钢筋数据库，为后续的时程分析、概预算软件等提供数据。

结构平面计算机辅助设计软件(PMCAD)的主要功能如下。

(1) 有较强的荷载统计和传导计算功能，除计算结构自重外，还能自动完成从楼板到次梁，从次梁到主梁，从主梁到承重的柱和墙，再从上部结构传导到基础的全部计算，能建立起整栋建筑的数据库。

(2) 提供各类计算模型所需的数据。可指定任何一个轴线形成PK数据文件，包括结构简图，荷载数据；可指定任一层平面的任意一组主次梁形成PK文件；为多、高层建筑结构三维分析软件TAT提供计算数据；为多、高层建筑结构空间有限元分析软件SATWE提供计算数据。

(3) 为上部结构的各种绘图CAD模块提供结构构件的精确尺寸。

(4) 为基础设计CAD模块提供底层结构布置和轴线网格布置，还提供上部结构传下的恒、活荷载。

(5) 现浇钢筋混凝土楼板结构计算与配筋设计。

(6) 结构平面施工图辅助设计。

(7) 砖混结构圈梁布置，画砖混圈梁大样及构造柱大样图。

(8) 砌体结构和底框上砖房结构的抗震计算及受压，高厚比，局部承压计算。

(9) 统计结构工程量，以表格形式输出。

16.2 计算机仿真系统

很多工程结构毁于台风、地震、火灾、洪水等灾害。对这种小概率、大荷载作用下的工程结构性能很难一一去做实验验证：一是参数变化条件不可能全模拟；二是实体实验成本过高；三是破坏实验有危险性，设备难以跟上。而计算机仿真技术可以在计算机中模拟原型大小的土木工程构筑物在灾害荷载作用下从变形到倒塌的全过程，从而揭示结构不安全的环节和因素，用此指导设计可大大提高土木工程的可靠性。

计算机仿真系统是利用计算机对自然现象、系统工程、运动规律乃至人脑思维等客观世界进行逼真的模拟。土木工程中的计算机仿真系统已经在结构工程、防灾工程、岩土工程等领域得到了较为广泛的应用，其所提供的先进的研究手段在解决工程中的重大疑难问题、提高工程分析效率、节约研究成本等方面起到了不可替代的作用。

16.2.1 计算机模拟仿真在结构工程中的应用

工程结构在荷载的作用下的各种反应、结构破坏机理、结构的极限承载力等是工程师关心的重要内容，相关现象和数据的获得是进行结构设计的重要依据，当结构形式特殊、荷载及材料特性十分复杂时，人们常常借助于结构的模型试验来测得其受力性能。结构模型试验和计算机模拟仿真相结合的研究方法目前已经被广大研究人员所认可和采用。目前，国际上较为流行的计算机模拟仿真分析软件是 ANSYS 软件，图 16-3 为 ANSYS 软件模拟仿真斜拉桥。

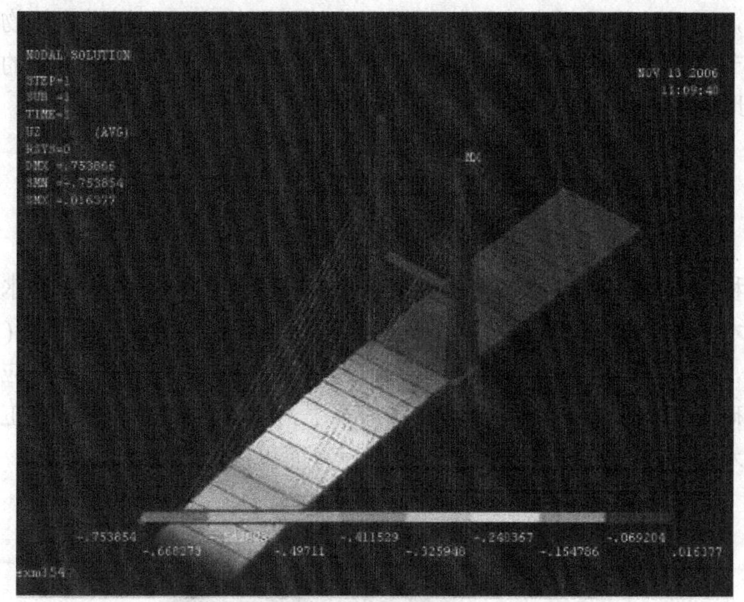

图 16-3　ANSYS 软件模拟仿真实验

另外，计算机模拟仿真技术还可以用于工程事故和灾害的反演，使人们了解结构破坏的实时过程，查找破坏的原因。如日本地震后福岛第一核电站 1 号反应堆爆炸，导致核电站“泄漏事故”，事故的过程是不可逆的，也不可能通过实验进行研究，而采用计算机模拟仿真技术可以重现其过程，了解“泄漏事故”的机理，找到灾害发生的原因。

16.2.2　计算机模拟仿真在岩土工程中的应用

随着计算机模拟仿真技术的迅猛发展，在岩土工程领域，计算机已经占据着不可替代的重要位置。岩土处于地下，很难直接观察，应用计算机仿真则可以将其内部直接展示出来，具有很大的实用价值。应用计算机模拟仿真技术可以对大型复杂施工项目的施工过程进行仿真预演，在实际施工前发现设计中的缺陷，以便进行施工方案的优化。

例如，美国斯坦福大学研制了一个河口三角洲泥沙沉积模拟软件，当给定河口条件后，可以显示出不同粒径泥沙的沉积区域及相应的厚度，这对港口设计及河道疏通具有很大的意义。

16.2.3　计算机模拟仿真在防灾减灾工程中的应用

长期以来，人们遭受各种自然灾害的严重威胁。各种自然灾害的原型重复试验几乎是不可能的，而计算机模拟仿真技术的出现正好解决了这一难题。

目前，已有不少抗灾防灾的模拟仿真软件被研制成功。例如，在地震灾害方面，为了应急管理人员在面对地震时作出正确的决策，他们必须要经过事先演练。演练可以有很多种技术和方法，其中一种方法就是通过计算机模拟仿真进行虚拟演练。虚拟演练不像传统演练那样需要很多的人力和物力。地震应急救援虚拟仿真演练就是计算机模拟仿真的一个重要领域。地震灾害虚拟场景的逼真程度是决定虚拟仿真演练效果的关键因素。地震灾害现场错综复杂，通过计算机研究建筑物倒塌形式的不同状态以及倒塌建筑物在空间上的分布规律、分细节度模型方案构建场景、次生灾害模拟表现方法、场景整合的方式，可以构建相对真实的地震灾害虚拟场景，这样可以为防灾措施提供宝贵的资料。

16.3 计算机在土木工程中的应用

在土木工程建设中计算机发挥着巨大的作用，提高了土木工程的管理水平。利用计算机技术可使土木工程的勘测数据更精确，为土木工程建设提供数据上的支持(见图 16-4)。但在实际操作中，计算机在土木工程中的应用还是缺乏一定的推动力，所以应该积极开展计算机新技术的研究，加强土木工程的信息管理水平，使计算机技术在土木工程中得到长远的发展，为土木工程在信息化管理以及基础建设方面提供可靠的技术支持。

图 16-4 利用 BIM 软件构建的建筑信息模型

计算机在土木工程中的应用非常广泛，在信息化管理以及对施工过程的实时监控和施工质量的控制等方面都起到了关键性的作用。下面对计算机在土木工程中的具体表现做详细的分析。

1. 信息化管理

计算机为土木工程建设提供了信息上的支持，使土木工程的建设在一定程度上得到了有效的保障。计算机程序主要利用计算机信息管理软件，对土木工程的施工设备、工程设计、工程制度、工程质量、工程预算、工程造价、工程的成本预算、工程合同以及施工人员等进行系统的信息化管理。对土木工程进行信息化管理的软件通常有会计电算化软件、办公自动化软件、招投标网络信息软件、工程预算以及工程造价等应用软件，这些软件为土木工程建设提供了系统的信息化管理，为工程的顺利实施提供了保障。

2. 工程概况的实时监控软件

在对工程的实施情况进行管理控制时，计算机起到了很大的作用。对土木工程建设的实时监控主要是通过计算机互联网感应器来传递信息。实时监控主要体现在设备的自动化运行、施工过程的视频监控、施工现场的温度控制、对施工过程的视屏管理、对工程现场的勘测等方面。利用计算机的实时监控可以有效地控制施工的进度以及施工的质量，对施工现场出现的突发事故可以及时处理，保证施工顺利进行。

3. 计算机对施工技术的控制

在土木工程建设中，利用计算机对施工技术进行控制是提高施工质量的有效途径之一。在施工过程中利用计算机对施工设备进行自动化控制，对各项施工技术进行有效的控制管理，努力实现施工过程的自动化。利用计算机软件对工程的整体测量数据以及工程设备的运行数据进行分析，并总结结论，为施工建设提供数据上的支持。利用计算机对这些施工技术进行控制，大大减少了施工的成本，在保证工程整体质量的基础上加快了工程的进度，优化了施工方案，从整体上提高了施工企业的经济效益。

计算机在土木工程中的应用对工程建设起到了很大的作用，推进了工程建设的快速发展。计算机信息图表化使工程图更直观地体现了出来，为工程建设规划提供了依据。GPS 技术的应用为工程勘测提供了可靠的数据支持，从整体上提高了工程的质量水平。计算机技术还应该在信息化管理以及工程软件的研发上加快步伐，为土木工程提供更多科学的计算机应用软件，使土木工程建设实现自动化，提高土木工程建设的整体质量，实现成本最优化，提高企业的经济效益，推动土木工程建设的长远发展。

16.4　先进的施工机械

16.4.1　盾构机

盾构机，全名叫盾构隧道掘进机，是一种隧道掘进的专用工程机械，现代盾构掘进机集光、机、电、液、传感、信息技术于一体，具有开挖切削土体、输送土碴、拼装隧道衬砌、测量导向纠偏等功能，涉及地质、土木、机械、力学、液压、电气、控制、测量等多门学科技术。盾构掘进机已广泛应用于地铁、铁路、公路、市政、水电等隧道工程。

盾构机(见图 16-5)的基本工作原理就是一个圆柱体的钢组件沿隧洞轴线向前推进对土壤进行挖掘。该圆柱体组件的壳体即护盾，它对挖掘出的还未衬砌的隧洞段起着临时支撑的作用。挖掘、排土、衬砌等作业在护盾的掩护下进行。

用盾构机进行隧洞施工(见图 16-6)具有自动化程度高、节省人力、施工速度快、一次成洞、不受气候影响、开挖时可控制地面沉降、减少对地面建筑物的影响和在水下开挖时不影响水面交通等特点。在隧洞洞线较长、埋深较大的情况下，用盾构机施工更加经济合理。

图 16-5 盾构机模型

图 16-6 盾构机工作示意图

目前国内具有自主知识产权的国产盾构机是上海隧道工程股份有限公司研制的国产“863”系列盾构机。2007 年 7 月，北方重工集团董事长耿洪臣与法国 NFM 公司原股东正式签署了股权转让协议，以绝对控股方式成功结束了历时两年的并购谈判，使北方重工拥有了世界上最先进的全系列隧道盾构机的核心技术和知名品牌。

16.4.2 自卸载重车

卡特彼勒是世界上最大的土方工程机械和建筑机械的生产商，也是全世界柴油机、天然气发动机和工业用燃气涡轮机的主要供应商。

卡特彼勒 797 是在 1998 年推出的当时世界上最大的汽车(见图 16-7)，载重量可达到 326 t。

2002 年卡特彼勒推出了载重量为 345 t 的升级版 797B，发动机为 24 缸柴油机，排量 117.1L，其轮胎是当前世界上最大的，外观上发动机散热器前布置一斜梯。空车重达 215 t，采用机械传动。

在 2008 年 9 月的 MINExpo 展会上，最新版的卡特彼勒 797F 登场，此型号装备了排量 106 L 的柴油机，其油箱容量达到 7571 L，最大设计车速为 67.6 km/h。

图 16-7　世界上最大的汽车

总的来说，卡特彼勒 797 型自卸载重车是迄今为止最大的卡车。797 型自卸载重车的个头大得像天外来客，它长约为 15m，当其翻斗放下的时候，它有 23.9 英尺高(约 7.3m)；当它倾翻时，约 16m 高，这样惊人的尺寸使自重为 240 t 的 793C 型(曾是卡特彼勒公司最大的翻斗载重车)也相形见绌。如果将车的前端顶住 NBA 球场的篮板，那么，其尾部比半个球场还长。此外，它的宽为 9.15m，如果将车的左侧顶住篮板，则其右侧将超出 3 分线 2.44m。

797 型自卸载重车的额定载重量为 360 t，而实际载重量可达 400 t，其马力大大超过一个火车头。卡特彼勒 797 不是一般人能在生活中看到的，仅是轮子都有两个人高，空车 260 t 和载重量加起来超过 600 t，上公路肯定是不行了，如果路面不塌的话，就连装甲车也拦不住。它们只出现在大型矿山、大型工程建筑工地，如三峡工程那种移山填海的作业，它们就像是一个巨大的用来完成大规模现场作业的机械怪兽。

16.4.3　挖掘机

图 16-8 为世界上最大的挖掘机，高 95m，长 215m，重量达到了 4.5 万吨，堪称世界顶级挖土机，它由德国 Krupp(克虏伯)公司制造。这样的庞然大物，工作起来也是相当有效率的，挖掘速度是每分钟 10m，每天可以采集 7.6 万立方米的煤炭。它的设计制造时间长达 5 年，需要有 5 人进行操作，铲斗机轮的直径为 70 多英尺，共有 20 个铲斗，每个铲斗可以承受 530 多立方英尺(泥土等)，一个 6 英尺高的人可以站在铲斗内，挖土机依靠 12 个用于行进的轮状物前进(每个轮状物宽 12 英尺，高 8 英尺，长 46 英尺)，8 个在前，4 个在后，挖土机的最快速度约为 4.8km/h。从远处看它，非常壮观，如果近距离接触它，应该会有一种到了外星的感觉。

图 16-8　世界上最大的挖掘机

16.4.4　超级起重机

由利勃海尔公司研发的全新 LTM11200-9.1 全路面起重机(见图 16-9)为 9 桥起重机，它不仅是世界上最强大的伸缩臂起重机，也是伸缩臂最长的起重机，长度达到了 100m。这辆旗舰起重机的 8 节伸缩臂每节臂长 16m，100m 长的伸缩臂包括 1 节基础臂和 7 节伸缩臂。臂长通过久经考验的 TELEMATIK 快速伸缩系统来自动打销和锁定。另外，还可以通过一个由 4 节内部伸缩件来组成 4 节短伸缩臂。通过 3m 长的桁架臂头可使半径达到 55m。多种桁架式延伸副臂可供选购。通过使用变幅副臂可延长到 126m，起吊高度达到 170m。伸缩臂上的 Y 形超起系统可用于第 4 节或第 8 节臂的位置并显著地提高了起重能力。

图 16-9　德国利勃海尔起重机

16.4.5　巨型装载机

美国 LeTourneau 公司的 L-2350 是目前世界上最大的装载机(见图 16-10)。它采用电传动驱动形式，主要改进在推进系统、控制系统等方面，有两款柴油机可供选择，燃油箱的容量为 3975L，轮胎型号为 70/70-57，最大行走速度为 19.31km/h，铲斗放下时的机器总长度为 20.3m。L-2350 还有加长臂型，操作重量比标准型重 5.4t，铲斗容量减少了 $2.3m^3$，卸载高度为 8.01m——可以装载当前所有的超大型矿用自卸车。

图 16-10　巨型装载机

思　考　题

1. 计算机技术在土木工程中的应用有哪些优越性？
2. 什么是计算机辅助设计？其应用现状如何？
3. 计算机模拟仿真技术的优点是什么？

参考文献

[1] 中国土木工程指南编写组. 中国土木工程指南[M]. 北京：科学出版社，1993.

[2] 中国大百科全书编写组. 中国大百科全书：土木工程卷[M]. 北京：中国大百科全书出版社，1986.

[3] 中国大百科全书编写组. 中国大百科全书：水利工程卷[M]. 北京：中国大百科全书出版社，1986.

[4] 赵鸿佐，胡鹤均. 中国土木建筑百科辞典：建筑设备工程[M]. 北京：中国建筑工业出版社，1999.

[5] 王毅才，等. 隧道工程[M]. 2 版. 北京：人民交通出版社，1987.

[6] 荆万魁. 工程建设概论[M]. 北京：地质出版社，1993.

[7] 徐吉谦，过秀成. 交通工程基础[M]. 南京：东南大学出版社，1994.

[8] 陶龙光，等. 城市地下工程[M]. 北京：科学出版社，1996.

[9] 丁大钧，蒋永生. 土木工程总论[M]. 北京：中国建筑工业出版社，1997.

[10] 李学冉. 港航工程与规划[M]. 北京：人民交通出版社，1997.

[11] 赵志缙，应慧清. 建筑施工[M]. 北京：同济大学出版社，1997.

[12] 王增长. 建筑给排水工程[M]. 北京：中国建筑工业出版社，1998.

[13] 高明远. 建筑设备技术[M]. 北京：中国建筑工业出版社，1998.

[14] 刘春原. 工程地质学[M]. 北京：中国建材工业出版社，2000.

[15] 郑刚. 基础工程[M]. 北京：中国建材工业出版社，2000.

[16] 李作敏. 交通工程学[M]. 北京：人民交通出版社，2000.

[17] 杨春风. 道路工程[M]. 北京：中国建材工业出版社，2000.

[18] 连雨. 建设项目管理[M]. 北京：中国建材工业出版社，2000.

[19] 江见鲸，张建平. 计算机在土木工程中的应用[M]. 武汉：武汉工业大学出版社，2000.

[20] 张新天，罗小辉. 道路工程[M]. 北京：中国水利水电出版社，2001.

[21] 中国机械工业教育协会. 建筑施工[M]. 北京：机械工业出版社，2001.

[22] 高明远，岳秀萍. 建筑给排水工程学[M]. 北京：中国建筑工业出版社，2002.

[23] 雄峰，等. 结构设计原理[M]. 北京：科学出版社，2002.

[24] 刘利民，等. 桩基工程的理论发展与工程实践[M]. 北京：中国建材工业出版社，2002.

[25] 郑连庆，张原，等. 建筑工程经济与管理[M]. 广州：华南理工出版社，2003.

[26] 丛培经. 工程项目管理[M]. 北京：中国建筑工业出版社，2003.

[27] 李宏男，等. 结构振动与控制[M]. 北京：中国建筑工业出版社，2005.

[28] 段树金. 土木工程概论[M]. 北京：中国铁道出版社，2005.

[29] 阎兴华，黄新. 土木工程概论[M]. 北京：人民交通出版社，2005.
[30] 朱永全，宋玉香. 隧道工程[M]. 北京：中国铁道出版社，2006.
[31] 陈龙珠，等. 混凝土结构防灾技术[M]. 北京：化学工业出版社，2006.
[32] 胡向真，肖铭. 建设法规[M]. 北京：北京大学出版社，2006.
[33] 李毅，王林. 土木工程概论[M]. 武汉：华中科技大学出版社，2008.
[34] 叶志明. 土木工程概论[M]. 3 版. 北京：高等教育出版社，2009.
[35] 任爱珠，等. 防灾减灾工程与技术[M]. 北京：清华大学出版社，2014.